CÁLCULO NUMÉRICO

ASPECTOS TEÓRICOS E COMPUTACIONAIS
2ª edição

CÁLCULO NUMÉRICO

ASPECTOS TEÓRICOS E COMPUTACIONAIS

2ª edição

Márcia A. Gomes Ruggiero
Vera Lúcia da Rocha Lopes

Departamento de Matemática Aplicada
IMECC – UNICAMP

© 1997, 1998 by Pearson Education do Brasil
Cálculo Numérico – Aspectos Teóricos e Computacionais, 2ª edição

Todos os direitos reservados. Nenhuma parte desta publicação poderá ser reproduzida ou transmitida de qualquer modo ou por qualquer outro meio, eletrônico ou mecânico, incluindo fotocópia, gravação ou qualquer outro tipo de sistema de armazenamento e transmissão de informação, sem prévia autorização, por escrito, da Pearson Education do Brasil.

Capa Layout : Marcelo Françozo

Dados Internacionais de Catalogação na Publicação (CIP)
(Câmara Brasileira do Livro, SP, Brasil)

Ruggiero, Márcia A. Gomes
   Cálculo numérico : aspectos teóricos e computacionais
Márcia A. Gomes Ruggiero, Vera Lúcia da Rocha Lopes -- 2ª ed.
-- São Paulo : Pearson Makron Books, 1996.

ISBN 978-85-346-0204-4

1. Cálculo numérico 2. Cálculo numérico – Programas de computador
I. Lopes, Vera Lúcia da Rocha.

96-1502   CDD-519.4

Índice para catálogo sistemático
1. Cálculo numérico : Aspectos computacionais   519.4

Direitos exclusivos cedidos à
Pearson Education do Brasil Ltda.,
uma empresa do grupo Pearson Education
Avenida Santa Marina, 1193
CEP 05036-001 - São Paulo - SP - Brasil
Fone: 11 2178-8609 e 11 2178-8653
pearsonuniversidades@pearson.com

Dedicamos este livro a nossos pais:

Atayde Gomes (in memorian)
Benedita Germano Gomes

Aarão Soares da Rocha (in memorian)
Hulda Vilhena dos Reis Rocha (in memorian)

PREFÁCIO À SEGUNDA EDIÇÃO

Desde que foi publicada a 1ª edição deste livro, recebemos inúmeras sugestões através de cartas e contatos nos Congressos anuais organizados pela Sociedade Brasileira de Matemática Aplicada e Computacional (SBMAC). Atendendo às sugestões de correções, inclusão de tópicos, e sentindo a necessidade de modernização e atualização do texto, optamos por elaborar esta 2ª edição, motivadas pela grande aceitação deste livro como texto básico para cursos de Cálculo Numérico em várias universidades.

Em todos os capítulos já existentes na edição anterior, foram feitas correções e alterações no texto: suprimimos e acrescentamos alguns exercícios e introduzimos uma seção de projetos em quase todos os capítulos; nos projetos o nível de exigência, tanto teórico quanto computacional, é maior que nos exercícios; no Apêndice desta nova edição apresentamos as respostas de todos os exercícios.

Os Capítulos 3, 5 e 8 foram os mais alterados. No Capítulo 3, sobre Resolução de Sistemas Lineares, além de ampliarmos a introdução sobre existência e número de soluções, introduzimos uma seção sobre Fatoração de Cholesky. No Capítulo 5, a seção sobre Splines em Interpolação foi ampliada, acrescentando as Splines Cúbicas em Interpolação. Finalmente, no Capítulo 8, acrescentamos uma seção sobre Problemas de Valor de Contorno em Equações Diferenciais Ordinárias.

O atual Capítulo 4 é inteiramente novo, e trata da Solução de Sistemas Não Lineares.

As listagens de programas computacionais foram eliminadas e sugerimos que alunos e professores utilizem softwares matemáticos que possibilitam que algoritmos de métodos numéricos sejam facilmente adaptados para que possam ser implementados. Temos usado na UNICAMP o MATLAB[1] como material de apoio computacional no curso de Cálculo Numérico e temos obtido boa aceitação por parte dos alunos. Consideramos que este software é um material de fácil manuseio e eficiente para a resolução dos exercícios e projetos computacionais propostos.

Agradecemos aos professores, alunos e leitores que nos fizeram críticas e sugestões que muito contribuíram na elaboração desta edição. Dedicamos um agradecimento especial ao professor Lúcio Tunes dos Santos que gentilmente escreveu o projeto *Newton e os Fractais* para o Capítulo 4 e aos auxiliares didáticos Ricardo Caetano Azevedo Biloti, Suzana Lima de Campos Castro e Lin Xu, que resolveram a maior parte dos exercícios, e especialmente a Roberto Andreani e a Renato da Rocha Lopes, pela leitura do texto e contribuições para as listas de exercícios e projetos.

---

1. MATLAB é uma marca registrada do MathWorks, Inc. Uma boa introdução à versão 4.2 do MATLAB é a quarta edição do MATLAB Primer de K. Sigmon, editado em 1994 por CRC Press, Boca Raton, FL.

SUMÁRIO

INTRODUÇÃO XIII

Capítulo 1 **NOÇÕES BÁSICAS SOBRE ERROS** 1

    1.1 Introdução 1
    1.2 Representação de Números 2
          1.2.1 Conversão de Números nos Sistemas Decimal e Binário 4
          1.2.2 Aritmética de Ponto Flutuante 10
    1.3 Erros 12
          1.3.1 Erros Absolutos e Relativos 12
          1.3.2 Erros de Arredondamento e Truncamento em um Sistema de Aritmética de Ponto Flutuante 14
          1.3.3 Análise de Erros nas Operações Aritméticas de Ponto Flutuante 16
    Exercícios 22
    Projetos 24

Capítulo 2 ZEROS REAIS DE FUNÇÕES REAIS 27

    2.1   Introdução 27
    2.2   Fase I: Isolamento das Raízes 29
    2.3   Fase II: Refinamento 37
          2.3.1   Critérios de Parada 38
          2.3.2   Métodos Iterativos para se Obter Zeros Reais de Funções ... 41
                I.   Método da Bissecção 41
                II.   Método da Posição Falsa 47
                III. Método do Ponto Fixo 53
                IV. Método de Newton-Raphson 66
                V.   Método da Secante 74
    2.4   Comparação entre os Métodos 77
    2.5   Estudo Especial de Equações Polinomiais 82
          2.5.1   Introdução 82
          2.5.2   Localização de Raízes 83
          2.5.3   Determinação das Raízes Reais 90
                   Método de Newton para Zeros de Polinômios 93
    Exercícios 95
    Projetos 101

Capítulo 3 RESOLUÇÃO DE SISTEMAS LINEARES 105

    3.1   Introdução 105
    3.2   Métodos Diretos 118
          3.2.1   Introdução 118
          3.2.2   Método da Eliminação de Gauss 119
                   Estratégias de Pivoteamento 127
          3.2.3   Fatoração LU 131
          3.2.4   Fatoração de Cholesky 147
    3.3   Métodos Iterativos 154
          3.3.1   Introdução 154
          3.3.2   Testes de Parada 154

	3.3.3 Método Iterativo de Gauss-Jacobi	155
	3.3.4 Método Iterativo de Gauss-Seidel	161
3.4	Comparação entre os Métodos	177
3.5	Exemplos Finais	179
Exercícios		181
Projetos		190

Capítulo 4 INTRODUÇÃO À RESOLUÇÃO DE SISTEMAS NÃO-LINEARES 192

4.1	Introdução	192
4.2	Método de Newton	197
4.3	Método de Newton Modificado	200
4.4	Métodos Quase-Newton	202
Exercícios		205
Projetos		206

Capítulo 5 INTERPOLAÇÃO 211

5.1	Introdução	211
5.2	Interpolação Polinomial	213
5.3	Formas de se Obter $p_n(x)$	215
	5.3.1 Resolução do Sistema Linear	215
	5.3.2 Forma de Lagrange	216
	5.3.3 Forma de Newton	220
5.4	Estudo do Erro na Interpolação	228
5.5	Interpolação Inversa	237
5.6	Sobre o Grau do Polinômio Interpolar	240
	5.6.1 Escolha do Grau	240
	5.6.2 Fenômeno de Runge	242
5.7	Funções Spline em Interpolação	243
	5.7.1 Spline Linear Interpolante	246
	5.7.2 Spline Cúbica Interpolante	248

5.8 Alguns Comentários sobre Interpolação 255

Exercícios 256

Projetos 261

Capítulo 6   **AJUSTE DE CURVAS PELO MÉTODO DOS QUADRADOS MÍNIMOS** 268

    6.1   Introdução 268

          6.1.1   Caso Discreto 269

          6.1.2   Caso Contínuo 271

    6.2   Método dos Quadrados Mínimos 272

          6.2.1   Caso Discreto 272

          6.2.2   Caso Contínuo 277

    6.3   Caso Não Linear 282

          6.3.1   Testes de Alinhamento 286

Exercícios 287

Projetos 291

Capítulo 7   **INTEGRAÇÃO NUMÉRICA** 295

    7.1   Introdução 295

    7.2   Fórmulas de Newton-Cotes 296

          7.2.1   Regra dos Trapézios 296

          7.2.2   Regra dos Trapézios Repetida 299

          7.2.3   Regra 1/3 de Simpson 302

          7.2.4   Regra 1/3 de Simpson Repetida 303

          7.2.5   Teorema Geral do Erro 307

    7.3   Quadratura Gaussiana 308

Exercícios 311

Capítulo 8	**SOLUÇÕES NUMÉRICAS DE EQUAÇÕES DIFERENCIAIS ORDINÁRIAS: PROBLEMAS DE VALOR INICIAL E DE CONTORNO**	**316**
	8.1 Introdução	316
	8.2 Problemas de Valor Inicial	319
	8.2.1 Métodos de Passo Um (ou Passo Simples)	320
	8.2.2 Métodos de Passo Múltiplo	340
	8.2.3 Métodos de Previsão-Correção	347
	8.3 Equações de Ordem Superior	352
	8.4 Problemas de Valor de Contorno – O Método das Diferenças Finitas	357
	Exercícios	368
Apêndice	**RESPOSTAS DE EXERCÍCIOS**	376
	Capítulo 1	376
	Capítulo 2	377
	Capítulo 3	381
	Capítulo 4	384
	Capítulo 5	385
	Capítulo 6	386
	Capítulo 7	388
	Capítulo 8	390

REFERÊNCIAS BIBLIOGRÁFICAS E BIBLIOGRAFIA COMPLEMENTAR 397

ÍNDICE ANALÍTICO 401

INTRODUÇÃO

Ao escrever este livro, nosso objetivo principal foi oferecer ao estudante de graduação na área de ciências exatas um texto que lhe apresentasse alguns métodos numéricos com sua fundamentação teórica, suas vantagens e dificuldades computacionais.

Apresentamos oito capítulos e procuramos seguir em todos eles o mesmo desenvolvimento. Em todos os capítulos, incluímos uma lista de exercícios e a maioria deles apresenta propostas de projetos. As respostas de todos os exercícios se encontram no Apêndice.

Supomos que o aluno tenha conhecimentos de Cálculo e de Álgebra Linear e familiaridade com alguma linguagem de programação de computador.

O Capítulo 1 trata de erros em processos numéricos, sem a intensão de fazer um estudo detalhado do assunto; o objetivo é alertar o aluno sobre as dificuldades numéricas que podem ocorrer ao se trabalhar com um computador.

O Capítulo 2 apresenta vários métodos para a resolução de equações não lineares do tipo $f(x) = 0$ e um desenvolvimento específico para o caso de raízes reais de equações polinomiais.

No Capítulo 3, abordamos a resolução de sistemas de equações lineares apresentando métodos diretos e iterativos.

Incluímos nesta edição uma introdução sobre a resolução de sistemas de equações não lineares, que é o tema do Capítulo 4.

O Capítulo 5 apresenta a interpolação polinomial como forma de se obter uma aproximação para uma função f(x). Além disto, introduz as funções spline interpolantes.

O método dos quadrados mínimos, como outra forma de aproximação de funções, é apresentado no Capítulo 6, onde desenvolvemos o método dos quadrados mínimos lineares e damos sugestões de como contornar certos casos não lineares.

O tema do Capítulo 7 é a integração numérica para $\int_a^b f(x)\, dx$, através das fórmulas fechadas de Newton-Cotes. Introduzimos ainda as fórmulas de quadratura Gaussiana.

O Capítulo 8 aborda métodos numéricos para resolução de problemas de valor inicial e de contorno em equações diferenciais ordinárias.

MAKRON
Books

CAPÍTULO 1

NOÇÕES BÁSICAS SOBRE ERROS

1.1 INTRODUÇÃO

Nos capítulos seguintes, estudaremos métodos numéricos para a resolução de problemas que surgem nas mais diversas áreas.

A resolução de tais problemas envolve várias fases que podem ser assim estruturadas:

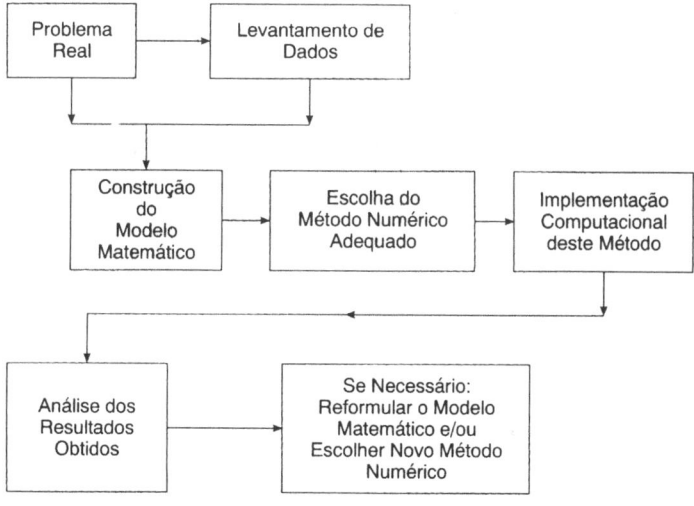

Não é raro acontecer que os resultados finais estejam distantes do que se esperaria obter, ainda que todas as fases de resolução tenham sido realizadas corretamente.

Os resultados obtidos dependem também:

- da precisão dos dados de entrada;
- da forma como estes dados são representados no computador;
- das operações numéricas efetuadas.

Os dados de entrada contêm uma imprecisão inerente, isto é, não há como evitar que ocorram, uma vez que representam medidas obtidas usando equipamentos específicos, como, por exemplo, no caso de medidas de corrente e tensão num circuito elétrico, ou então podem ser dados resultantes de pesquisas ou levantamentos, como no caso de dados populacionais obtidos num recenseamento.

Neste capítulo, estudaremos os erros que surgem da representação de números num computador e os erros resultantes das operações numéricas efetuadas, [23], [26] e [31].

1.2 REPRESENTAÇÃO DE NÚMEROS

Exemplo 1

Calcular a área de uma circunferência de raio 100 m.

RESULTADOS OBTIDOS

  a) $A = 31400 \text{ m}^2$

  b) $A = 31416 \text{ m}^2$

  c) $A = 31415.92654 \text{ m}^2$

Como justificar as diferenças entre os resultados? É possível obter "exatamente" esta área?

Exemplo 2

Efetuar os somatórios seguintes em uma calculadora e em um computador:

$$S = \sum_{i=1}^{30000} x_i \quad \text{para } x_i = 0.5 \text{ e para } x_i = 0.11$$

RESULTADOS OBTIDOS

i) para $x_i = 0.5$: na calculadora: S = 15000
                        no computador: S = 15000

ii) para $x_i = 0.11$: na calculadora: S = 3300
                           no computador: S = 3299.99691

Como justificar a diferença entre os resultados obtidos pela calculadora e pelo computador para $x_i = 0.11$?

Os erros ocorridos nos dois problemas dependem da representação dos números na máquina utilizada.

A representação de um número depende da base escolhida ou disponível na máquina em uso e do número máximo de dígitos usados na sua representação.

O número π, por exemplo, não pode ser representado através de um número finito de dígitos decimais. No Exemplo 1, o número π foi escrito como 3.14, 3.1416 e 3.141592654 respectivamente nos casos (*a*), (*b*) e, (*c*). Em cada um deles foi obtido um resultado diferente, e o erro neste caso depende exclusivamente da aproximação escolhida para π. Qualquer que seja a circunferência, a sua área nunca será obtida exatamente, uma vez que π é um número irracional.

Como neste exemplo, qualquer cálculo que envolva números que não podem ser representados através de um número finito de dígitos não fornecerá como resultado um valor exato. Quanto maior o número de dígitos utilizados, maior será a precisão obtida. Por isso, a melhor aproximação para o valor da área da circunferência é aquela obtida no caso (*c*).

Além disto, um número pode ter representação finita em uma base e não-finita em outras bases. A base decimal é a que mais empregamos atualmente. Na Antiguidade, foram utilizadas outras bases, como a base 12, a base 60. Um computador opera normalmente no sistema binário.

Observe o que acontece na interação entre o usuário e o computador: os dados de entrada são enviados ao computador pelo usuário no sistema decimal; toda esta informação é convertida para o sistema binário, e as operações todas serão efetuadas neste sistema.

Os resultados finais serão convertidos para o sistema decimal e, finalmente, serão transmitidos ao usuário. Todo este processo de conversão é uma fonte de erros que afetam o resultado final dos cálculos.

Na próxima seção, estudaremos os processos para conversão de números do sistema binário para o sistema decimal e vice-versa.

1.2.1 CONVERSÃO DE NÚMEROS NOS SISTEMAS DECIMAL E BINÁRIO

Veremos inicialmente a conversão de números inteiros.

Considere os números $(347)_{10}$ e $(10111)_2$. Estes números podem ser assim escritos:

$$(347)_{10} = 3 \times 10^2 + 4 \times 10^1 + 7 \times 10^0$$
$$(10111)_2 = 1 \times 2^4 + 0 \times 2^3 + 1 \times 2^2 + 1 \times 2^1 + 1 \times 2^0$$

De um modo geral, um número na base β, $(a_j a_{j-1} \ldots a_2 a_1 a_0)_\beta$, $0 \leq a_k \leq (\beta - 1)$, $k = 1, \ldots, j$, pode ser escrito na forma polinomial:

$$a_j \beta^j + a_{j-1} \beta^{j-1} + \ldots + a_2 \beta^2 + a_1 \beta^1 + a_0 \beta^0.$$

Com esta representação, podemos facilmente converter um número representado no sistema binário para o sistema decimal.

Por exemplo:

$$(10111)_2 = 1 \times 2^4 + 0 \times 2^3 + 1 \times 2^2 + 1 \times 2^1 + 1 \times 2^0$$

Colocando agora o número 2 em evidência teremos:

$$(10111)_2 = 2 \times (1 + 2 \times (1 + 2 \times (0 + 2 \times 1))) + 1 = (23)_{10}$$

Deste exemplo, podemos obter um processo para converter um número representado no sistema binário para o sistema decimal:

A representação do número $(a_j a_{j-1} \ldots a_2 a_1 a_0)_2$ na base 10, denotada por b_0, é obtida através do processo:

$$b_j = a_j$$
$$b_{j-1} = a_{j-1} + 2b_j$$

$$b_{j-2} = a_{j-2} + 2b_{j-1}$$

$$\vdots \quad \vdots$$

$$b_1 = a_1 + 2b_2$$
$$b_0 = a_0 + 2b_1$$

Para $(10111)_2$, a seqüência obtida será:

$$b_4 = a_4 = 1$$
$$b_3 = a_3 + 2b_4 = 0 + 2 \times 1 = 2$$
$$b_2 = a_2 + 2b_3 = 1 + 2 \times 2 = 5$$
$$b_1 = a_1 + 2b_2 = 1 + 2 \times 5 = 11$$
$$b_0 = a_0 + 2b_1 = 1 + 2 \times 11 = 23$$

Veremos agora um processo para converter um número inteiro representado no sistema decimal para o sistema binário. Considere o número $N_0 = (347)_{10}$ e $(a_j a_{j-1} \dots a_1 a_0)_2$ a sua representação na base 2.

Temos então que:

$$347 = 2 \times (a_j \times 2^{j-1} + a_{j-1} \times 2^{j-2} + \dots + a_2 \times 2 + a_1) + a_0 = 2 \times 173 + 1$$

e, portanto, o dígito $a_0 = 1$ representa o resto da divisão de 347 por 2. Repetindo agora este processo para o número $N_1 = 173$:

$$173 = a_j \times 2^{j-1} + a_{j-1} \times 2^{j-2} + \dots + a_2 \times 2 + a_1$$

obteremos o dígito a_1, que será o resto da divisão de N_1 por 2. Seguindo este raciocínio obtemos a seqüência de números N_j e a_j.

$$N_0 = 347 = 2 \times 173 + 1 \Rightarrow a_0 = 1$$
$$N_1 = 173 = 2 \times 86 + 1 \Rightarrow a_1 = 1$$
$$N_2 = 86 = 2 \times 43 + 0 \Rightarrow a_2 = 0$$
$$N_3 = 43 = 2 \times 21 + 1 \Rightarrow a_3 = 1$$
$$N_4 = 21 = 2 \times 10 + 1 \Rightarrow a_4 = 1$$
$$N_5 = 10 = 2 \times 5 + 0 \Rightarrow a_5 = 0$$
$$N_6 = 5 = 2 \times 2 + 1 \Rightarrow a_6 = 1$$

$N_7 = 2 \;=\; 2 \times 1 + 0 \;\Rightarrow\; a_7 = 0$
$N_8 = 1 \;=\; 2 \times 0 + 1 \;\Rightarrow\; a_8 = 1$

Portanto, a representação de $(347)_{10}$ na base 2 será 101011011.

No caso geral, considere um número inteiro N na base 10 e a sua representação binária denotada por: $(a_j a_{j-1} \ldots a_2 a_1 a_0)_2$. O algoritmo a seguir obtém a cada k o dígito binário a_k.

Passo 0: $k = 0$
               $N_k = N$

Passo 1:   Obtenha q_k e r_k tais que:
               $N_k = 2 \times q_k + r_k$
               Faça $a_k = r_k$

Passo 2:   Se $q_k = 0$, pare.
               Caso contrário, faça $N_{k+1} = q_k$.
               Faça $k = k + 1$ e volte para o passo 1.

Consideremos agora a conversão de um número fracionário da base 10 para a base 2.

Sejam, por exemplo:

$r = 0.125$, $s = 0.66666\ldots$, $t = 0.414213562\ldots$.

Dizemos que r tem representação finita e que s e t têm representação infinita.

Dado um número entre 0 e 1 no sistema decimal, como obter sua representação binária?

Considerando o número $r = 0.125$, existem dígitos binários: $d_1, d_2, \ldots, d_j, \ldots$, tais que $(0.\,d_1 d_2 \ldots d_j \ldots)_2$ será sua representação na base 2.

Assim,

$(0.125)_{10} = d_1 \times 2^{-1} + d_2 \times 2^{-2} + \ldots + d_j \times 2^{-j} + \ldots$

Multiplicando cada termo da expressão acima por 2 teremos:

$2 \times 0.125 = 0.250 = 0 + 0.25 = d_1 + d_2 \times 2^{-1} + d_3 \times 2^{-2} + \ldots + d_j \times 2^{-j+1} + \ldots$

e, portanto, d_1 representa a parte inteira de 2×0.125 que é igual a zero e $d_2 \times 2^{-1} + d_3 \times 2^{-2} + \ldots + d_j \times 2^{-j+1} + \ldots$ representa a parte fracionária de 2×0.125 que é 0.250.

Aplicando agora o mesmo procedimento para 0.250, teremos:

$$0.250 = d_2 \times 2^{-1} + d_3 \times 2^{-2} + \ldots + d_j \times 2^{-j+1} + \ldots \Rightarrow 2 \times 0.250 = 0.5 =$$
$$= d_2 + d_3 \times 2^{-1} + d_4 \times 2^{-2} + \ldots + d_j \times 2^{-j+2} + \ldots \Rightarrow d_2 = 0$$

e repetindo o processo para 0.5:

$$0.5 = d_3 \times 2^{-1} + d_4 \times 2^{-2} + \ldots + d_j \times 2^{-j+2} + \ldots \Rightarrow$$
$$2 \times 0.5 = 1.0 = d_3 + d_4 \times 2^{-1} + \ldots + d_j \times 2^{-j+3} + \ldots \Rightarrow d_3 = 1$$

Como a parte fracionária de 2×0.5 é zero, o processo de conversão termina, e teremos: $d_1 = 0$, $d_2 = 0$ e $d_3 = 1$ e, portanto, o número $(0.125)_{10}$ tem representação finita na base 2: $(0.001)_2$

Um número real entre 0 e 1 pode ter representação finita no sistema decimal, mas representação *infinita* no sistema binário.

No caso geral, seja r um número entre 0 e 1 no sistema decimal e $(0. d_1 d_2 \ldots d_j \ldots)_2$ sua representação no sistema binário.

Os dígitos binários $d_1, d_2, \ldots, d_j, \ldots$ são obtidos através do seguinte algoritmo:

Passo 0: $r_1 = r$; $k = 1$

Passo 1:   Calcule $2r_k$.
                Se $2r_k \geq 1$, faça: $d_k = 1$,
                caso contrário, faça: $d_k = 0$

Passo 2:   Faça $r_{k+1} = 2r_k - d_k$.
                Se $r_{k+1} = 0$, pare.
                Caso contrário:

Passo 3: $k = k + 1$.
                Volte ao passo 1.

Observar que o algoritmo pode ou não parar após um número finito de passos. Para $r = (0.125)_{10}$ teremos $r_4 = 0$. Já para $r = (0.1)_{10}$, teremos: $r_1 = 0.1$

$k = 1 \quad 2r_1 = 0.2 \Rightarrow d_1 = 0$
$\qquad\qquad\qquad\qquad r_2 = 0.2$

$k = 2 \quad 2r_2 = 0.4 \Rightarrow d_2 = 0$
$\qquad\qquad\qquad\qquad r_3 = 0.4$

$k = 3 \quad 2r_3 = 0.8 \Rightarrow d_3 = 0$
$\qquad\qquad\qquad\qquad r_4 = 0.8$

$k = 4 \quad 2r_4 = 1.6 \Rightarrow d_4 = 1$
$\qquad\qquad\qquad\qquad r_5 = 0.6$

$k = 5 \quad 2r_5 = 1.2 \Rightarrow d_5 = 1$
$\qquad\qquad\qquad\qquad r_6 = 0.2 = r_2$

Como $r_6 = r_2$, teremos que os resultados para k de 2 a 5 se repetirão e então: $r_{10} = r_6 = r_2 = 0.2$ e assim indefinidamente.

Concluímos que:

$$(0.1)_{10} = (0.0001100110011\overline{0011}...)_2$$

e, portanto, o número $(0.1)_{10}$ não tem representação binária finita.

O fato de um número não ter representação finita no sistema binário pode acarretar a ocorrência de erros aparentemente inexplicáveis em cálculos efetuados em sistemas computacionais binários.

Analisando o Exemplo 2 da Seção 1.2 e usando o processo de conversão descrito anteriormente, temos que o número $(0.5)_{10}$ tem representação finita no sistema binário: $(0.1)_2$; já o número $(0.11)_{10}$ terá representação infinita:

$$(0.00011100001010001111\overline{01011100001010001111101}...)_2$$

Um computador que opera no sistema binário irá armazenar uma aproximação para $(0.11)_{10}$, uma vez que possui uma quantidade fixa de posições para guardar os dígitos da mantissa de um número, e esta aproximação será usada para realizar os cálculos. Não se pode, portanto, esperar um resultado exato.

Considere agora um número entre 0 e 1 representado no sistema binário:

$(r)_2 = (0.\, d_1 d_2 ... d_j ...)_2$

Como obter sua representação no sistema decimal?

Um processo para conversão é equivalente ao que descrevemos anteriormente. Definindo $r_1 = r$, a cada iteração k, o processo de conversão multiplica o número r_k por $(10)_{10} = (1010)_2$ e obtém o dígito b_k como sendo a parte inteira deste produto convertida para a base decimal. É importante observar que as operações devem ser efetuadas no sistema binário, [26]. O algoritmo a seguir formaliza este processo.

Passo 0: $r_1 = r$; $k = 1$

Passo 1:   Calcule $w_k = (1010)_2 \times r_k$.
Seja z_k a parte inteira de w_k
b_k é a conversão de z_k para a base 10.

Passo 2:   Faça $r_{k+1} = w_k - z_k$
Se $r_{k+1} = 0$, pare.

Passo 3: $k = k + 1$.
Volte ao passo 1.

Por exemplo, considere o número:

$(r)_2 = (0.000111)_2 = (0.b_1 b_2 ... b_j)_{10}$

Seguindo o algoritmo, teremos:

$r_1 = (0.000111)_2$;
$w_1 = (1010)_2 \times r_1 = 1.00011$ $\Rightarrow$ $b_1 = 1$ e $r_2 = 0.00011$;
$w_2 = (1010)_2 \times r_2 = 0.1111$ $\Rightarrow$ $b_2 = 0$ e $r_3 = 0.1111$;
$w_3 = (1010)_2 \times r_3 = 1001.011$ $\Rightarrow$ $b_3 = 9$ e $r_4 = 0.011$;
$w_4 = (1010)_2 \times r_4 = 11.11$ $\Rightarrow$ $b_4 = 3$ e $r_5 = 0.11$;
$w_5 = (1010)_2 \times r_5 = 111.1$ $\Rightarrow$ $b_5 = 7$ e $r_6 = 0.1$;
$w_6 = (1010)_2 \times r_6 = 101$ $\Rightarrow$ $b_6 = 5$ e $r_7 = 0$;

Portanto $(0.000111)_2 = (0.109375)_{10}$

Podemos agora entender melhor por que o resultado da operação

$$S = \sum_{i=1}^{30000} 0.11$$

não é obtido exatamente num computador. Já vimos que $(0.11)_{10}$ não tem representação finita no sistema binário. Supondo um computador que trabalhe com apenas 6 dígitos na mantissa, o número $(0.11)_{10}$ seria armazenado como $(0.000111)_2$ e este número representa exatamente $(0.109375)_{10}$. Portanto, todas as operações que envolvem o número $(0.11)_{10}$ seriam realizadas com esta aproximação. Veremos na próxima seção a representação de números em aritmética de ponto flutuante com o objetivo de se entender melhor a causa de resultados imprecisos em operações numéricas.

1.2.2 ARITMÉTICA DE PONTO FLUTUANTE

Um computador ou calculadora representa um número real no sistema denominado *aritmética de ponto flutuante*. Neste sistema, o número r será representado na forma:

$$\pm (. d_1 d_2 ... d_t) \times \beta^e$$

onde:

β é a base em que a máquina opera;
t é o número de dígitos na mantissa; $0 \leq d_j \leq (\beta - 1)$, $j = 1, ..., t$, $d_1 \neq 0$;
e é o expoente no intervalo [l, u].

Em qualquer máquina, apenas um subconjunto dos números reais é representado exatamente, e, portanto, a representação de um número real será realizada através de truncamento ou de arredondamento.

Considere, por exemplo, uma máquina que opera no sistema:

$\beta = 10$; $t = 3$; $e \in [-5, 5]$.

Os números serão representados na seguinte forma nesse sistema:

$0. d_1 d_2 d_3 \times 10^e$, $0 \leq d_j \leq 9$, $d_1 \neq 0$, $e \in [-5, 5]$

O menor número, em valor absoluto, representado nesta máquina é:

m = $0.100 \times 10^{-5} = 10^{-6}$

e o maior número, em valor absoluto, é:

M = $0.999 \times 10^5 = 99900$

Considere o conjunto dos números reais $\mathbb{R}$ e o seguinte conjunto:

G = $\{x \in \mathbb{R} \mid m \leq |x| \leq M\}$

Dado um número real x, várias situações poderão ocorrer:

Caso 1) $x \in G$:

por exemplo: $x = 235.89 = 0.23589 \times 10^3$. Observe que este número possui 5 dígitos na mantissa. Estão representados exatamente nesta máquina os números: 0.235×10^3 e 0.236×10^3. Se for usado o truncamento, x será representado por 0.235×10^3 e, se for usado o arredondamento, x será representado por 0.236×10^3 (o truncamento e o arredondamento serão estudados na Seção 1.3.2.);

Caso 2) $|x| < m$:

por exemplo: $x = 0.345 \times 10^{-7}$. Este número não pode ser representado nesta máquina porque o expoente e é menor que –5. Esta é uma situação em que a máquina acusa a ocorrência de *underflow*;

Caso 3) $|x| > M$:

por exemplo: $x = 0.875 \times 10^9$. Neste caso, o expoente e é maior que 5 e a máquina acusa a ocorrência de *overflow*.

Algumas linguagens de programação permitem que as variáveis sejam declaradas em *precisão dupla*. Neste caso, esta variável será representada no sistema de aritmética de ponto flutuante da máquina, mas com aproximadamente o dobro de dígitos disponíveis na mantissa. É importante observar que, neste caso, o tempo de execução e requerimentos de memória aumentam de forma significativa.

O *zero* em ponto flutuante é, em geral, representado com o menor expoente possível na máquina. Isto porque a representação do zero por uma mantissa nula e um expoente qualquer para a base β pode acarretar perda de dígitos significativos no resultado da adição deste *zero* a um outro número. Por exemplo, em uma máquina que opera na base 10 com 4 dígitos na mantissa, para x = 0.0000 × 10^4 e y = 0.3134 × 10^{-2} o resultado de x + y seria 0.3100 × 10^{-2}, isto é, são perdidos dois dígitos do valor exato y. Este resultado se deve à forma como é efetuada a adição em ponto flutuante, que estudaremos na Seção 1.3.3.

Exemplo 3

Dar a representação dos números a seguir num sistema de aritmética de ponto flutuante de três dígitos para β = 10, m = –4 e M = 4.

x	Representação obtida por arredondamento	Representação obtida por truncamento
1.25	0.125 × 10	0.125 × 10
10.053	0.101 × 10^2	0.100 × 10^2
–238.15	–0.238 × 10^3	–0.238 × 10^3
2.71828...	0.272 × 10	0.271 × 10
0.000007	(expoente menor que –4)	≡
718235.82	(expoente maior que 4)	≡

1.3 ERROS

1.3.1 ERROS ABSOLUTOS E RELATIVOS

No Exemplo 1 da Seção 1.2, diferentes resultados para a área da circunferência foram obtidos, dependendo da aproximação adotada para o valor de π.

Definimos como *erro absoluto* a diferença entre o valor exato de um número x e de seu valor aproximado $\bar{x}$: $EA_x = x - \bar{x}$.

Em geral, apenas o valor $\bar{x}$ é conhecido, e, neste caso, é impossível obter o valor exato do erro absoluto. O que se faz é obter um limitante superior ou uma estimativa para o módulo do erro absoluto.

Por exemplo, sabendo-se que $\pi \in (3.14, 3.15)$ tomaremos para π um valor dentro deste intervalo e teremos, então, $|EA_\pi| = |\pi - \bar{\pi}| < 0.01$.

Seja agora o número x representado por $\bar{x} = 2112.9$ de tal forma que $|EA_x| < 0.1$, ou seja, $x \in (2112.8, 2113)$ e seja o número y representado por $\bar{y} = 5.3$ de tal forma que $|EA_y| < 0.1$, ou seja, $y \in (5.2, 5.4)$. Os limitantes superiores para os erros absolutos são os mesmos. Podemos dizer que ambos os números estão representados com a mesma precisão?

É preciso comparar a ordem de grandeza de x e y. Feito isto, é fácil concluir que o primeiro resultado é mais preciso que o segundo, pois a ordem de grandeza de x é maior que a ordem de grandeza de y. Então, dependendo da ordem de grandeza dos números envolvidos, o erro absoluto não é suficiente para descrever a precisão de um cálculo. Por esta razão, o erro relativo é amplamente empregado.

O *erro relativo* é definido como o erro absoluto dividido pelo valor aproximado:

$$ER_x = \frac{EA_x}{\bar{x}} = \frac{x - \bar{x}}{\bar{x}}$$

No exemplo anterior, temos

$$|ER_x| = \frac{|EA_x|}{|\bar{x}|} < \frac{0.1}{2112.9} \approx 4.7 \times 10^{-5}$$

e

$$|ER_y| = \frac{|EA_y|}{|\bar{y}|} < \frac{0.1}{5.3} \approx 0.02,$$

confirmando, portanto, que o número x é representado com maior precisão que o número y.

1.3.2 ERROS DE ARREDONDAMENTO E TRUNCAMENTO EM UM SISTEMA DE ARITMÉTICA DE PONTO FLUTUANTE

Vimos na Seção 1.2 que a representação de um número depende fundamentalmente da máquina utilizada, pois seu sistema estabelecerá a base numérica adotada, o total de dígitos na mantissa etc.

Seja um sistema que opera em aritmética de ponto flutuante de t dígitos na base 10, e seja x, escrito na forma

$$x = f_x \times 10^e + g_x \times 10^{e-t} \text{ onde } 0.1 \leq f_x < 1 \text{ e } 0 \leq g_x < 1.$$

Por exemplo, se t = 4 e x = 234.57, então

$$x = 0.2345 \times 10^3 + 0.7 \times 10^{-1}, \text{ donde } f_x = 0.2345 \text{ e } g_x = 0.7.$$

É claro que na representação de x neste sistema $g_x \times 10^{e-t}$ não pode ser incorporado totalmente à mantissa. Então, surge a questão de como considerar esta parcela na mantissa e definir o erro absoluto (ou relativo) máximo cometido.

Vimos na Seção 1.2.2 que podem ser adotados dois critérios: o do arredondamento e o do truncamento (ou cancelamento).

No *truncamento*, $g_x \times 10^{e-t}$ é desprezado e $\bar{x} = f_x \times 10^e$. Neste caso, temos

$$|EA_x| = |x - \bar{x}| = |g_x| \times 10^{e-t} < 10^{e-t}, \text{ visto que } |g_x| < 1$$

$$|ER_x| = \frac{|EA_x|}{|\bar{x}|} = \frac{|g_x| \times 10^{e-t}}{|f_x| \times 10^e} < \frac{10^{e-t}}{0.1 \times 10^e} = 10^{-t+1}$$

visto que 0.1 é o menor valor possível para f_x.

No *arredondamento*, f_x é modificado para levar em consideração g_x. A forma de arredondamento mais utilizada é o arredondamento simétrico:

$$\bar{x} = \begin{cases} f_x \times 10^e & \text{se } |g_x| < \frac{1}{2} \\ \\ f_x \times 10^e + 10^{e-t} & \text{se } |g_x| \geq \frac{1}{2} \end{cases}$$

Portanto se $|g_x| < \dfrac{1}{2}$, g_x é desprezado, caso contrário, somamos o número 1 ao último dígito de f_x.

Então, se $|g_x| < \dfrac{1}{2}$ teremos

$$|EA_x| = |x - \bar{x}| = |g_x| \times 10^{e-t} < \dfrac{1}{2} \times 10^{e-t}$$

e

$$|ER_x| = \dfrac{|EA_x|}{|\bar{x}|} = \dfrac{|g_x| \times 10^{e-t}}{|f_x| \times 10^e} < \dfrac{0.5 \times 10^{e-t}}{0.1 \times 10^e} = \dfrac{1}{2} \times 10^{-t+1}$$

E se $|g_x| \geqslant 1/2$, teremos

$$|EA_x| = |x - \bar{x}| = |(f_x \times 10^e + g_x \times 10^{e-t}) - (f_x \times 10^e + 10^{e-t})|$$
$$= |g_x \times 10^{e-t} - 10^{e-t}| = |(g_x - 1)| \times 10^{e-t} \leqslant \dfrac{1}{2} \times 10^{e-t}$$

e

$$|ER_x| = \dfrac{|EA_x|}{|\bar{x}|} \leqslant \dfrac{1/2 \times 10^{e-t}}{|f_x \times 10^e + 10^{e-t}|} < \dfrac{1/2 \times 10^{e-t}}{|f_x| \times 10^e} <$$

$$< \dfrac{1/2 \times 10^{e-t}}{0.1 \times 10^e} = \dfrac{1}{2} \times 10^{-t+1}$$

Portanto, em qualquer caso teremos

$$|EA_x| \leqslant \dfrac{1}{2} \times 10^{e-t} \quad \text{e} \quad |ER_x| < \dfrac{1}{2} \times 10^{-t+1}$$

Apesar de incorrer em erros menores, o uso do arredondamento acarreta um tempo maior de execução e por esta razão o truncamento é mais utilizado.

1.3.3 ANÁLISE DE ERROS NAS OPERAÇÕES ARITMÉTICAS DE PONTO FLUTUANTE

Dada uma seqüência de operações, como, por exemplo, $u = [(x + y) - z - t] \div w$, é importante a noção de como o erro em uma operação propaga-se ao longo das operações subseqüentes.

O erro total em uma operação é composto pelo erro das parcelas ou fatores e pelo erro no resultado da operação.

Nos exemplos a seguir, vamos supor que as operações são efetuadas num sistema de aritmética de ponto flutuante de quatro dígitos, na base 10, e com acumulador de precisão dupla.

Exemplo 4

Dados $x = 0.937 \times 10^4$ e $y = 0.1272 \times 10^2$, obter $x + y$.

A adição em aritmética de ponto flutuante requer o alinhamento dos pontos decimais dos dois números. Para isto, a mantissa do número de menor expoente deve ser deslocada para a direita. Este deslocamento deve ser de um número de casas decimais igual à diferença entre os dois expoentes.

Alinhando os pontos decimais dos valores acima, temos

$x = 0.937 \times 10^4$ e $y = 0.001272 \times 10^4$.

Então,

$x + y = (0.937 + 0.001272) \times 10^4 = 0.938272 \times 10^4$.

Este é o resultado exato desta operação. Dado que em nosso sistema t é igual a 4, este resultado dever ser arredondado ou truncado.

Então, $\overline{x + y} = 0.9383 \times 10^4$ no arredondamento e $\overline{x + y} = 0.9382 \times 10^4$ no truncamento.

Exemplo 5

Sejam x e y do Exemplo 4. Obter xy:

$$xy = (0.937 \times 10^4) \times (0.1272 \times 10^2)$$
$$= (0.937 \times 0.1272) \times 10^6 =$$
$$= 0.1191864 \times 10^6.$$

Então, $\overline{xy} = 0.1192 \times 10^6$, se for efetuado o arredondamento, e $\overline{xy} = 0.1191 \times 10^6$, se for efetuado o truncamento.

Os Exemplos 4 e 5 mostram que ainda que as parcelas ou fatores de uma operação estejam representados exatamente no sistema, não se pode esperar que o resultado armazenado seja exato.

Na maioria dos sistemas, o resultado exato da operação que denotaremos por OP é normalizado e em seguida arredondado ou truncado para t dígitos, obtendo assim o resultado aproximado $\overline{OP}$ que é armazenado na memória da máquina.

Então, conforme vimos na Seção 1.3.2, o erro relativo no resultado de uma operação (supondo que as parcelas ou fatores estão representados exatamente) será:

$$|ER_{OP}| < 10^{-t+1} \qquad \text{no truncamento}$$

$$|ER_{OP}| < \frac{1}{2} \times 10^{-t+1} \qquad \text{no arredondamento.}$$

Veremos a seguir as fórmulas para os erros absoluto e relativo nas operações aritméticas com erros nas parcelas ou fatores.

Vamos supor que o erro final é arredondado.

Sejam x e y, tais que $x = \overline{x} + EA_x$ e $y = \overline{y} + EA_y$.

Adição: $\quad x + y$
$$x + y = (\overline{x} + EA_x) + (\overline{y} + EA_y) = (\overline{x} + \overline{y}) + (EA_x + EA_y).$$

Então, o erro absoluto na soma, denotado por EA_{x+y} é a soma dos erros absolutos das parcelas:

$$EA_{x+y} = EA_x + EA_y.$$

O erro relativo será:

$$ER_{x+y} = \frac{EA_{x+y}}{\bar{x}+\bar{y}} = \frac{EA_x}{\bar{x}}\left(\frac{\bar{x}}{\bar{x}+\bar{y}}\right) + \frac{EA_y}{\bar{y}}\left(\frac{\bar{y}}{\bar{x}+\bar{y}}\right) =$$

$$= ER_x\left(\frac{\bar{x}}{\bar{x}+\bar{y}}\right) + ER_y\left(\frac{\bar{y}}{\bar{x}+\bar{y}}\right).$$

Subtração: $x - y$

Analogamente temos:

$EA_{x-y} = EA_x - EA_y$ e

$$ER_{x-y} = \frac{EA_x - EA_y}{\bar{x}-\bar{y}} = ER_x\left(\frac{\bar{x}}{\bar{x}-\bar{y}}\right) - ER_y\left(\frac{\bar{y}}{\bar{x}-\bar{y}}\right).$$

Multiplicação: xy

$$xy = (\bar{x} + EA_x)(\bar{y} + EA_y) =$$
$$= \bar{x}\,\bar{y} + \bar{x}\,EA_y + \bar{y}\,EA_x + (EA_x)(EA_y)$$

Considerando que $(EA_x)(EA_y)$ é um número pequeno, podemos desprezar este termo na expressão acima.

Teremos então $EA_{xy} \approx \bar{x}\,EA_y + \bar{y}\,EA_x$

$$ER_{xy} \approx \frac{\bar{x}\,EA_y + \bar{y}\,EA_x}{\bar{x}\,\bar{y}} = \frac{EA_x}{\bar{x}} + \frac{EA_y}{\bar{y}} = ER_x + ER_y.$$

Divisão: x/y

$$\frac{x}{y} = \frac{\bar{x} + EA_x}{\bar{y} + EA_y} = \frac{\bar{x} + EA_x}{\bar{y}}\left(\frac{1}{1 + \dfrac{EA_y}{\bar{y}}}\right).$$

Representando o fator $\dfrac{1}{1 + \dfrac{EA_y}{\overline{y}}}$ sob a forma de uma série infinita, teremos

$$\dfrac{1}{1 + \dfrac{EA_y}{\overline{y}}} = 1 - \dfrac{EA_y}{\overline{y}} + \left(\dfrac{EA_y}{\overline{y}}\right)^2 - \left(\dfrac{EA_y}{\overline{y}}\right)^3 + \ldots$$

e desprezando os termos com potências maiores que 1, teremos

$$\dfrac{x}{y} \approx \dfrac{\overline{x} + EA_x}{\overline{y}} \left(1 - \dfrac{EA_y}{\overline{y}}\right) = \dfrac{\overline{x}}{\overline{y}} + \dfrac{EA_x}{\overline{y}} - \dfrac{\overline{x}\,EA_y}{\overline{y}^2} - \dfrac{EA_x\,EA_y}{\overline{y}^2}.$$

Então

$$\dfrac{x}{y} \approx \dfrac{\overline{x}}{\overline{y}} + \dfrac{EA_x}{\overline{y}} - \dfrac{\overline{x}\,EA_y}{\overline{y}^2}.$$

Assim, $EA_{x/y} \approx \dfrac{EA_x}{\overline{y}} - \dfrac{\overline{x}\,EA_y}{\overline{y}^2} = \dfrac{\overline{y}\,EA_x - \overline{x}\,EA_y}{\overline{y}^2}$

$$ER_{x/y} \approx \left(\dfrac{\overline{y}\,EA_x - \overline{x}\,EA_y}{\overline{y}^2}\right) \dfrac{\overline{y}}{\overline{x}} = \dfrac{EA_x}{\overline{x}} - \dfrac{EA_y}{\overline{y}} = ER_x - ER_y$$

Escrevemos todas essas fórmulas sem considerar o erro de arredondamento ou truncamento no resultado final.

A análise completa da propagação de erros se faz considerando os erros nas parcelas ou fatores e no resultado de cada operação efetuada.

Exemplo 6

Supondo que x, y, z e t estejam representados exatamente, qual o erro total no cálculo de u = (x + y)z − t? (Calcularemos o erro relativo e denotaremos por RA o erro relativo de arredondamento no resultado da operação.)

Seja s = x + y. O erro relativo nesta operação será:

$$ER_s = ER_x \left(\frac{\overline{x}}{\overline{x} + \overline{y}}\right) + ER_y \left(\frac{\overline{y}}{\overline{x} + \overline{y}}\right) + RA = 0 + RA.$$

Assim, $|ER_s| = |RA| < \frac{1}{2} \times 10^{-t+1}$.

Calculando agora s × z, teremos m = s × z, e o erro relativo desta operação será:

$$ER_m = ER_s + ER_z + RA = ER_s + \frac{EA_z}{\overline{z}} + RA = RA_s + 0 + RA.$$

Então,

$$|ER_m| \leq |RA_s| + |RA| < \frac{1}{2} \times 10^{-t+1} + \frac{1}{2} \times 10^{-t+1} = 10^{-t+1}.$$

Calcularemos u = m − t e o erro relativo desta operação será:

$$ER_u = \frac{EA_m - EA_t}{\overline{m} - \overline{t}} + RA = \frac{EA_m}{\overline{m} - \overline{t}} + RA = \frac{EA_m}{\overline{m}} \left(\frac{\overline{m}}{\overline{m} - \overline{t}}\right) + RA$$

$$= ER_m \left(\frac{\overline{m}}{\overline{m} - \overline{t}}\right) + RA.$$

Então,

$$|ER_u| \leq |ER_m| \left|\frac{\overline{m}}{\overline{m} - \overline{t}}\right| + RA < 10^{-t+1} \left|\frac{\overline{m}}{\overline{m} - \overline{t}}\right| + \frac{1}{2} \times 10^{-t+1}$$

Finalmente,

$$|ER_u| < \left(\frac{|\overline{m}|}{|\overline{m} - \overline{t}|} + \frac{1}{2}\right) \times 10^{-t+1}.$$

Exemplo 7

Vimos que dados x, y e z = x − y, então:

$$ER_z = \frac{EA_x - EA_y}{\bar{x} - \bar{y}} = \frac{EA_x}{\bar{x}}\left(\frac{\bar{x}}{\bar{x}-\bar{y}}\right) - \frac{EA_y}{\bar{y}}\left(\frac{\bar{y}}{\bar{x}-\bar{y}}\right).$$

Se x e y são números positivos arredondados, então:

$$\left|\frac{EA_x}{\bar{x}}\right| < \frac{1}{2} \times 10^{-t+1} \quad e \quad \left|\frac{EA_y}{\bar{y}}\right| < \frac{1}{2} \times 10^{-t+1}.$$

É claro que se x ≈ y, então o erro relativo em z pode ser grande, como por exemplo, se $\bar{x} = 0.2357 \times 10^3$ e $\bar{y} = 0.2353 \times 10^3$, então $\bar{z} = \bar{x} - \bar{y} = 0.0004 \times 10^3$ e isto é denominado *cancelamento subtrativo*.

O erro relativo em z é limitado superiormente por:

$$|ER_z| < \left(\frac{0.2357 \times 10^3 + 0.2353 \times 10^3}{0.0004 \times 10^3}\right) \times \frac{1}{2} \times 10^{-3} \quad (t=4) \Rightarrow$$

$$\Rightarrow |ER_z| < 0.5888 \approx 59\%.$$

Este erro relativo é propagado nas próximas operações (pois cada expressão para o erro relativo depende do erro relativo em cada parcela ou fator).

Por exemplo, para w = zt, se $\bar{t} = 0.4537 \times 10^3$ teremos $\bar{w} = 0.1815 \times 10^3$ e

$$|ER_w| \le |ER_z| + |ER_t| < 0.59 + \frac{1}{2} \times 10^{-3} = 0.5905 \approx 59\%.$$

Desta forma, o cancelamento subtrativo pode dar origem a grandes erros nas operações seguintes.

EXERCÍCIOS

1. Converta os seguintes números decimais para sua forma binária:

   x = 37   y = 2345   z = 0.1217

2. Converta os seguintes números binários para sua forma decimal:

   x = $(101101)_2$ y = $(110101011)_2$

   z = $(0.1101)_2$ w = $(0.111111101)_2$

3. Seja um sistema de aritmética de ponto flutuante de quatro dígitos, base decimal e com acumulador de precisão dupla. Dados os números:

   x = 0.7237×10^4 y = 0.2145×10^{-3} e   z = 0.2585×10^1

   efetue as seguintes operações e obtenha o erro relativo no resultado, supondo que x, y e z estão exatamente representados:

   a) x + y + z   d) (xy)/z

   b) x − y − z   e) x(y/z)

   c) x/y

4. Supondo que x é representado num computador por $\bar{x}$, onde $\bar{x}$ é obtido por arredondamento, obtenha os limites superiores para os erros relativos de u = $2\bar{x}$ e w = $\bar{x} + \bar{x}$.

5. Idem para u = $3\bar{x}$ e w = $\bar{x} + \bar{x} + \bar{x}$.

6. Sejam $\bar{x}$ e $\bar{y}$ as representações de x e y obtidas por arredondamento em um computador. Deduza expressões de limitante de erro para mostrar que o limitante do erro relativo de u = $3\,\bar{x}\,\bar{y}$ é menor que o de v = $(\bar{x} + \bar{x} + \bar{x})\,\bar{y}$.

7. Verifique de alguma forma que, se r_F tem representação finita na base 2 com k dígitos, ou seja, $r_F = (0.\,d_1d_2...d_k)_2$, então sua representação na base 10 é também finita com k dígitos.

8. É interessante observar que a adição em aritmética de ponto flutuante nem sempre é associativa. Prova-se que dados n números $x_1, x_2, ..., x_n$ representados exatamente, o limite do erro total devido ao arredondamento na soma $S = x_1 + x_2 + ... x_n$ é:

$$|EA_s| \leq [(n-1)x_1 + (n-1)x_2 + (n-2)x_3 + ... 2x_{n-1} + x_n] \times \frac{1}{2} \times 10^{-t+1}.$$

a) Faça n = 5 e prove que esta relação é verdadeira.

b) Analise cuidadosamente a expressão acima e verifique que, dados n números, o erro total será menor se forem ordenados em ordem crescente antes de serem somados.

9. Considere uma máquina cujo sistema de representação de números é definido por: $\beta = 10$, t = 4, l = –5 e u = 5. Pede-se:

a) qual o menor e o maior número em módulo representados nesta máquina?

b) como será representado o número 73.758 nesta máquina, se for usado o arredondamento? E se for usado o truncamento?

c) se a = 42450 e b = 3 qual o resultado de a + b?

d) qual o resultado da soma

$$S = 42450 + \sum_{k=1}^{10} 3$$

nesta máquina?

e) idem para a soma:

$$S = \sum_{k=1}^{10} 3 + 42450.$$

(Obviamente o resultado deveria ser o mesmo. Contudo, as operações devem ser realizadas na ordem em que aparecem as parcelas, o que conduzirá a resultados distintos).

f) o resultado da operação: wz/t pode ser obtido de várias maneiras, bastando modificar a ordem em que os cálculos são efetuados. Para determinados valores de w, z e t, uma seqüência de cálculos pode ser melhor que outra. Faça uma análise para o caso em que w = 100, z = 3500 e t = 7.

10. Escreva um programa em alguma linguagem para obter o resultado da seguinte operação:

$$S = 10000 - \sum_{k=1}^{n} x$$

para: *a)* n = 100000 e x = 0.1; *b)* n = 80000 e x = 0.125.

PROJETOS

1. PRECISÃO DA MÁQUINA

A precisão da máquina é definida como sendo o menor número positivo em aritmética de ponto flutuante ε, tal que $(1 + \varepsilon) > 1$. Este número depende totalmente do sistema de representação da máquina: base numérica, total de dígitos na mantissa, da forma como são realizadas as operações e do compilador utilizado. É importante conhecermos a *precisão da máquina* porque em vários algoritmos precisamos fornecer como dado de entrada um valor positivo, próximo de zero, para ser usado em testes de comparação com zero.

O algoritmo a seguir estima a precisão da máquina:

Passo 1: A = 1;
s = 2;

Passo 2: Enquanto (s) > 1, faça:
A = A/2
s = 1 + A;

Passo 3: Faça Prec = 2A e imprima Prec.

a) Teste este algoritmo escrevendo um programa usando uma linguagem conhecida. Declare as variáveis do programa em precisão simples e execute o programa; em seguida, declare as variáveis em precisão dupla e execute novamente o programa.

b) Interprete o passo 3 do algoritmo, isto é, por que a aproximação para Prec é escolhida como sendo o dobro do último valor de A obtido no passo 2?

c) Na definição de precisão da máquina, usamos como referência o número 1. No algoritmo a seguir, a variável VAL é um dado de entrada, escolhido pelo usuário:

Passo 1: A = 1;
 s = VAL + A;

Passo 2: Enquanto (s) > VAL, faça:
 A = A/2
 s = VAL + A

Passo 3: Faça Prec = 2A e imprima Prec.

c.1) Teste seu programa atribuindo para VAL os números: 10, 17, 100, 184, 1000, 1575, 10000, 17893.

c.2) Para cada valor diferente para VAL, imprima o valor correspondente obtido para Prec. Justifique por que Prec se altera quando VAL é modificado.

2. CÁLCULO DE e^x

Escreva um programa em uma linguagem conhecida, para calcular e^x pela série de Taylor com n termos. O valor de x e o número de termos da série, n, são dados de entrada deste programa. Para valores negativos de x, o programa deve calcular e^x de duas formas: em uma delas o valor de x é usado diretamente na série de Taylor e, na outra forma, o valor usado na série é y = –x, e, em seguida, calcula-se o valor de e^x através de $1/e^x$.

a) Teste seu programa com vários valores de x (x próximo de zero e x distante de zero) e, para cada valor de x, teste o cálculo da série com vários valores de n. Analise os resultados obtidos.

b) Dificuldades com o cálculo do fatorial:

O cálculo de k! necessário na série de Taylor pode ser feito de modo a evitar a ocorrência de *overflow*. Os cálculos podem ser organizados de modo a se evitar o "estouro" no cálculo de k!; para isto é preciso analisar cuidadosamente o k-ésimo termo $x^k/k!$, tentar misturar o cálculo do numerador e do denominador e realizar divisões intermediárias. Estude uma maneira de realizar esta operação de modo a evitar que k! estoure.

c) Com a modificação do item (*b*), a série de Taylor pode ser calculada com quantos termos se queira. Qual seria um critério de parada para se interromper o cálculo da série?

CAPÍTULO **2**

ZEROS REAIS DE FUNÇÕES REAIS

2.1 INTRODUÇÃO

Nas mais diversas áreas das ciências exatas ocorrem, freqüentemente, situações que envolvem a resolução de uma equação do tipo $f(x) = 0$.

Consideremos, por exemplo, o seguinte circuito:

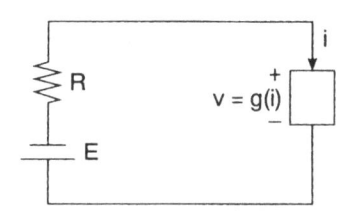

Figura 2.1

A figura acima representa um dispositivo não linear, isto é, a função g que dá a tensão em função da corrente é não linear. Dados E e R e supondo conhecida a característica do dispositivo $v = g(i)$, se quisermos saber a corrente que vai fluir no circuito temos de resolver a equação $E - Ri - g(i) = 0$ (pela lei de Kirchoff). Na prática, $g(i)$ tem o aspecto de um polinômio do terceiro grau.

Queremos então resolver a equação $f(i) = E - Ri - g(i) = 0$.

O objetivo deste capítulo é o estudo de métodos numéricos para resolução de equações não lineares como a acima.

Um número real ξ é um *zero da função* $f(x)$ ou uma *raiz da equação* $f(x) = 0$ se $f(\xi) = 0$.

Em alguns casos, por exemplo, de equações polinomiais, os valores de x que anulam $f(x)$ podem ser reais ou complexos. Neste capítulo, estaremos interessados somente nos zeros reais de $f(x)$.

Graficamente, os zeros reais são representados pelas abcissas dos pontos onde uma curva intercepta o eixo $\vec{ox}$.

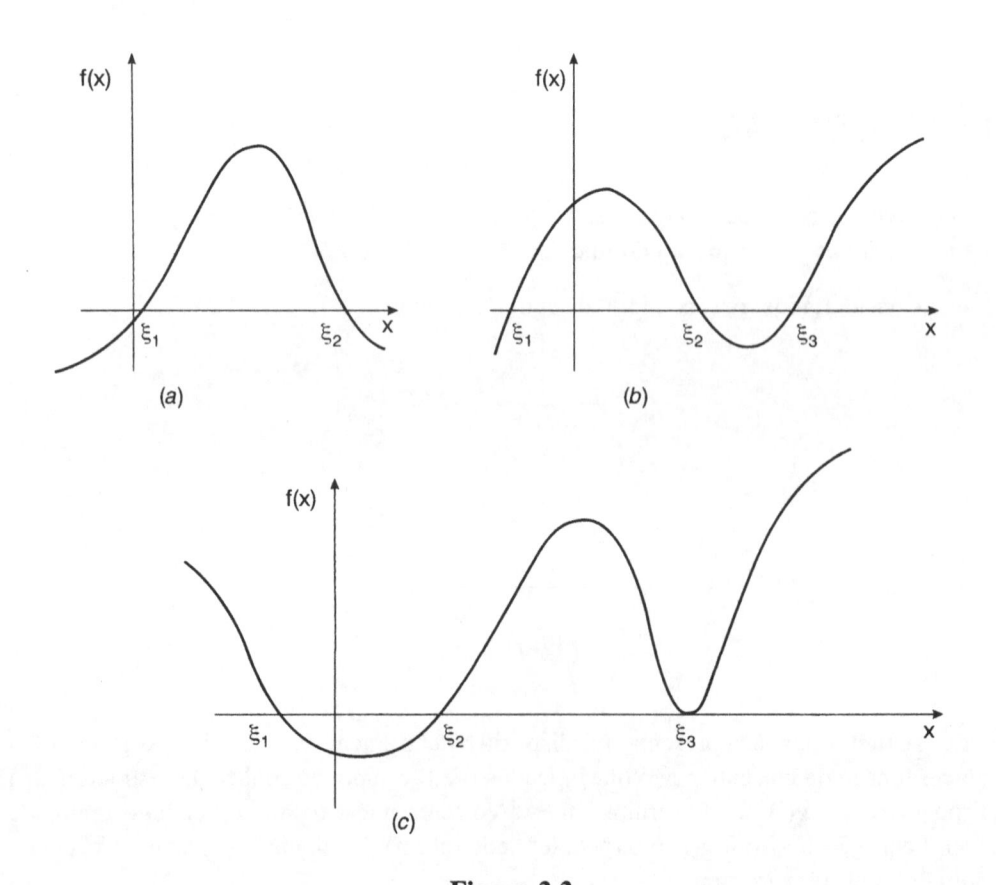

Figura 2.2

Como obter raízes reais de uma equação qualquer?

Sabemos que, para algumas equações, como por exemplo as equações polinomiais de segundo grau, existem fórmulas explícitas que dão as raízes em função dos coeficientes. No entanto, no caso de polinômios de grau mais alto e no caso de funções mais complicadas, é praticamente impossível se achar os zeros exatamente. Por isso, temos de nos contentar em encontrar apenas aproximações para esses zeros; mas isto não é uma limitação muito séria, pois, com os métodos que apresentaremos, conseguimos, a menos de limitações de máquinas, encontrar os zeros de uma função com qualquer precisão prefixada.

A idéia central destes métodos é partir de uma aproximação inicial para a raiz e em seguida refinar essa aproximação através de um processo iterativo.

Por isso, os métodos constam de duas fases:

FASE I: Localização ou isolamento das raízes, que consiste em obter um intervalo que contém a raiz;

FASE II: Refinamento, que consiste em, escolhidas aproximações iniciais no intervalo encontrado na Fase I, melhorá-las sucessivamente até se obter uma aproximação para a raiz dentro de uma precisão ε prefixada.

2.2 FASE I: ISOLAMENTO DAS RAÍZES

Nesta fase é feita uma análise teórica e gráfica da função f(x). É importante ressaltar que o sucesso da Fase II depende fortemente da precisão desta análise.

Na análise teórica usamos freqüentemente o teorema:

TEOREMA 1

Seja f(x) uma função contínua num intervalo [a, b].

Se $f(a)f(b) < 0$ então existe pelo menos um ponto $x = \xi$ entre a e b que é zero de f(x).

GRAFICAMENTE

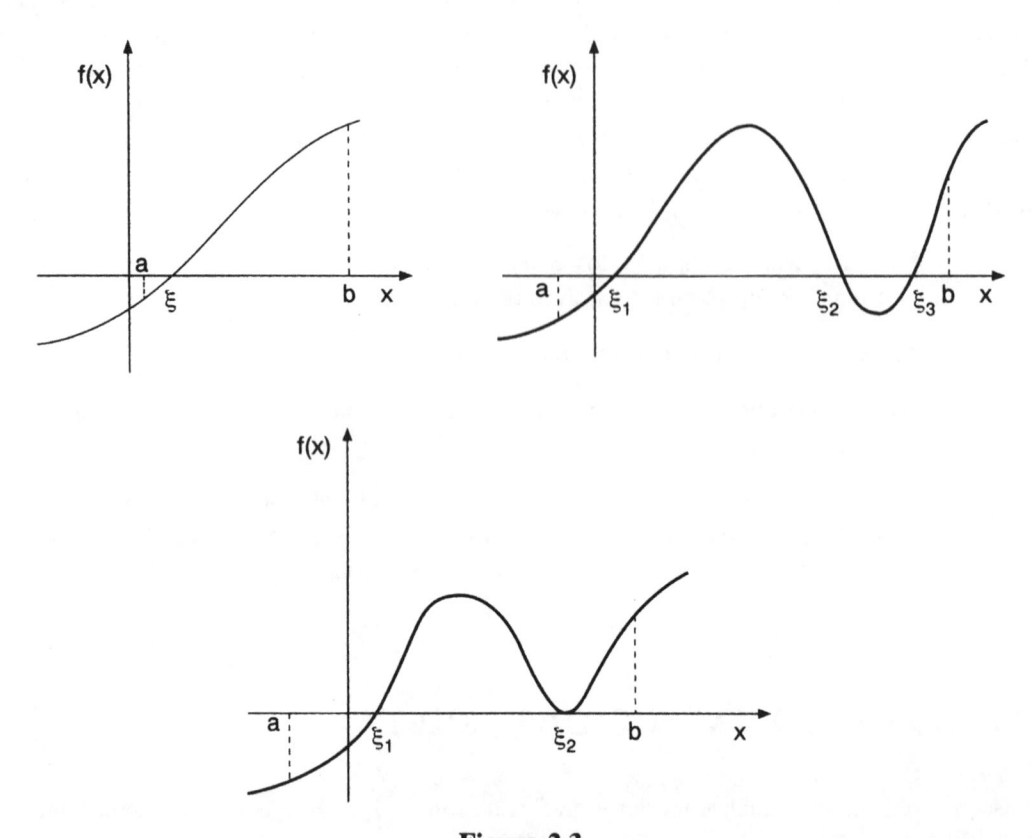

Figura 2.3

Conforme vemos, a interpretação gráfica deste teorema é extremamente simples (e uma demonstração deste resultado pode ser encontrada em [11]).

OBSERVAÇÃO

Sob as hipóteses do teorema anterior, se $f'(x)$ existir e preservar sinal em (a, b), então este intervalo contém um único zero de $f(x)$.

GRAFICAMENTE

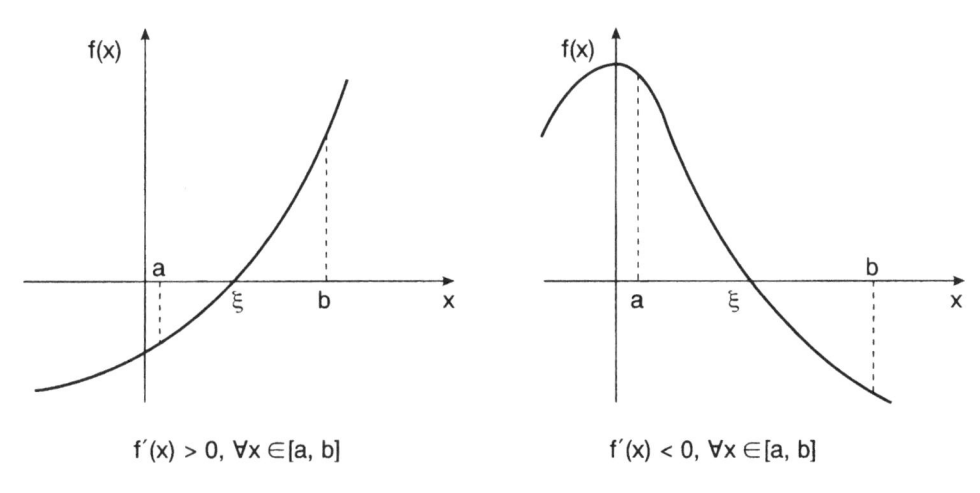

$f'(x) > 0, \forall x \in [a, b]$ $f'(x) < 0, \forall x \in [a, b]$

Figura 2.4

Uma forma de se isolar as raízes de f(x) usando os resultados anteriores é tabelar f(x) para vários valores de x e analisar as mudanças de sinal de f(x) e o sinal da derivada nos intervalos em que f(x) mudou de sinal.

Exemplo 1

a) $f(x) = x^3 - 9x + 3$

Construindo uma tabela de valores para f(x) e considerando apenas os sinais, temos:

x	$-\infty$	−100	−10	−5	−3	−1	0	1	2	3	4	5
f(x)	−	−	−	−	+	+	+	−	−	+	+	+

Sabendo que f(x) é contínua para qualquer x real e observando as variações de sinal, podemos concluir que cada um dos intervalos $I_1 = [-5, -3]$, $I_2 = [0, 1]$ e $I_3 = [2, 3]$ contém pelo menos um zero de f(x).

Como f(x) é polinômio de grau 3, podemos afirmar que cada intervalo contém um único zero de f(x); assim, localizamos todas as raízes de f(x) = 0.

b) $f(x) = \sqrt{x} - 5e^{-x}$

Temos que $D(f) = \mathbb{R}^+$ ($D(f) \equiv$ domínio de f(x))

Construindo uma tabela de valores com o sinal de f(x) para determinados valores de x temos:

x	0	1	2	3	...
f(x)	−	−	+	+	...

Analisando a tabela, vemos que f(x) admite pelo menos um zero no intervalo (1, 2).

Para se saber se este zero é único neste intervalo, podemos usar a observação anterior, isto é, analisar o sinal de f'(x):

$$f'(x) = \frac{1}{2\sqrt{x}} + 5e^{-x} > 0, \ \forall \ x > 0.$$

Assim, podemos concluir que f(x) admite um único zero em todo seu domínio de definição e este zero está no intervalo (1, 2).

OBSERVAÇÃO

Se f(a)f(b) > 0 então podemos ter várias situações no intervalo [a, b], conforme mostram os gráficos:

Figura 2.5

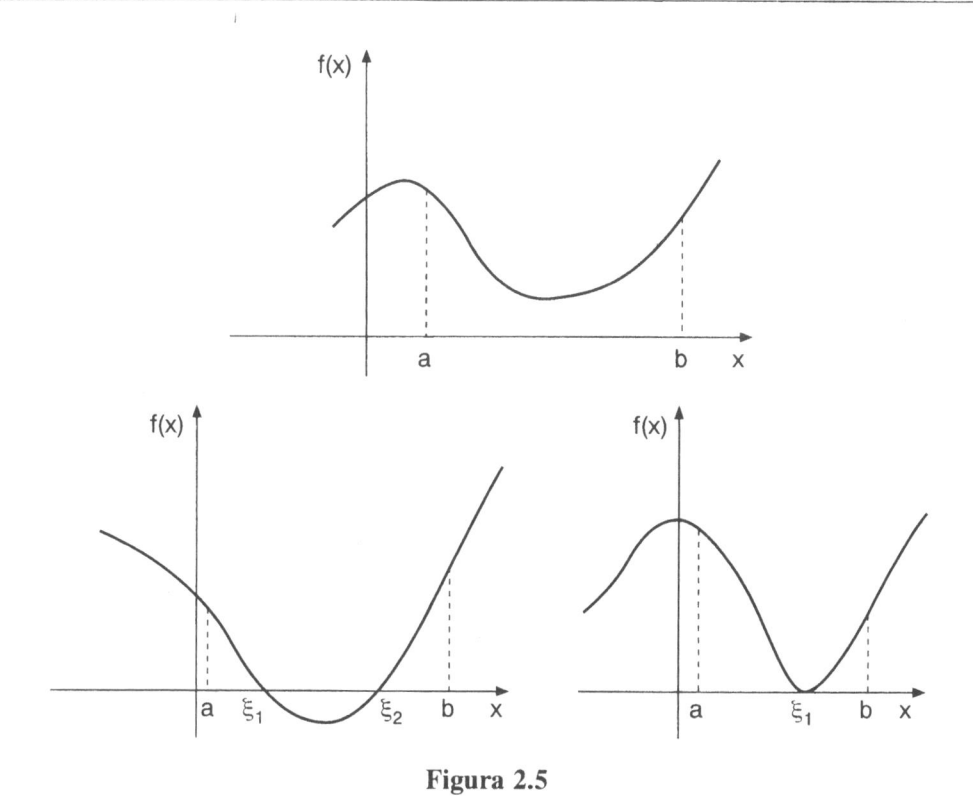

A análise gráfica da função f(x) ou da equação f(x) = 0 é fundamental para se obter boas aproximações para a raiz.

Para tanto, é suficiente utilizar um dos seguintes processos:

i) esboçar o gráfico da função f(x) e localizar as abcissas dos pontos onde a curva intercepta o eixo $\overrightarrow{ox}$;

ii) a partir da equação f(x) = 0, obter a equação equivalente g(x) = h(x), esboçar os gráficos das funções g(x) e h(x) no mesmo eixo cartesiano e localizar os pontos x onde as duas curvas se interceptam, pois neste caso $f(\xi) = 0 \Leftrightarrow g(\xi) = h(\xi)$;

iii) usar os programas que traçam gráficos de funções, disponíveis em algumas calculadoras ou softwares matemáticos.

O esboço do gráfico de uma função requer um estudo detalhado do comportamento desta função, que envolve basicamente os itens: domínio da função; pontos de descontinuidade; intervalos de crescimento e decrescimento; pontos de máximo e mínimo; concavidade; pontos de inflexão e assíntotas da função.

Este esquema geral de análise de funções e construção de gráficos é encontrado em [16] e [20].

Exemplo 2

a) $f(x) = x^3 - 9x + 3$

Usando o processo (i), temos:

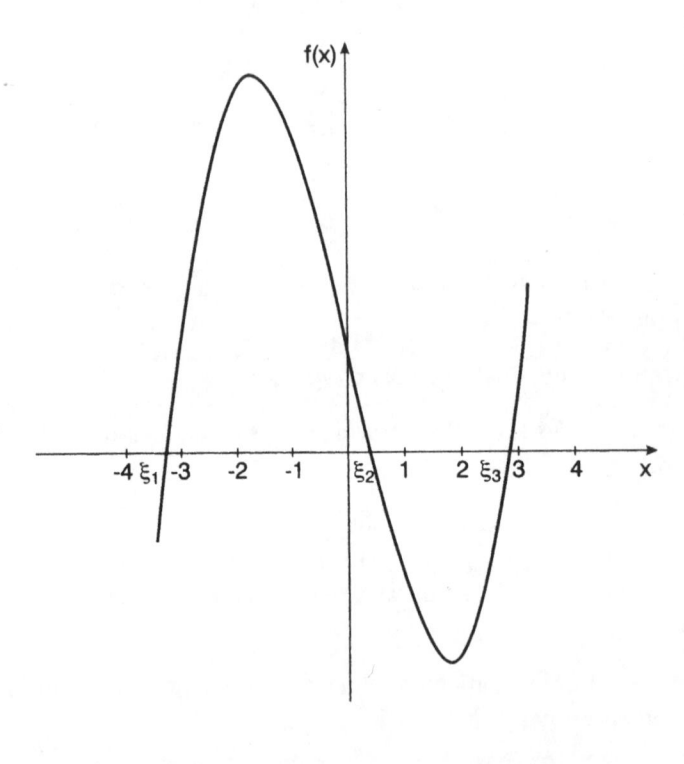

$f(x) = x^3 - 9x + 3$
$f'(x) = 3x^2 - 9$
$f'(x) = 0 \Leftrightarrow x = \pm \sqrt{3}$

x	f(x)
−4	−25
−3	3
−$\sqrt{3}$	13.3923
−1	11
0	3
1	−5
$\sqrt{3}$	−7.3923
2	−7
3	3

$\xi_1 \in (-4, -3)$
$\xi_2 \in (0, 1)$
$\xi_3 \in (2, 3)$

Figura 2.6

E, usando o processo (*ii*): da equação $x^3 - 9x + 3 = 0$, podemos obter a equação equivalente $x^3 = 9x - 3$. Neste caso, temos $g(x) = x^3$ e $h(x) = 9x - 3$. Assim,

$\xi_1 \in (-4, -3)$
$\xi_2 \in (0, 1)$
$\xi_3 \in (2, 3)$

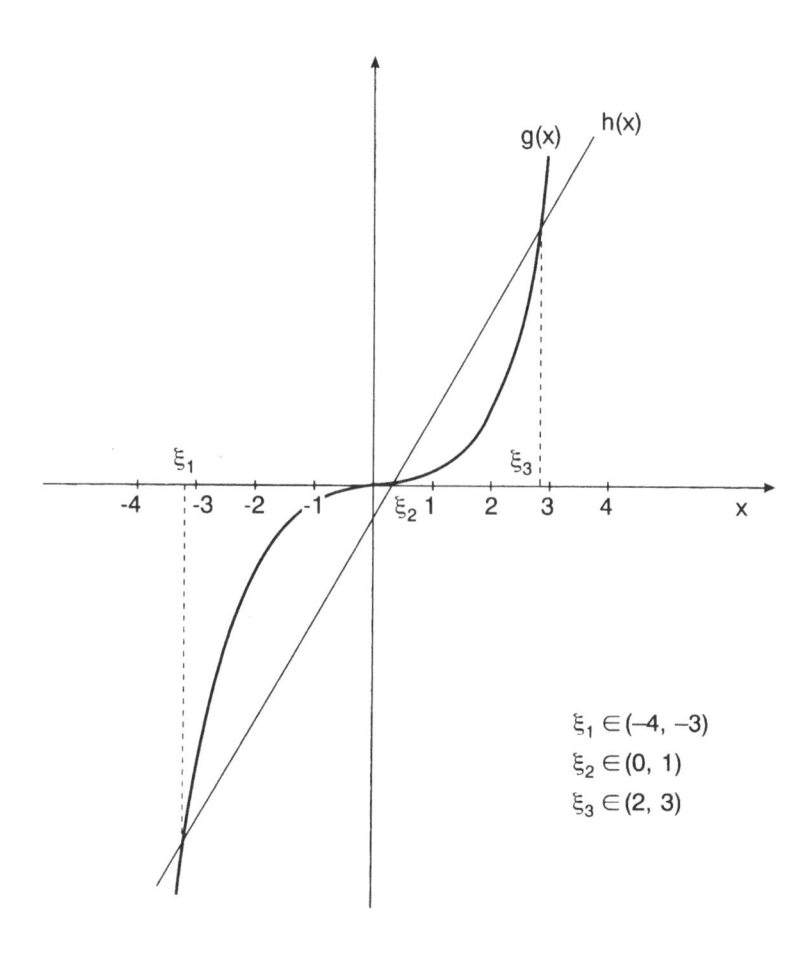

Figura 2.7

b) $f(x) = \sqrt{x} - 5e^{-x}$

Neste caso, é mais conveniente usar o processo (ii):

$\sqrt{x} - 5e^{-x} = 0 \Leftrightarrow \sqrt{x} = 5e^{-x} \Rightarrow g(x) = \sqrt{x}$ e $h(x) = 5e^{-x}$

$\xi \in (1, 2)$

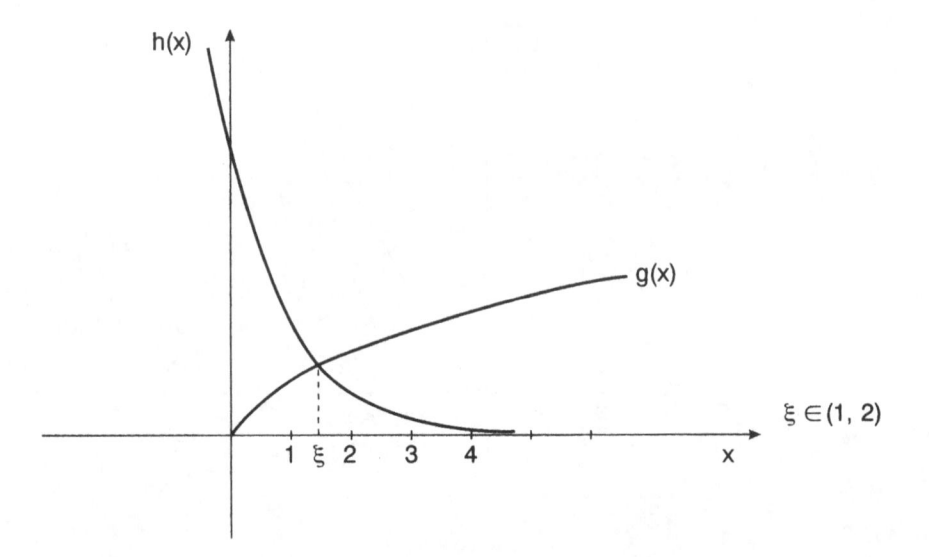

Figura 2.8

c) $f(x) = x\log(x) - 1$

Usando novamente o processo (ii) temos que

$x\log(x) - 1 = 0 \Leftrightarrow \log(x) = \dfrac{1}{x} \Rightarrow g(x) = \log(x)$ e $h(x) = \dfrac{1}{x}$

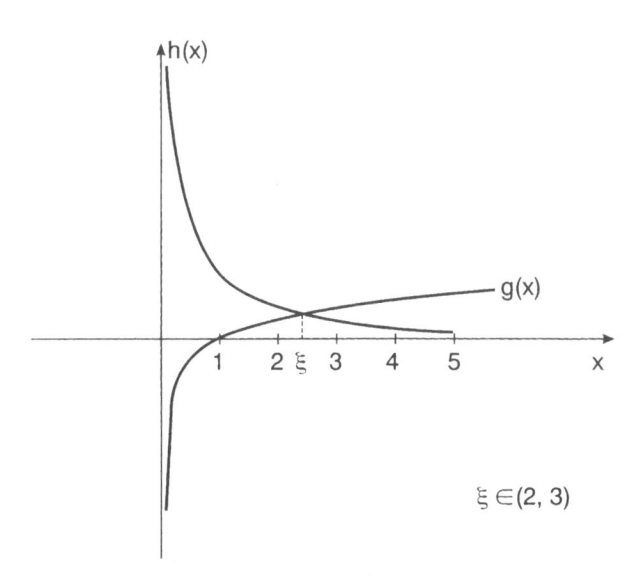

Figura 2.9

2.3 FASE II: REFINAMENTO

Estudaremos neste item vários métodos numéricos de refinamento de raiz. A forma como se efetua o refinamento é que diferencia os métodos. Todos eles pertencem à classe dos métodos iterativos.

Um *método iterativo* consiste em uma seqüência de instruções que são executadas passo a passo, algumas das quais são repetidas em ciclos.

A execução de um ciclo recebe o nome de *iteração*. Cada iteração utiliza resultados das iterações anteriores e efetua determinados testes que permitem verificar se foi atingido um resultado próximo o suficiente do resultado esperado.

Observamos que os métodos iterativos para obter zeros de funções fornecem apenas uma aproximação para a solução exata.

Os métodos iterativos para refinamento da aproximação inicial para a raiz exata podem ser colocados num diagrama de fluxo:

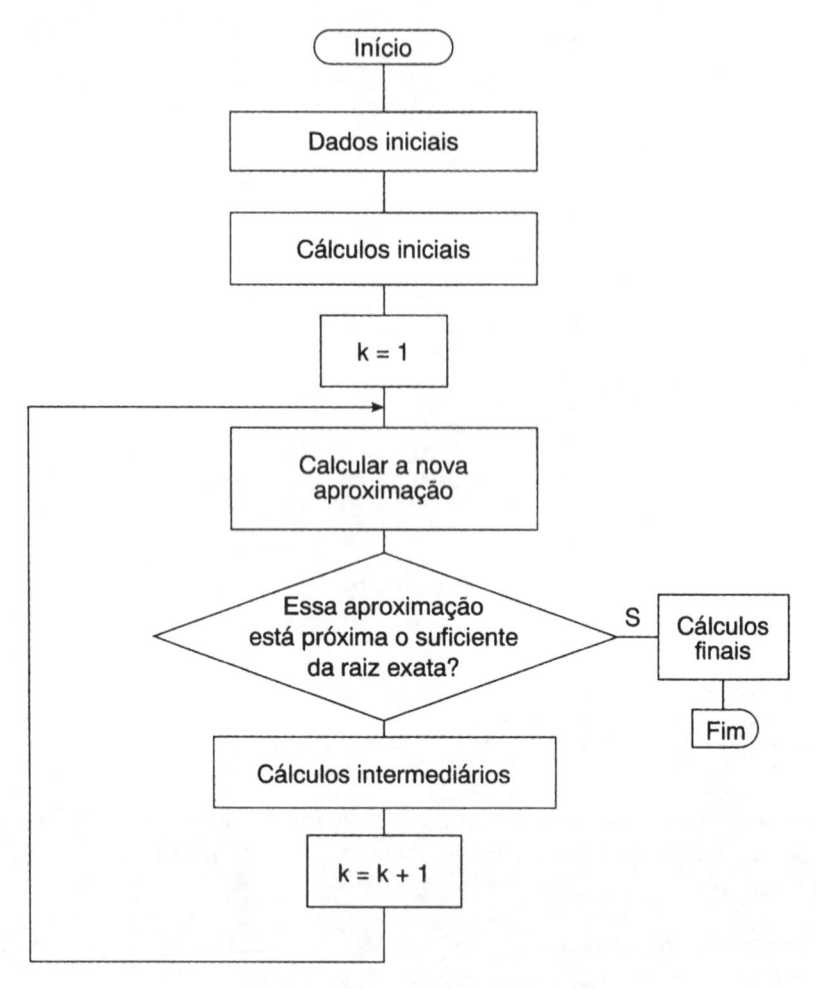

Figura 2.10

2.3.1 CRITÉRIOS DE PARADA

Pelo diagrama de fluxo verifica-se que todos os métodos iterativos para obter zeros de função efetuam um teste do tipo:

x_k está suficientemente próximo da raiz exata?

Que tipo de teste efetuar para se verificar se x_k está suficientemente próximo da raiz exata? Para isto é preciso entender o significado de raiz aproximada.

Existem duas interpretações para raiz aproximada que nem sempre levam ao mesmo resultado:

$\bar{x}$ é *raiz aproximada* com precisão ε se:

i) $|\bar{x} - \xi| < \varepsilon$ ou

ii) $|f(\bar{x})| < \varepsilon$.

Como efetuar o teste (*i*) se não conhecemos ξ?

Uma forma é reduzir o intervalo que contém a raiz a cada iteração. Ao se conseguir um intervalo [a, b] tal que:

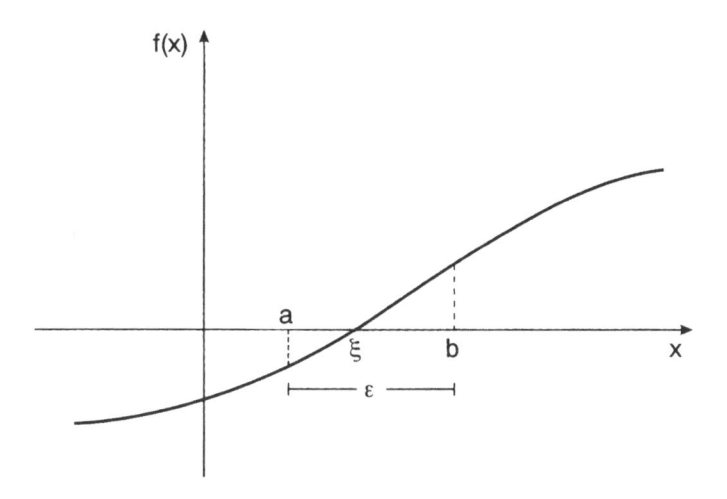

$$\left.\begin{array}{c} \xi \in [a, b] \\ e \\ b - a < \varepsilon \end{array}\right\} \text{ então } \forall\, x \in [a, b],\, |x - \xi| < \varepsilon. \text{ Portanto, } \forall\, x \in [a, b] \text{ pode ser tomado como } \bar{x}$$

Figura 2.11

Nem sempre é possível ter as exigências (*i*) e (*ii*) satisfeitas simultaneamente. Os gráficos a seguir ilustram algumas possibilidades:

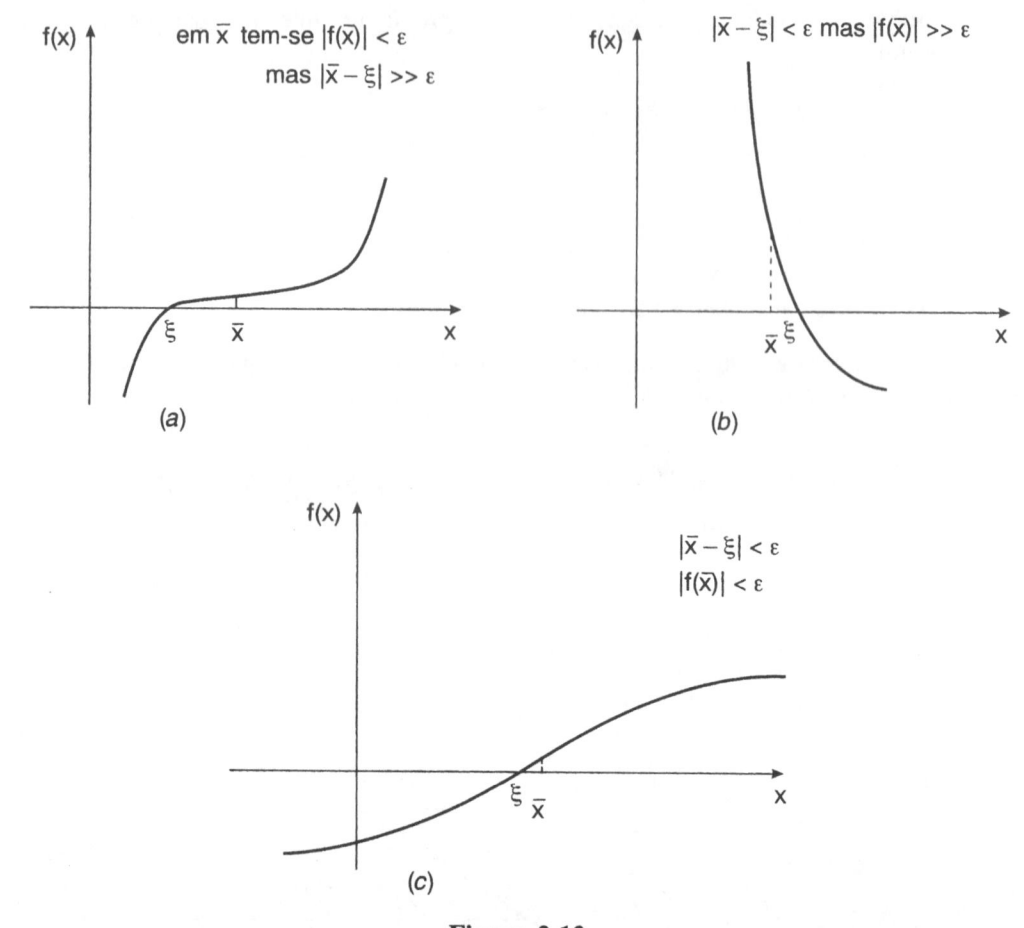

Figura 2.12

Os métodos numéricos são desenvolvidos de forma a satisfazer pelo menos um dos critérios.

Observamos que, dependendo da ordem de grandeza dos números envolvidos, é aconselhável usar teste do erro relativo, como por exemplo, considerar $\bar{x}$ como aproximação de ξ se $\dfrac{|f(\bar{x})|}{L} < \varepsilon$ onde $L = |f(x)|$ para algum x escolhido numa vizinhança de ξ.

Em programas computacionais, além do teste de parada usado para cada método, deve-se ter o cuidado de estipular um *número máximo de iterações* para se evitar que o programa entre em "looping" devido a erros no próprio programa ou à inadequação do método usado para o problema em questão.

2.3.2 MÉTODOS ITERATIVOS PARA SE OBTER ZEROS REAIS DE FUNÇÕES

I. MÉTODO DA BISSECÇÃO

Seja a função f(x) contínua no intervalo [a, b] e tal que f(a)f(b) < 0.

Vamos supor, para simplificar, que o intervalo (a, b) contenha uma única raiz da equação f(x) = 0.

O objetivo deste método é reduzir a amplitude do intervalo que contém a raiz até se atingir a precisão requerida: (b − a) < ε, usando para isto a sucessiva divisão de [a, b] ao meio.

GRAFICAMENTE

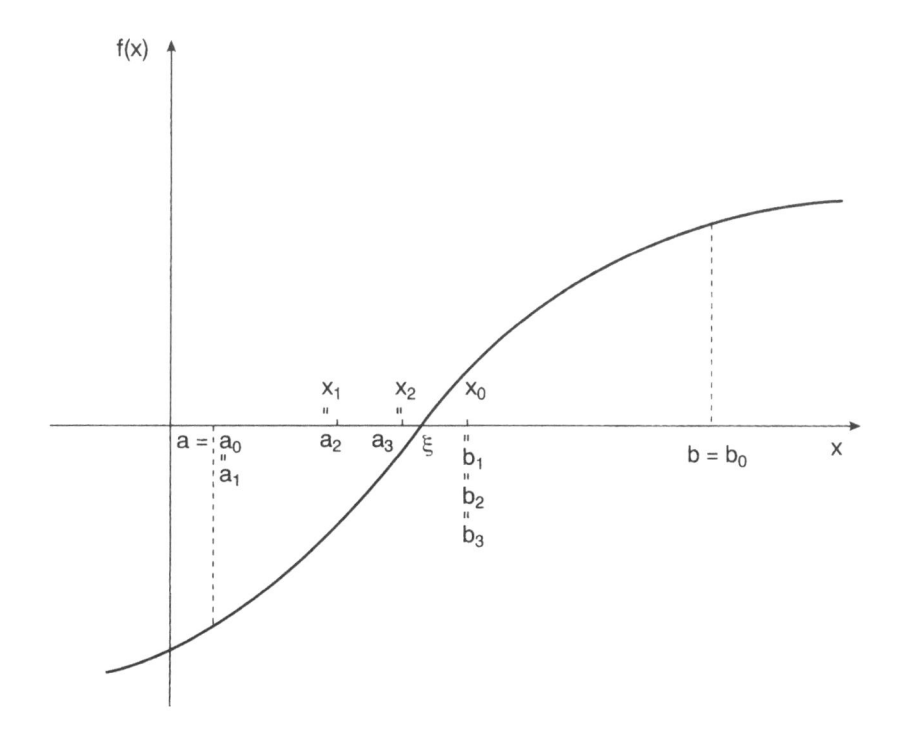

Figura 2.13

As iterações são realizadas da seguinte forma:

$$x_0 = \frac{a_0 + b_0}{2} \quad \begin{cases} f(a_0) < 0 \\ f(b_0) > 0 \\ f(x_0) > 0 \end{cases} \Rightarrow \begin{cases} \xi \in (a_0, x_0) \\ a_1 = a_0 \\ b_1 = x_0 \end{cases}$$

$$x_1 = \frac{a_1 + b_1}{2} \quad \begin{cases} f(a_1) < 0 \\ f(b_1) > 0 \\ f(x_1) < 0 \end{cases} \Rightarrow \begin{cases} \xi \in (x_1, b_1) \\ a_2 = x_1 \\ b_2 = b_1 \end{cases}$$

$$x_2 = \frac{a_2 + b_2}{2} \quad \begin{cases} f(a_2) < 0 \\ f(b_2) > 0 \\ f(x_2) < 0 \end{cases} \Rightarrow \begin{cases} \xi \in (x_2, b_2) \\ a_3 = x_2 \\ b_3 = b_2 \end{cases}$$

$$\vdots$$

Exemplo 3

Já vimos que a função $f(x) = x\log(x) - 1$ tem um zero em $(2, 3)$.

O método da bissecção aplicado a esta função com $[2, 3]$ como intervalo inicial fornece:

$$x_0 = \frac{2 + 3}{2} = 2.5 \quad \begin{cases} f(2) = -0.3979 < 0 \\ f(3) = 0.4314 > 0 \\ f(2.5) = -5.15 \times 10^{-3} < 0 \end{cases} \Rightarrow \begin{cases} \xi \in (2.5, 3) \\ a_1 = x_0 = 2.5 \\ b_1 = b_0 = 3 \end{cases}$$

$$x_1 = \frac{2.5 + 3}{2} = 2.75 \quad \begin{cases} f(2.5) < 0 \\ f(3) > 0 \\ f(2.75) = 0.2082 > 0 \end{cases} \Rightarrow \begin{cases} \xi \in (2.5, 2.75) \\ a_2 = a_1 = 2.5 \\ b_2 = x_1 = 2.75 \end{cases}$$

$$\vdots$$

ALGORITMO 1

Seja f(x) contínua em [a, b] e tal que f(a)f(b) < 0.

1) Dados iniciais:

   a)   intervalo inicial [a, b]

   b)   precisão ε

2) Se (b − a) < ε, então escolha para $\bar{x}$ qualquer x ∈ [a, b]. FIM.

3) k = 1

4) M = f(a)

5) $x = \dfrac{a + b}{2}$

6) Se Mf(x) > 0, faça a = x. Vá para o passo 8.

7) b = x

8) Se (b − a) < ε, escolha para $\bar{x}$ qualquer x ∈ [a, b]. FIM.

9) k = k + 1. Volte para o passo 5.

Terminado o processo, teremos um intervalo [a, b] que contém a raiz (e tal que (b − a) < ε) e uma aproximação $\bar{x}$ para a raiz exata.

Exemplo 4

$f(x) = x^3 - 9x + 3$ $I = [0, 1]$ $\varepsilon = 10^{-3}$

Iteração	x	f(x)	b − a
1	.5	−1.375	.5
2	.25	.765625	.25
3	.375	−.322265625	.125
4	.3125	.218017578	.0625
5	.34375	−.0531311035	.03125
6	.328125	.0822029114	.015625
7	.3359375	.0144743919	7.8125×10^{-3}
8	.33984375	−.0193439126	3.90625×10^{-3}
9	.337890625	$-2.43862718 \times 10^{-3}$	1.953125×10^{-3}
10	.336914063	$6.01691846 \times 10^{-3}$	9.765625×10^{-4}

Então $\bar{x} = .337402344$ em dez iterações. Observe que neste exemplo escolhemos $\bar{x} = \dfrac{a + b}{2}$.

ESTUDO DA CONVERGÊNCIA

É bastante intuitivo perceber que se f(x) é contínua no intervalo [a, b] e f(a)f(b) < 0, o método da bissecção vai gerar uma seqüência $\{x_k\}$ que converge para a raiz.

No entanto, a prova analítica da convergência requer algumas considerações. Suponhamos que $[a_0, b_0]$ seja o intervalo inicial e que a raiz ξ seja única no interior desse intervalo. O método da bissecção gera três seqüências:

$\{a_k\}$:   não-decrescente e limitada superiormente por b_0; então existe $r \in \mathbb{R}$ tal que

$$\lim_{k \to \infty} a_k = r$$

{b_k}: não-crescente e limitada inferiormente por a_0, então existe $s \in \mathbb{R}$ tal que

$$\lim_{k \to \infty} b_k = s$$

{x_k}: por construção ($x_k = \dfrac{a_k + b_k}{2}$), temos $a_k < x_k < b_k$, $\forall\, k$.

rior. A amplitude de cada intervalo gerado é a metade da amplitude do intervalo anterior.

Assim, $\forall\, k$: $b_k - a_k = \dfrac{b_0 - a_0}{2^k}$

Então $\lim\limits_{k \to \infty} (b_k - a_k) = \lim\limits_{k \to \infty} \dfrac{(b_0 - a_0)}{2^k} = 0$.

Como {a_k} e {b_k} são convergentes,

$\lim\limits_{k \to \infty} b_k - \lim\limits_{k \to \infty} a_k = 0 \Rightarrow \lim\limits_{k \to \infty} b_k = \lim\limits_{k \to \infty} a_k$. Então $r = s$.

Seja $\ell = r = s$ o limite das duas seqüências. Dado que para todo k o ponto x_k pertence ao intervalo (a_k, b_k), o Cálculo Diferencial e Integral nos garante que

$$\lim_{k \to \infty} x_k = \ell$$

Resta provar que ℓ é o zero da função, ou seja, $f(\ell) = 0$.

Em cada iteração k temos $f(a_k)\,f(b_k) < 0$. Então

$0 \geq \lim\limits_{k \to \infty} f(a_k)f(b_k) = \lim\limits_{k \to \infty} f(a_k) \lim\limits_{k \to \infty} f(b_k) = f(\lim\limits_{k \to \infty} a_k)\, f(\lim\limits_{k \to \infty} b_k) =$

$= f(r)\, f(s) = f(\ell)\, f(\ell) = [f(\ell)]^2$

Assim, $0 \geq [f(\ell)]^2 \geq 0$ donde $f(\ell) = 0$.

Portanto $\lim_{k \to \infty} x_k = \ell$ e ℓ é zero da função. Das hipóteses iniciais temos que $\ell = \xi$.

Concluímos, pois, que o método da bissecção gera uma seqüência convergente sempre que f for contínua em [a, b] com $f(a)f(b) < 0$.

Ao leitor interessado nos resultados sobre convergência de seqüências de reais utilizados nesta demonstração recomendamos a referência [11].

ESTIMATIVA DO NÚMERO DE ITERAÇÕES

Dada uma precisão ε e um intervalo inicial [a, b], é possível saber, *a priori*, quantas iterações serão efetuadas pelo método da bissecção até que se obtenha $b - a < \varepsilon$, usando o Algoritmo 1.

Vimos que

$$b_k - a_k = \frac{b_{k-1} - a_{k-1}}{2} = \frac{b_0 - a_0}{2^k}$$

Deve-se obter o valor de k tal que $b_k - a_k < \varepsilon$, ou seja,

$$\frac{b_0 - a_0}{2^k} < \varepsilon \Rightarrow 2^k > \frac{b_0 - a_0}{\varepsilon} \Rightarrow k \log(2) > \log(b_0 - a_0) - \log(\varepsilon) \Rightarrow$$

$$k > \frac{\log(b_0 - a_0) - \log(\varepsilon)}{\log(2)}$$

Portanto se k satisfaz a relação acima, ao final da iteração k teremos o intervalo [a, b] que contém a raiz ξ, tal que $\forall\, x \in [a, b] \Rightarrow |x - \xi| \leq b - a < \varepsilon$.

Por exemplo, se desejarmos encontrar ξ, o zero da função $f(x) = x \log(x) - 1$ que está no intervalo [2, 3] com precisão $\varepsilon = 10^{-2}$, quantas iterações, no mínimo, devemos efetuar?

$$k > \frac{\log(3 - 2) - \log(10^{-2})}{\log(2)} = \frac{\log(1) + 2\log(10)}{\log(2)} = \frac{2}{0.3010} \approx 6.64 \Rightarrow k = 7$$

OBSERVAÇÕES FINAIS

- conforme demonstramos, satisfeitas as hipóteses de continuidade de f(x) em [a, b] e de troca de sinal em a e b, o método da bissecção gera uma seqüência convergente, ou seja, é sempre possível obter um intervalo que contém a raiz da equação em estudo, sendo que o comprimento deste intervalo final satisfaz a precisão requerida;

- as iterações não envolvem cálculos laboriosos;

- a convergência é muito lenta, pois se o intervalo inicial é tal que $b_0 - a_0 \gg \varepsilon$ e se ε for muito pequeno, o número de iterações tende a ser muito grande, como por exemplo:

$$\left. \begin{array}{l} b_0 - a_0 = 3 \\ \varepsilon = 10^{-7} \end{array} \right\} \Rightarrow k \geq 24.8 \Rightarrow k = 25.$$

O Algoritmo 1 pode incluir também o teste de parada com o módulo da função e o do número máximo de iterações.

II. MÉTODO DA POSIÇÃO FALSA

Seja f(x) contínua no intervalo [a, b] e tal que f(a)f(b) < 0.

Supor que o intervalo (a, b) contenha uma única raiz da equação f(x) = 0.

Podemos esperar conseguir a raiz aproximada $\bar{x}$ usando as informações sobre os valores de f(x) disponíveis a cada iteração.

No caso do método da bissecção, x é simplesmente a média aritmética entre a e b:

$$x = \frac{a + b}{2}.$$

No Exemplo 4, temos $f(x) = x^3 - 9x + 3$, $[a, b] = [0, 1]$ e $f(1) = -5 < 0 < 3 = f(0)$. Como $|f(0)|$ está mais próximo de zero que $|f(1)|$, é provável que a raiz esteja mais próxima de 0 que de 1 (pelo menos isto ocorre quando $f(x)$ é linear em $[a, b]$).

Assim, em vez de tomar a média aritmética entre a e b, o método da posição falsa toma a média aritmética ponderada entre a e b com pesos $|f(b)|$ e $|f(a)|$, respectivamente:

$$x = \frac{a|f(b)| + b|f(a)|}{|f(b)| + |f(a)|} = \frac{af(b) - bf(a)}{f(b) - f(a)}$$

visto que $f(a)$ e $f(b)$ têm sinais opostos.

Graficamente, este ponto x é a intersecção entre o eixo $\vec{ox}$ e a reta $r(x)$ que passa por $(a, f(a))$ e $(b, f(b))$:

(a)

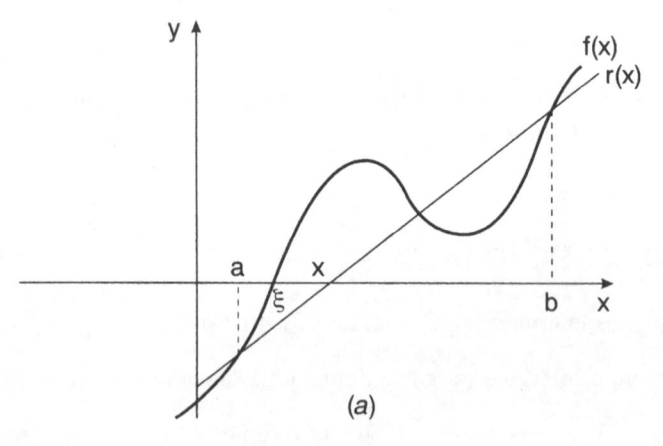

Figura 2.14

E as iterações são feitas assim:

(b)

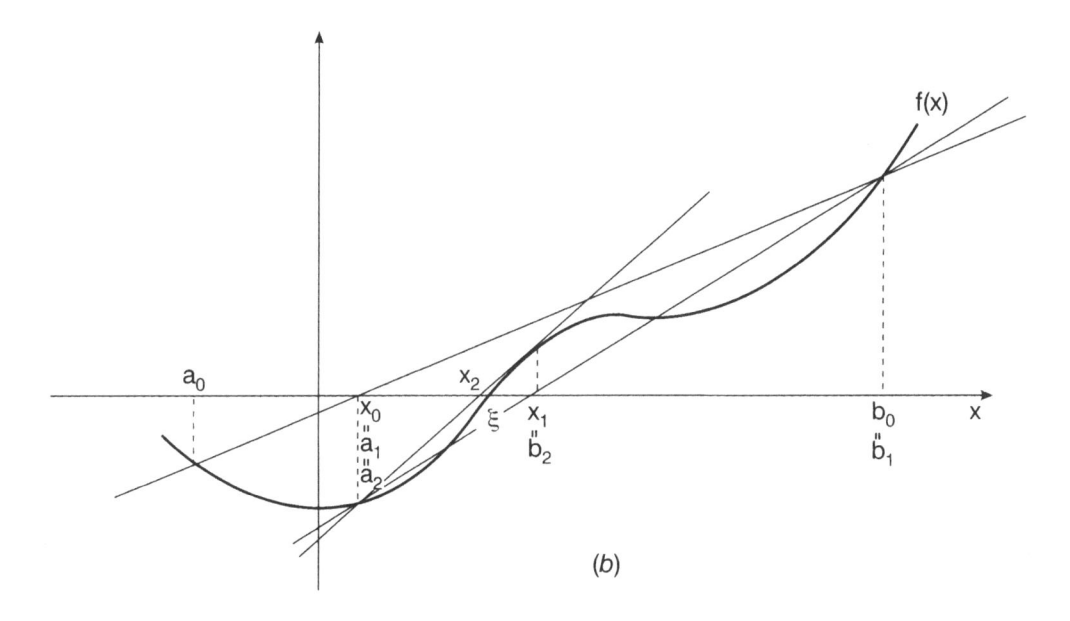

Figura 2.14

Exemplo 5

O método da posição falsa aplicado a xlog(x) − 1 em $[a_0, b_0] = [2, 3]$, fica:

$f(a_0) = -0.3979 < 0$

$f(b_0) = 0.4314 > 0$

$$\Rightarrow x_0 = \frac{af(b) - bf(a)}{f(b) - f(a)} = \frac{2 \times 0.4314 - 3 \times (-0.3979)}{0.4314 - (-0.3979)} = \frac{2.0565}{0.8293} = 2.4798$$

$f(x_0) = -0.0219 < 0$. Como $f(a_0)$ e $f(x_0)$ têm o mesmo sinal,

$$\begin{cases} a_1 = x_0 = 2.4798 & f(a_1) < 0 \\ b_1 = 3 & f(b_1) > 0 \end{cases}$$

$$\Rightarrow x_1 = \frac{2.4798 \times 0.4314 - 3 \times (-0.0219)}{0.4314 - (-0.0219)} = 2.5049 \quad \text{e}$$

$f(x_1) = -0.0011$. Analogamente,

$$\begin{cases} a_2 = x_1 = 2.5049 \\ b_2 = b_1 = 3 \end{cases}$$

.
.
.

ALGORITMO 2

Seja $f(x)$ contínua em $[a, b]$ e tal que $f(a)f(b) < 0$.

    1) Dados iniciais

        a) intervalo inicial $[a, b]$

        b) precisões ε_1 e ε_2

    2) Se $(b - a) < \varepsilon_1$, então escolha para $\bar{x}$ qualquer $x \in [a, b]$. FIM.

$$\left. \begin{array}{l} \text{se } |f(a)| < \varepsilon_2 \\ \text{ou se } |f(b)| < \varepsilon_2 \end{array} \right\} \text{escolha a ou b como } \bar{x}. \text{ FIM.}$$

    3) $k = 1$

    4) $M = f(a)$

    5) $x = \dfrac{af(b) - bf(a)}{f(b) - f(a)}$

    6) Se $|f(x)| < \varepsilon_2$, escolha $\bar{x} = x$. FIM.

    7) Se $Mf(x) > 0$, faça $a = x$. Vá para o passo 9.

    8) $b = x$

    9) Se $b - a < \varepsilon_1$, então escolha para $\bar{x}$ qualquer $x \in (a, b)$. FIM.

    10) $k = k + 1$. Volte ao passo 5.

Exemplo 6

$f(x) = x^3 - 9x + 3$ $I = [0, 1]$ $\varepsilon_1 = \varepsilon_2 = 5 \times 10^{-4}$

Aplicando o método da posição falsa, temos:

Iteração	x	f(x)	b − a
1	.375	−.322265625	1
2	.338624339	$-8.79019964 \times 10^{-3}$	.375
3	.337635046	$-2.25883909 \times 10^{-4}$	.338624339

E portanto $\bar{x} = 0.337635046$ e $f(\bar{x}) = -2.25 \times 10^{-4}$.

CONVERGÊNCIA

Na referência [30] encontramos demonstrado o seguinte resultado:

"Se f(x) é contínua no intervalo [a, b] com f(a)f(b) < 0 então o método da posição falsa gera uma seqüência convergente".

Embora não façamos aqui a demonstração, observamos que a idéia usada é a mesma aplicada na demonstração da convergência do método da bissecção, ou seja, usando as seqüências $\{a_k\}$, $\{x_k\}$ e $\{b_k\}$. Observamos, ainda, que quando f é derivável duas vezes em [a, b] e f″(x) não muda de sinal nesse intervalo, é bastante intuitivo verificar a convergência graficamente:

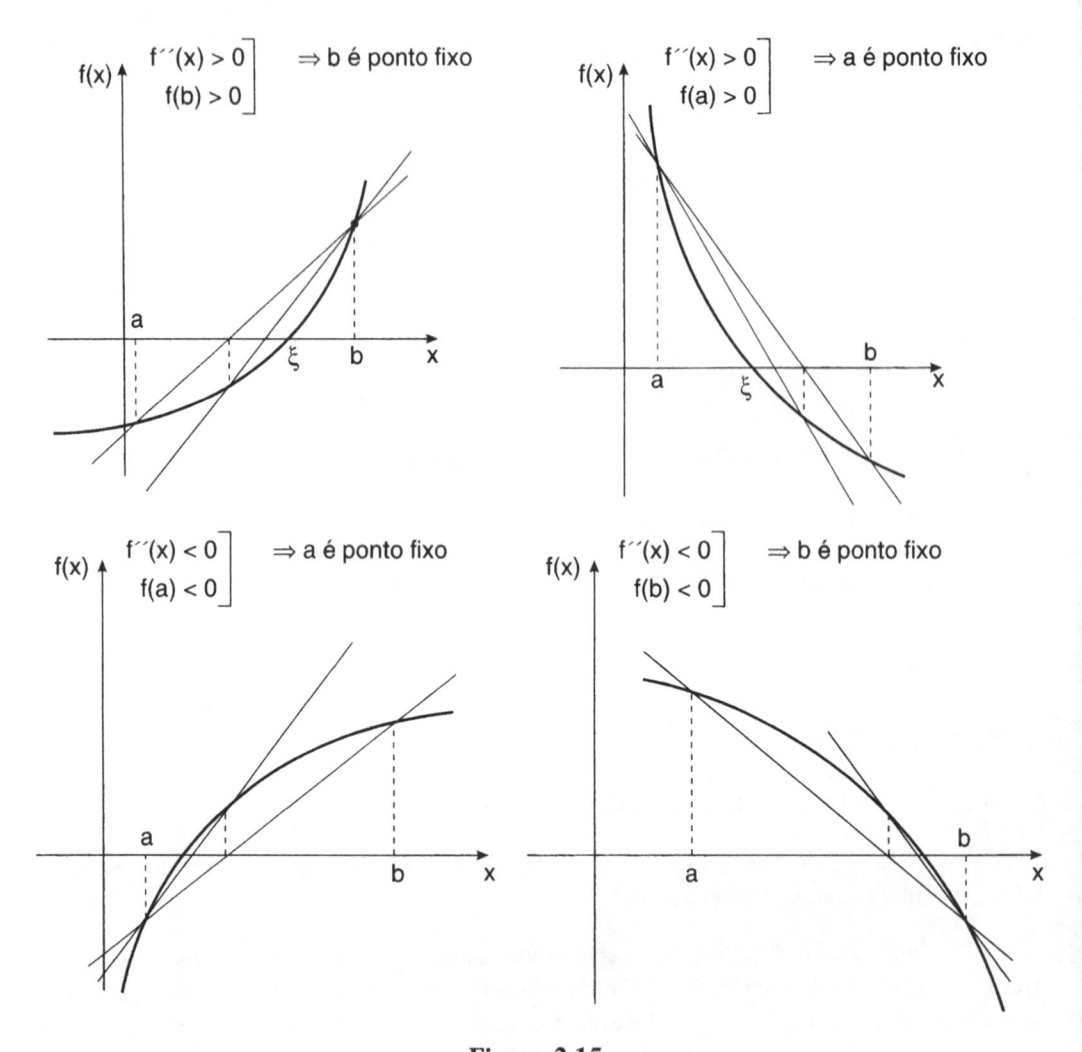

Figura 2.15

Em todos os casos da figura anterior os elementos da seqüência $\{x_k\}$ se encontram na parte do intervalo que fica entre a raiz e o extremo *não*-fixo do intervalo e $\lim\limits_{k \to \infty} x_k = \xi$.

Analisando ainda estes gráficos, podemos concluir que em geral o método da posição falsa obtém como raiz aproximada um ponto $\bar{x}$, no qual $| f(\bar{x}) | < \varepsilon$, sem que o intervalo $I = [a, b]$ seja pequeno o suficiente. Portanto, se for exigido que os dois critérios de parada sejam satisfeitos simultaneamente, o processo pode exceder um número máximo de iterações.

III. MÉTODO DO PONTO FIXO (MPF)

A importância deste método está mais nos conceitos que são introduzidos em seu estudo que em sua eficiência computacional.

Seja f(x) uma função contínua em [a, b], intervalo que contém uma raiz da equação f(x) = 0.

O MPF consiste em transformar esta equação em uma equação equivalente $x = \varphi(x)$ e a partir de uma aproximação inicial x_0 gerar a seqüência $\{x_k\}$ de aproximações para ξ pela relação $x_{k+1} = \varphi(x_k)$, pois a função $\varphi(x)$ é tal que $f(\xi) = 0$ se e somente se $\varphi(\xi) = \xi$. Transformamos assim o problema de encontrar um zero de f(x) no problema de encontrar um ponto fixo de $\varphi(x)$.

Uma função $\varphi(x)$ que satisfaz a condição acima é chamada de *função de iteração* para a equação f(x) = 0.

Exemplo 7

Para a equação $x^2 + x - 6 = 0$ temos várias funções de iteração, entre as quais:

a) $\varphi_1(x) = 6 - x^2$;

b) $\varphi_2(x) = \pm\sqrt{6 - x}$;

c) $\varphi_3(x) = \dfrac{6}{x} - 1$;

d) $\varphi_4(x) = \dfrac{6}{x + 1}$.

A forma geral das funções de iteração $\varphi(x)$ é $\varphi(x) = x + A(x)f(x)$, com a condição que em ξ, ponto fixo de $\varphi(x)$, se tenha $A(\xi) \neq 0$.

Mostremos que $f(\xi) = 0 \Leftrightarrow \varphi(\xi) = \xi$.

($\Rightarrow$) seja ξ tal que $f(\xi) = 0$.

$\varphi(\xi) = \xi + A(\xi)f(\xi) \Rightarrow \varphi(\xi) = \xi$ (porque $f(\xi) = 0$).

($\Leftarrow$) se $\varphi(\xi) = \xi \Rightarrow \xi + A(\xi)f(\xi) = \xi \Rightarrow A(\xi)f(\xi) = 0 \Rightarrow f(\xi) = 0$ (porque $A(\xi) \neq 0$).

Com isto vemos que, dada uma equação f(x) = 0, existem infinitas funções de iteração φ(x) para a equação f(x) = 0.

Graficamente, uma raiz da equação x = φ(x) é a abcissa do ponto de intersecção da reta y = x e da curva y = φ(x):

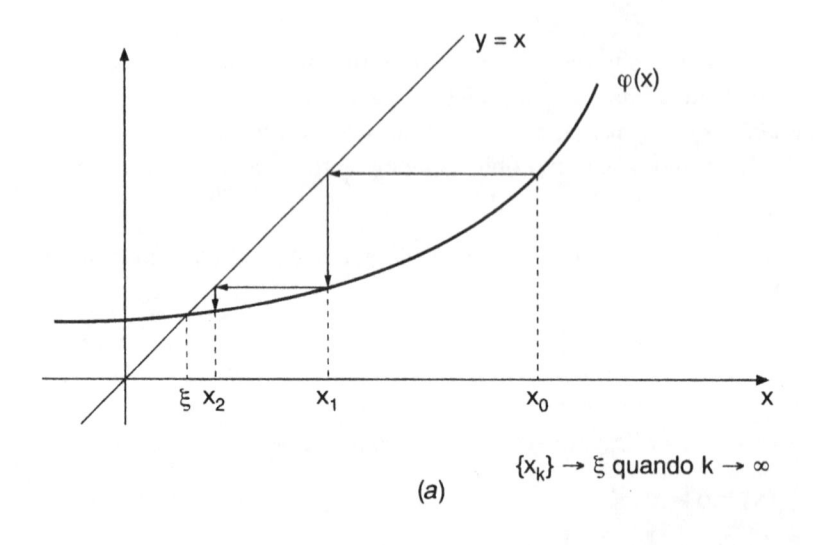

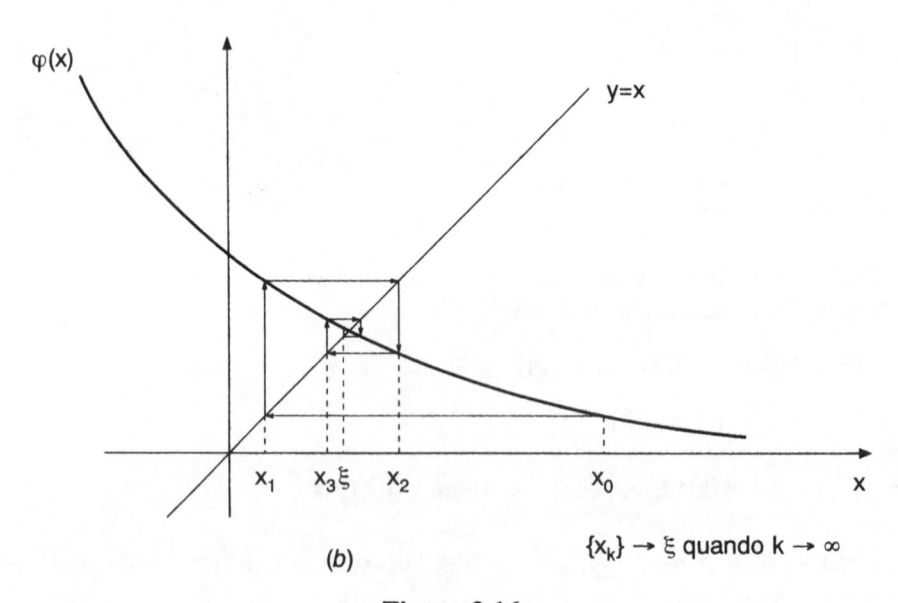

$\{x_k\} \to \xi$ quando $k \to \infty$
(a)

$\{x_k\} \to \xi$ quando $k \to \infty$
(b)

Figura 2.16

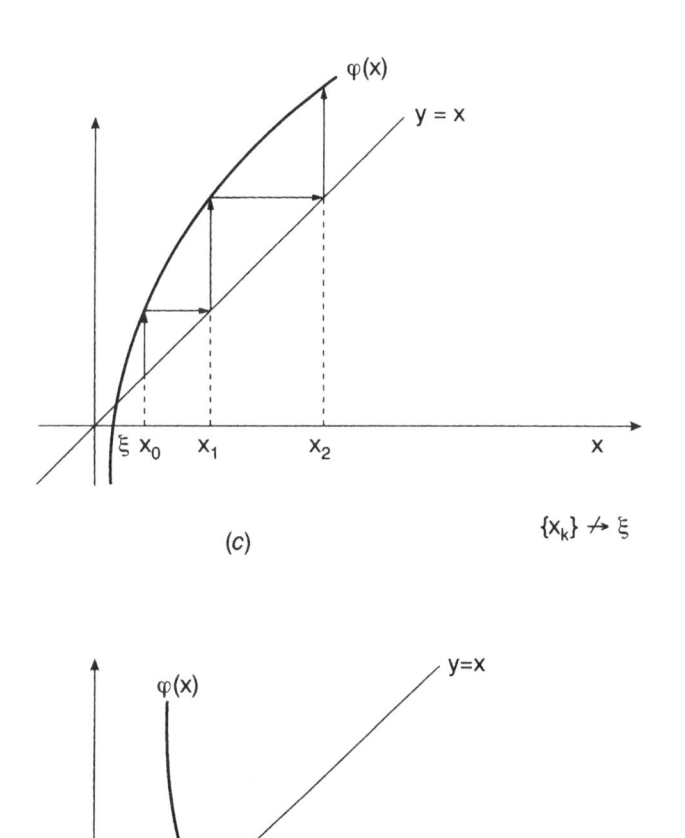

(c)

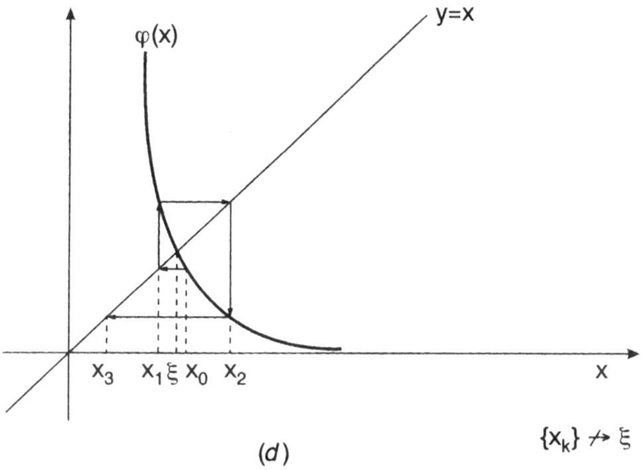

$\{x_k\} \not\to \xi$

(d)

$\{x_k\} \not\to \xi$

Figura 2.16

Portanto, para certas $\varphi(x)$, o processo pode gerar uma seqüência que diverge de ξ.

ESTUDO DA CONVERGÊNCIA DO MPF

Vimos que, dada uma equação $f(x) = 0$, existe mais de uma função $\varphi(x)$, tal que $f(x) = 0 \Leftrightarrow x = \varphi(x)$.

De acordo com os gráficos da Figura 2.16, não é para qualquer escolha de $\varphi(x)$ que o processo recursivo definido por $x_{k+1} = \varphi(x_k)$ gera uma seqüência que converge para ξ.

Exemplo 8

Embora não seja preciso usar método numérico para se encontrar as duas raízes reais $\xi_1 = -3$ e $\xi_2 = 2$ da equação $x^2 + x - 6 = 0$, vamos trabalhar com duas das funções de iteração dadas no Exemplo 7 para demonstrar numérica e graficamente a convergência ou não do processo iterativo.

Consideremos primeiramente a raiz $\xi_2 = 2$ e $\varphi_1(x) = 6 - x^2$. Tomando $x_0 = 1.5$ temos $\varphi(x) = \varphi_1(x)$ e

$$x_1 = \varphi(x_0) = 6 - 1.5^2 = 3.75$$
$$x_2 = \varphi(x_1) = 6 - (3.75)^2 = -8.0625$$
$$x_3 = \varphi(x_2) = 6 - (-8.0625)^2 = -59.003906$$
$$x_4 = \varphi(x_3) = -(-59.003906)^2 + 6 = -3475.4609$$
.
.
.

e podemos ver que $\{x_k\}$ não está convergindo para $\xi_2 = 2$.

GRAFICAMENTE

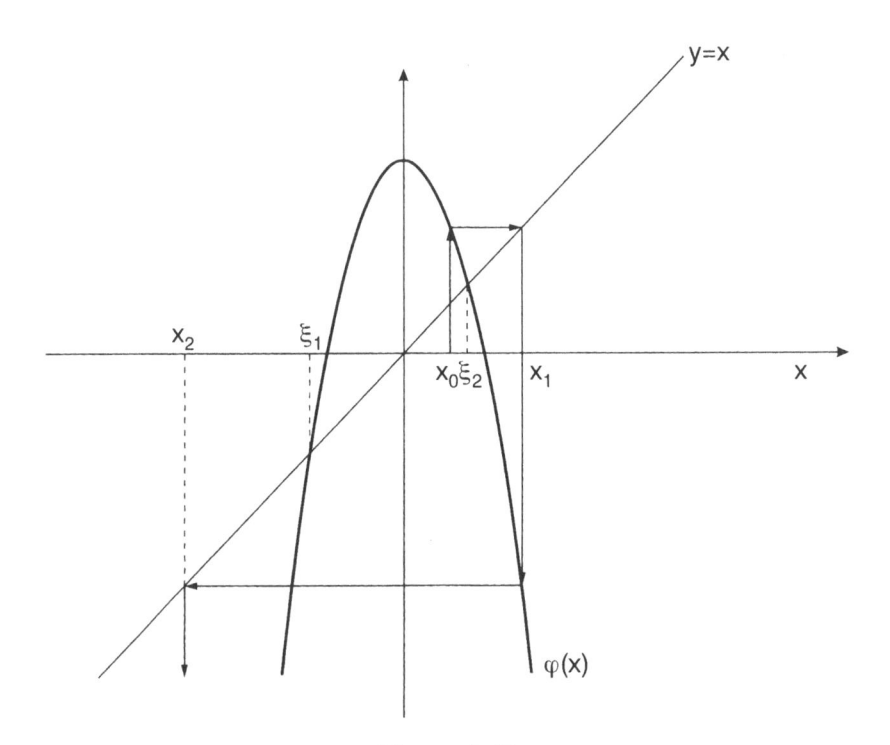

Figura 2.17

Seja agora $\xi_2 = 2$, $\varphi_2(x) = \sqrt{6-x}$ e novamente $x_0 = 1.5$. Temos, assim, $\varphi(x) = \varphi_2(x)$ e

$x_1 = \varphi(x_0) = \sqrt{6-1.5} = 2.12132$
$x_2 = \varphi(x_1) = 1.96944$
$x_3 = \varphi(x_2) = 2.00763$
$x_4 = \varphi(x_3) = 1.99809$
$x_5 = \varphi(x_4) = 2.00048$
.
.
.

e podemos ver que $\{x_k\}$ está convergindo para $\xi_2 = 2$.

GRAFICAMENTE

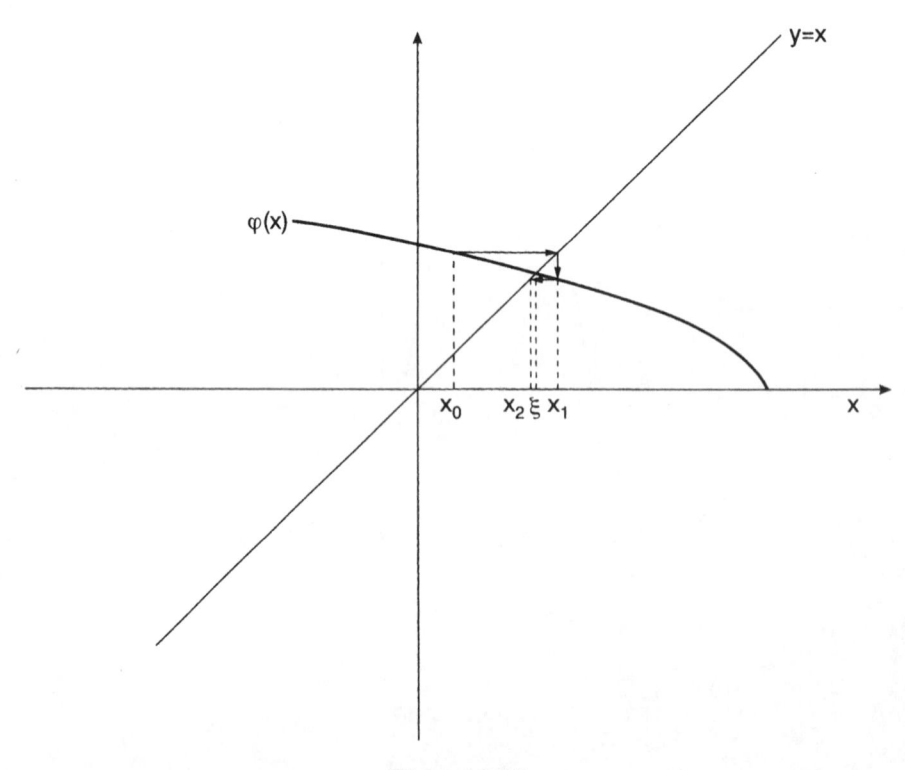

Figura 2.18

O teorema a seguir nos fornece condições suficientes para que o processo seja convergente.

TEOREMA 2

Seja ξ uma raiz da equação $f(x) = 0$, isolada num intervalo I centrado em ξ.

Seja $\varphi(x)$ uma função de iteração para a equação $f(x) = 0$.

Se

i) $\varphi(x)$ e $\varphi'(x)$ são contínuas em I,

ii) $|\varphi'(x)| \leq M < 1, \forall\, x \in I$ e

iii) $x_0 \in I$,

então a seqüência $\{x_k\}$ gerada pelo processo iterativo $x_{k+1} = \varphi(x_k)$ converge para ξ.

DEMONSTRAÇÃO

A demonstração deste teorema é feita em duas partes:

1) prova-se que se $x_0 \in I$, então $x_k \in I, \forall\, k$;

2) prova-se que $\lim_{k \to \infty} x_k = \xi$.

1) ξ é uma raiz exata da equação $f(x) = 0$.

Assim, $f(\xi) = 0 \Leftrightarrow \xi = \varphi(\xi)$ e,

para qualquer k, temos: $x_{k+1} = \varphi(x_k)$

$$\Rightarrow x_{k+1} - \xi = \varphi(x_k) - \varphi(\xi) \qquad (1)$$

Agora, $\varphi(x)$ é contínua e diferenciável em I, então, pelo Teorema do Valor Médio, se $x_k \in I$, existe c_k entre x_k e ξ tal que

$$\varphi'(c_k)(x_k - \xi) = \varphi(x_k) - \varphi(\xi).$$

Portanto, temos

$$x_{k+1} - \xi = \varphi(x_k) - \varphi(\xi) = \varphi'(c_k)(x_k - \xi), \forall\, k.$$

Assim, $x_{k+1} - \xi = \varphi'(c_k)(x_k - \xi)$ \qquad (2)

Então, $\forall\ k$,

$$|x_{k+1} - \xi| = \underbrace{|\varphi'(c_k)|}_{<1}\, |x_k - \xi| < |x_k - \xi|$$

ou seja, a distância entre x_{k+1} e ξ é estritamente menor que a distância entre x_k e ξ e, como I está centrado em ξ, temos que se $x_k \in I$, então $x_{k+1} \in I$.

Por hipótese, $x_0 \in I$, então $x_k \in I,\ \forall\ k$.

2) Provar que $\lim_{k \to \infty} x_k = \xi$.

De (1), segue que:

$$|x_1 - \xi| = |\varphi(x_0) - \varphi(\xi)| = \underbrace{|\varphi'(c_0)|}_{\leq M}\, |x_0 - \xi| \leq M\,|x_0 - \xi|$$
(c_0 está entre x_0 e ξ)

$$|x_2 - \xi| = |\varphi(x_1) - \varphi(\xi)| = \underbrace{|\varphi'(c_1)|}_{\leq M}\, |x_1 - \xi| \leq M\,|x_1 - \xi| \leq M^2\,|x_0 - \xi|$$
(c_1 está entre x_1 e ξ)

.
.
.

$$|x_k - \xi| = |\varphi(x_{k-1}) - \varphi(\xi)| = \underbrace{|\varphi'(c_{k-1})|}_{\leq M}\, |x_{k-1} - \xi| \leq M\,|x_{k-1} - \xi| \leq \ldots \leq M^k\,|x_0 - \xi|$$
(c_k está entre x_k e ξ)

Então, $0 \leq \lim_{k \to \infty} |x_k - \xi| \leq \lim_{k \to \infty} M^k\,|x_0 - \xi| = 0$ pois $0 < M < 1$.

Assim, $\lim_{k \to \infty} |x_k - \xi| = 0 \Rightarrow \lim_{k \to \infty} x_k = \xi$.

Exemplo 9

No Exemplo 8, verificamos que $\varphi_1(x)$ gera uma seqüência divergente de $\xi_2 = 2$ enquanto $\varphi_2(x)$ gera uma seqüência convergente para esta raiz.

A seguir, analisaremos as condições do Teorema 2 para estas funções:

a) $\varphi_1(x) = 6 - x^2$ e $\varphi_1'(x) = -2x$

$\varphi_1(x)$ e $\varphi_1'(x)$ são contínuas em $\mathbb{R}$.

$|\varphi_1'(x)| < 1 \Leftrightarrow |2x| < 1 \Leftrightarrow -\frac{1}{2} < x < \frac{1}{2}$. Então, não existe um intervalo I centrado em $\xi_2 = 2$, tal que $|\varphi_1'(x)| < 1$, $\forall\ x \in I$. Portanto, $\varphi_1(x)$ não satisfaz a condição (ii) do Teorema 2 com relação a $\xi_2 = 2$. Esta é a justificativa teórica da divergência da seqüência $\{x_k\}$ gerada por $\varphi_1(x)$ para $x_0 = 1.5$.

b) $\varphi_2(x) = \sqrt{6 - x}$ e $\varphi_2'(x) = \dfrac{-1}{2\sqrt{6 - x}}$

$\varphi_2(x)$ é contínua em $S = \{x \in \mathbb{R} \mid x \leq 6\}$ \hfill (3)

$\varphi_2'(x)$ é contínua em $S' = \{x \in \mathbb{R} \mid x < 6\}$ \hfill (4)

$|\varphi_2'(x)| < 1 \Leftrightarrow \left|\dfrac{1}{2\sqrt{6 - x}}\right| < 1 \Leftrightarrow x < 5.75$

De (3) e (4) temos que é possível obter um intervalo I centrado em $\xi_2 = 2$ tal que as condições do Teorema 2 sejam satisfeitas.

Exemplo 10

Analisaremos aqui a função $\varphi_3(x) = \dfrac{6}{x} - 1$ e a convergência da seqüência $\{x_k\}$ para $\xi_1 = -3$; usando $x_0 = -2.5$:

$\varphi'(x) = \dfrac{-6}{x^2} < 0,\ \forall\ x \in \mathbb{R},\ x \neq 0$

$|\varphi'(x)| = \left|\dfrac{-6}{x^2}\right| = \dfrac{6}{x^2}\ \ \forall\ x \in \mathbb{R},\ x \neq 0$

$|\varphi'(x)| < 1 \Leftrightarrow \dfrac{-6}{x^2} < 1 \Leftrightarrow x^2 > 6 \Leftrightarrow x < -\sqrt{6}$ ou $x > \sqrt{6}$

Assim, como o objetivo é obter a raiz negativa, temos que

I_1 tal que $|\varphi'(x)| < 1$, $\forall\ x \in I_1$, será: $I_1 = (-\infty;\ \sqrt{6})$.

$$(\sqrt{6} \approx 2.4494897)$$

Podemos, pois, trabalhar no intervalo $I = [-3.5, -2.5]$ que o processo convergirá, visto que $I \subset I_1$ está centrado na raiz $\xi_1 = -3$.

Tomando $x_0 = -2.5$, temos:
$x_1 = -3.4$
$x_2 = -2.764706$
$x_3 = -3.170213$
$x_4 = -2.892617$
.
.
.

Como a raiz $\xi_1 = -3$ é conhecida, é possível escolher um intervalo I centrado em ξ_1, tal que em I as condições do teorema são satisfeitas. Contudo, ao se aplicar o MPF na resolução de uma equação $f(x) = 0$, escolhe-se I "aproximadamente" centrado em ξ. Quanto mais preciso for o processo de isolamento de ξ, maior exatidão será obtida na escolha de I.

CRITÉRIOS DE PARADA

No algoritmo do método do ponto fixo, escolhe-se x_k como raiz aproximada de ξ se $|x_k - x_{k-1}| = |\varphi(x_{k-1}) - x_{k-1}| < \varepsilon$ ou se $|f(x_k)| < \varepsilon$.

Devemos observar que $|x_k - x_{k-1}| < \varepsilon$ não implica necessariamente que $|x_k - \xi| < \varepsilon$ conforme mostra a Figura 2.19:

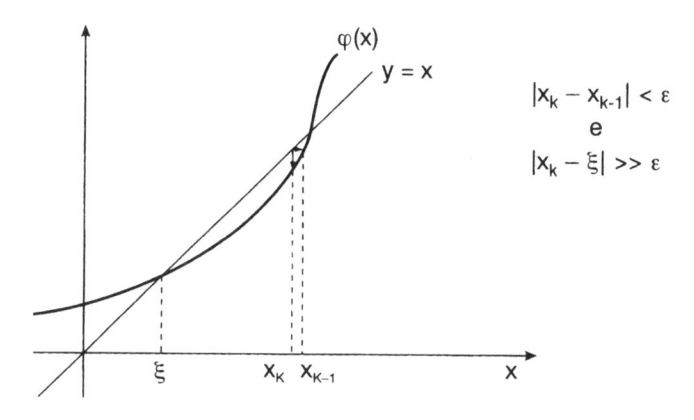

Figura 2.19

$|x_k - x_{k-1}| < \varepsilon$
e
$|x_k - \xi| \gg \varepsilon$

Contudo, se $\varphi'(x) < 0$ em I (intervalo centrado em ξ), a seqüência $\{x_k\}$ será oscilante em torno de ξ e, neste caso, se $|x_k - x_{k-1}| < \varepsilon \Rightarrow |x_k - \xi| < \varepsilon$, pois $|x_k - \xi| < |x_k - x_{k-1}|$.

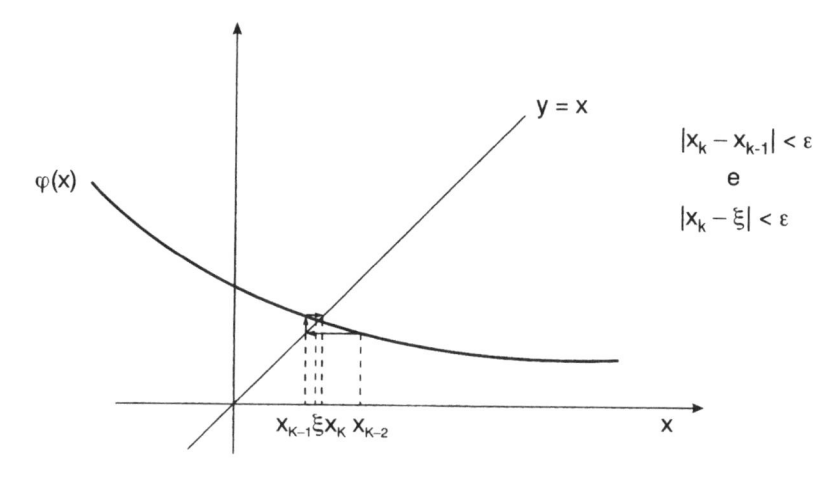

$|x_k - x_{k-1}| < \varepsilon$
e
$|x_k - \xi| < \varepsilon$

Figura 2.20

ALGORITMO 3

Considere a equação $f(x) = 0$ e a equação equivalente $x = \varphi(x)$.

Supor que as hipóteses do Teorema 2 estão satisfeitas.

1) Dados iniciais:

    a) x_0: aproximação inicial;

    b) ε_1 e ε_2: precisões.

2) Se $|f(x_0)| < \varepsilon_1$, faça $\bar{x} = x_0$. FIM.

3) $k = 1$

4) $x_1 = \varphi(x_0)$

5) $\left. \begin{array}{l} \text{Se } |f(x_1)| < \varepsilon_1 \\ \text{ou se } |x_1 - x_0| < \varepsilon_2 \end{array} \right\}$ então faça $\bar{x} = x_1$. FIM.

6) $x_0 = x_1$

7) $k = k + 1$
    Volte ao passo 4.

Exemplo 11

$f(x) = x^3 - 9x + 3; \quad \varphi(x) = \dfrac{x^3}{9} + \dfrac{1}{3}; \quad x_0 = 0.5; \quad \varepsilon_1 = \varepsilon_2 = 5 \times 10^{-4}; \quad \xi \in (0,1)$

Iteração	x	f(x)
1	.3472222	$-0.8313799 \times 10^{-1}$
2	.3379847	$-0.3253222 \times 10^{-2}$
3	.3376233	$-0.1239777 \times 10^{-3}$

assim, $\bar{x} = 0.3376233$ e $f(\bar{x}) = -0.12 \times 10^{-3}$.

Deixamos como exercício a verificação de que $\varphi(x) = \dfrac{x^3}{9} + \dfrac{1}{3}$ satisfaz as hipóteses do Teorema 2 considerando a raiz de f(x) = 0 que se encontra no intervalo (0,1).

ORDEM DE CONVERGÊNCIA DO MÉTODO DO PONTO FIXO

Definição: "Seja $\{x_k\}$ uma seqüência que converge para um número ξ e seja $e_k = x_k - \xi$ o erro na iteração k.

Se existir um número p > 1 e uma constante C > 0, tais que

$$\lim_{k \to \infty} \frac{|e_{k+1}|}{|e_k|^p} = C \quad (5)$$

então p é chamada de *ordem de convergência* da seqüência $\{x_k\}$ e C é a *constante assintótica de erro*.

Se $\lim_{k \to \infty} \dfrac{e_{k+1}}{e_k} = C$, $0 \leq |C| < 1$, então a convergência é pelo menos linear."

Uma vez obtida a ordem de convergência p de um método iterativo, ela nos dá uma informação sobre a rapidez de convergência do processo, pois de (5) podemos escrever a seguinte relação:

$|e_{k+1}| \approx C |e_k|^p$ para $k \to \infty$.

Considerando que a seqüência $\{x_k\}$ é convergente, temos que $e_k \to 0$ quando $k \to \infty$, portanto quanto maior for p, mais próximo de zero estará o valor $C|e_k|^p$ (independentemente do valor de C), o que implica uma convergência mais rápida da seqüência $\{x_k\}$. Assim, se dois processos iterativos geram seqüências $\{x_k^1\}$ e $\{x_k^2\}$, ambas convergentes para ξ, com ordem de convergência p_1 e p_2, respectivamente, e se $p_1 > p_2 \geq 1$, o processo que gera a seqüência $\{x_k^1\}$ converge mais rapidamente que o outro.

A seguir, provaremos que o MPF, em geral, tem convergência apenas linear. Da demonstração do Teorema 2 temos a relação:

$$x_{k+1} - \xi = \varphi(x_k) - \varphi(\xi) = \varphi'(c_k)(x_k - \xi) \text{ com } c_k \text{ entre } x_k \text{ e } \xi$$

$$\Rightarrow \frac{x_{k+1} - \xi}{x_k - \xi} = \varphi'(c_k).$$

Tomando o limite quando $k \to \infty$

$$\lim_{k \to \infty} \frac{x_{k+1} - \xi}{x_k - \xi} = \lim_{k \to \infty} \varphi'(c_k) = \varphi'(\lim_{k \to \infty}(c_k)) = \varphi'(\xi).$$

Portanto, $\lim_{k \to \infty} \frac{e_{k+1}}{e_k} = \varphi'(\xi) = C$ e $|C| < 1$ pois $\varphi'(x)$ satisfaz as hipóteses do Teorema 2.

A relação acima afirma que para grandes valores de k o erro em qualquer iteração é proporcional ao erro na iteração anterior, sendo que o fator de proporcionalidade é $\varphi'(\xi)$. Observamos que a convergência será mais rápida quanto menor for $|\varphi'(\xi)|$.

IV. MÉTODO DE NEWTON-RAPHSON

No estudo do método do ponto fixo, vimos que:

i) uma das condições de convergência é que $|\varphi'(x)| \leq M < 1$, $\forall x \in I$, onde I é um intervalo centrado na raiz;

ii) a convergência do método será mais rápida quanto menor for $|\varphi'(\xi)|$.

O que o método de Newton faz, na tentativa de garantir e acelerar a convergência do MPF, é escolher para função de iteração a função $\varphi(x)$ tal que $\varphi'(\xi) = 0$.

Então, dada a equação $f(x) = 0$ e partindo da forma geral para $\varphi(x)$, queremos obter a função $A(x)$ tal que $\varphi'(\xi) = 0$.

$$\varphi(x) = x + A(x)f(x) \Rightarrow$$

$$\Rightarrow \varphi'(x) = 1 + A'(x)f(x) + A(x)f'(x)$$

$$\Rightarrow \varphi'(\xi) = 1 + A'(\xi)f(\xi) + A(\xi)f'(\xi) \Rightarrow \varphi'(\xi) = 1 + A(\xi)f'(\xi).$$

Assim, $\varphi'(\xi) = 0 \Leftrightarrow 1 + A(\xi)f'(\xi) = 0 \Rightarrow A(\xi) = \dfrac{-1}{f'(\xi)}$, donde tomamos $A(x) = \dfrac{-1}{f'(x)}$.

Então, dada $f(x)$, a função de iteração $\varphi(x) = x - \dfrac{f(x)}{f'(x)}$ será tal que $\varphi'(\xi) = 0$, pois como podemos verificar:

$$\varphi'(x) = 1 - \frac{[f'(x)]^2 - f(x)f''(x)}{[f'(x)]^2} = \frac{f(x)f''(x)}{[f'(x)]^2}$$

e, como $f(\xi) = 0$, $\varphi'(\xi) = 0$ (desde que $f'(\xi) \neq 0$).

Assim, escolhido x_0, a seqüência $\{x_k\}$ será determinada por $x_{k+1} = x_k - \dfrac{f(x_k)}{f'(x_k)}$, $k = 0, 1, 2, \ldots$.

MOTIVAÇÃO GEOMÉTRICA

O método de Newton é obtido geometricamente da seguinte forma:

dado o ponto $(x_k, f(x_k))$ traçamos a reta $L_k(x)$ tangente à curva neste ponto:

$$L_k(x) = f(x_k) + f'(x_k)(x - x_k).$$

$L_k(x)$ é um modelo linear que aproxima a função $f(x)$ numa vizinhança de x_k. Encontrando o zero deste modelo, obtemos:

$$L_k(x) = 0 \Leftrightarrow x = x_k - \frac{f(x_k)}{f'(x_k)}$$

Fazemos então $x_{k+1} = x$.

GRAFICAMENTE

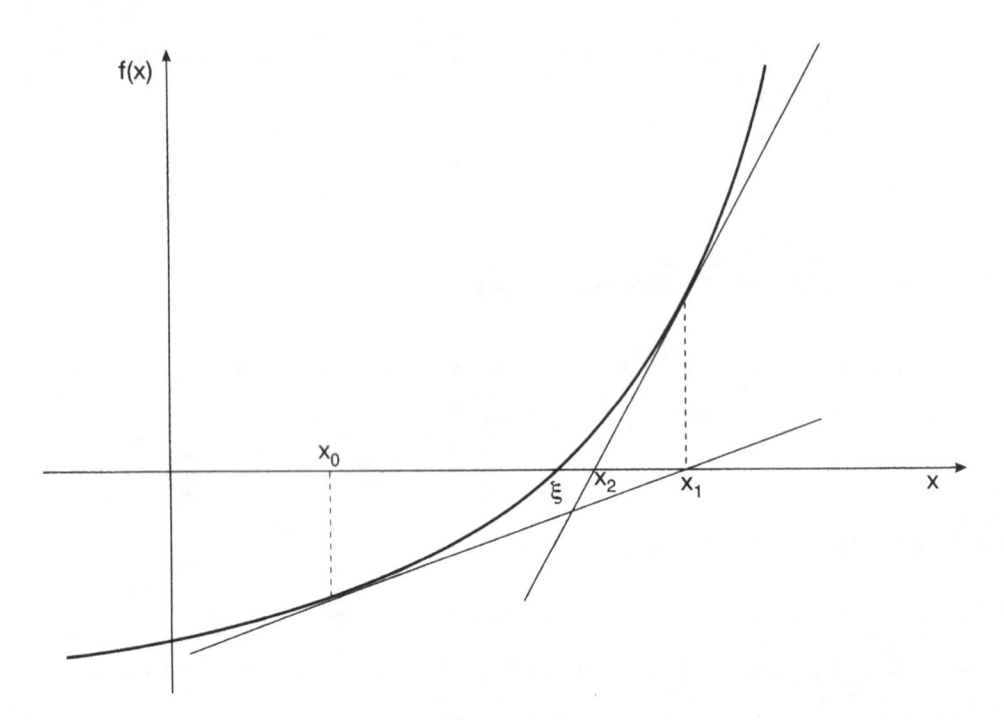

Figura 2.21

Exemplo 12

Consideremos $f(x) = x^2 + x - 6$, $\xi_2 = 2$ e $x_0 = 1.5$

$$\varphi(x) = x - \frac{f(x)}{f'(x)} = x - \frac{x^2 + x - 6}{2x + 1}$$

Temos, pois,

$x_0 = 1.5$
$x_1 = \varphi(x_0) = 2.0625$
$x_2 = \varphi(x_1) = 2.00076$
$x_3 = \varphi(x_2) = 2.00000$.

Assim, trabalhando com cinco casas decimais, $\bar{x} = x_3 = \xi$. Observamos que no MPF com $\varphi(x) = \sqrt{6 - x}$ (Exemplo 8) obtivemos $x_5 = 2.00048$ com cinco casas decimais.

ESTUDO DA CONVERGÊNCIA DO MÉTODO DE NEWTON

TEOREMA 3

Sejam $f(x)$, $f'(x)$ e $f''(x)$ contínuas num intervalo I que contém a raiz $x = \xi$ de $f(x) = 0$. Supor que $f'(\xi) \neq 0$.

Então, existe um intervalo $\bar{I} \subset I$, contendo a raiz ξ, tal que se $x_0 \in \bar{I}$, a seqüência $\{x_k\}$ gerada pela fórmula recursiva $x_{k+1} = x_k - \dfrac{f(x_k)}{f'(x_k)}$ convergirá para a raiz.

DEMONSTRAÇÃO

Vimos que o método de Newton-Raphson é um MPF com função de iteração $\varphi(x)$ dada por $\varphi(x) = x - \dfrac{f(x)}{f'(x)}$.

Portanto, para provar a convergência do método, basta verificar que, sob as hipóteses acima, as hipóteses do Teorema 2 estão satisfeitas para $\varphi(x)$.

Ou seja, é preciso provar que existe $\bar{I} \subset I$ centrado em ξ, tal que:

i) $\varphi(x)$ e $\varphi'(x)$ são contínuas em $\bar{I}$;

ii) $|\varphi'(x)| \leq M < 1, \forall\, x \in \bar{I}$.

Temos que

$$\varphi(x) = x - \frac{f(x)}{f'(x)} \quad \text{e} \quad \varphi'(x) = \frac{f(x)\, f''(x)}{[f'(x)]^2}$$

Por hipótese, $f'(\xi) \neq 0$ e, como $f'(x)$ é contínua em I, é possível obter $I_1 \subset I$ tal que $f'(x) \neq 0, \forall\, x \in I_1$.

Assim, no intervalo $I_1 \subset I$, tem-se que $f(x)$, $f'(x)$ e $f''(x)$ são contínuas e $f'(x) \neq 0$.

Portanto, $\varphi(x)$ e $\varphi'(x)$ são contínuas em I_1.

Agora, $\varphi'(x) = \dfrac{f(x)\, f''(x)}{[f'(x)]^2}$. Como $\varphi'(x)$ é contínua em I_1 e $\varphi'(\xi) = 0$, é possível escolher $I_2 \subset I_1$ tal que $|\varphi'(x)| < 1$, $\forall\, x \in I_2$ e, ainda mais, I_2 pode ser escolhido de forma que ξ seja seu centro.

Concluindo, conseguimos obter um intervalo $I_2 \subset I$, centrado em ξ, tal que $\varphi(x)$ e $\varphi'(x)$ sejam contínuas em I_2 e $|\varphi'(x)| < 1$, $\forall\, x \in I_2$. Assim, $\bar{I} = I_2$.

Portanto, se $x_0 \in \bar{I}$, a seqüência $\{x_k\}$ gerada pelo processo iterativo $x_{k+1} = x_k - \dfrac{f(x_k)}{f'(x_k)}$ converge para a raiz ξ.

Em geral, afirma-se que o método de Newton converge desde que x_0 seja escolhido "suficientemente próximo" da raiz ξ.

A razão desta afirmação está na demonstração acima, onde se verificou que, para pontos suficientemente próximos de ξ, as hipóteses do teorema da convergência do MPF estão satisfeitas.

Exemplo 13

Comprovaremos neste exemplo que uma escolha cuidadosa da aproximação inicial é, em geral, essencial para o bom desempenho do método de Newton.

Consideremos a função $f(x) = x^3 - 9x + 3$ que possui três zeros: $\xi_1 \in I_1 = (-4, -3)$ $\xi_2 \in I_2 = (0, 1)$ e $\xi_3 \in I_3 = (2, 3)$ e seja $x_0 = 1.5$. A seqüência gerada pelo método é

Iteração	x	f(x)
1	−1.6666667	0.1337037×10^2
2	18.3888889	0.6055725×10^4
3	12.3660104	0.1782694×10^4
4	8.4023067	0.5205716×10^3
5	5.83533816	0.1491821×10^3
6	4.23387355	0.4079022×10^2
7	3.32291096	0.9784511×10
8	2.91733893	0.1573032×10
9	2.82219167	0.7837065×10^{-1}
10	2.81692988	0.2342695×10^{-3}

Podemos observar que de início há uma divergência da região onde estão as raízes, mas, a partir de x_7, os valores aproximam-se cada vez mais de ξ_3. A causa da divergência inicial é que x_0 está próximo de $\sqrt{3}$ que é um zero de $f'(x)$ e esta aproximação inicial gera $x_1 = -1.66667 \approx -\sqrt{3}$ que é o outro zero de $f'(x)$ pois

$$f'(x) = 3x^2 - 9 \Rightarrow f'(x) = 0 \Leftrightarrow x = \pm\sqrt{3}.$$

ALGORITMO 4

Seja a equação $f(x) = 0$.

Supor que estão satisfeitas as hipóteses do Teorema 3.

1) Dados iniciais:

    a) x_0: aproximação inicial;

    b) ε_1 e ε_2: precisões

2) Se $|f(x_0)| < \varepsilon_1$, faça $\bar{x} = x_0$. FIM.

3) $k = 1$

4) $x_1 = x_0 - \dfrac{f(x_0)}{f'(x_0)}$

5) Se $|f(x_1)| < \varepsilon_1$

    ou se $|x_1 - x_0| < \varepsilon_2$ $\Bigg]$ faça $\bar{x} = x_1$. FIM.

6) $x_0 = x_1$

7) $k = k + 1$
   Volte ao passo 4.

Exemplo 14

$f(x) = x^3 - 9x + 3;$ $x_0 = 0.5;$ $\varepsilon_1 = \varepsilon_2 = 1 \times 10^{-4};$ $\xi \in (0,1).$

Os resultados obtidos ao aplicar o método de Newton são:

Iteração	x	f(x)
0	0.5	-0.1375×10
1	.333333333	0.3703703×10^{-1}
2	.337606838	0.1834054×10^{-4}

Assim, $\bar{x} = 0.337606838$ e $f(\bar{x}) = 1.8 \times 10^{-5}.$

ORDEM DE CONVERGÊNCIA

Inicialmente supomos que o método de Newton gera uma seqüência $\{x_k\}$ que converge para ξ.

Ao observá-lo como um MPF, diríamos que ele tem ordem de convergência linear. Contudo, o fato de sua função de iteração ser tal que $\varphi'(\xi) = 0$ nos levará a demonstrar que a ordem de convergência é quadrática, ou seja, $p = 2$.

Vamos supor que estão satisfeitas aqui todas as hipóteses do Teorema 3.

Temos que $x_{k+1} = x_k - \dfrac{f(x_k)}{f'(x_k)}$

$$x_{k+1} - \xi = x_k - \xi - \frac{f(x_k)}{f'(x_k)} \Rightarrow e_k - \frac{f(x_k)}{f'(x_k)} = e_{k+1}.$$

O desenvolvimento de Taylor de $f(x)$ em torno de x_k nos dá

$$f(x) = f(x_k) + f'(x_k)(x - x_k) + \frac{f''(c_k)}{2}(x - x_k)^2, c_k \text{ entre } x \text{ e } x_k.$$

Assim, $0 = f(\xi) = f(x_k) - f'(x_k)(x_k - \xi) + \dfrac{f''(c_k)}{2}(x_k - \xi)^2$

$\Rightarrow f(x_k) = f'(x_k)(x_k - \xi) - \dfrac{f''(c_k)}{2}(x_k - \xi)^2 \quad (\div f'(x_k))$

$\Rightarrow \dfrac{f''(c_k)}{2f'(x_k)} e_k^2 = -\dfrac{f(x_k)}{f'(x_k)} + e_k = e_{k+1}$

$\Rightarrow \dfrac{e_{k+1}}{e_k^2} = \dfrac{1}{2} \dfrac{f''(c_k)}{f'(x_k)}$

Assim, $\displaystyle\lim_{k \to \infty} \dfrac{e_{k+1}}{e_k^2} = \dfrac{1}{2} \lim_{k \to \infty} \dfrac{f''(c_k)}{f'(x_k)} =$

$= \dfrac{1}{2} \dfrac{f''[\lim_{k \to \infty}(c_k)]}{f'[\lim_{k \to \infty}(x_k)]} = \dfrac{1}{2} \dfrac{f''(\xi)}{f'(\xi)} = \dfrac{1}{2} \varphi''(\xi) = C$

Portanto, o método de Newton tem convergência quadrática.

Exemplo 15

Seja obter a raiz quadrada de um número positivo A, usando o método de Newton. Temos de resolver a equação $f(x) = x^2 - A = 0$. Tomando $A = 7$ e $x_0 = 2$, a seqüência gerada é:

$x_0 = 2$
$x_1 = 2.75$
$x_2 = 2.\underline{6}47727273$
$x_3 = 2.\underline{645}752048$
$x_4 = 2.\underline{645751311}$
$x_5 = 2.\underline{645751311}$.

Portanto, trabalhando com nove casas decimais, $\bar{x} = 2.645751311$.

Os dígitos sublinhados são os dígitos decimais corretos de cada valor x_k obtido.

Podemos observar que estes dígitos corretos começam a surgir após x_2 e, a partir dele, a quantidade de dígitos corretos praticamente duplica. A duplicação de dígitos corretos ocorre à medida que os valores x_k se aproximam da raiz exata, e isto se deve ao fato do método de Newton ter convergência quadrática; como esta é uma propriedade assintótica, não se deve esperar a duplicação de dígitos corretos nas iterações iniciais.

V. MÉTODO DA SECANTE

Uma grande desvantagem do método de Newton é a necessidade de se obter $f'(x)$ e calcular seu valor numérico a cada iteração.

Uma forma de se contornar este problema é substituir a derivada $f'(x_k)$ pelo quociente das diferenças:

$$f'(x_k) \approx \frac{f(x_k) - f(x_{k-1})}{x_k - x_{k-1}}$$

onde x_k e x_{k-1} são duas aproximações para a raiz.

Neste caso, a função de iteração fica

$$\varphi(x_k) = x_k - \frac{f(x_k)}{\dfrac{f(x_k) - f(x_{k-1})}{x_k - x_{k-1}}} =$$

$$x_k - \frac{f(x_k)}{f(x_k) - f(x_{k-1})} (x_k - x_{k-1})$$

Ou ainda, $\varphi(x_k) = \dfrac{x_{k-1} f(x_k) - x_k f(x_{k-1})}{f(x_k) - f(x_{k-1})}$

Observamos que são necessárias duas aproximações para se iniciar o método.

INTERPRETAÇÃO GEOMÉTRICA

A partir de duas aproximações x_{k-1} e x_k, o ponto x_{k+1} é obtido como sendo a abcissa do ponto de intersecção do eixo $\overrightarrow{ox}$ e da reta secante que passa por $(x_{k-1}, f(x_{k-1}))$ e $(x_k, f(x_k))$:

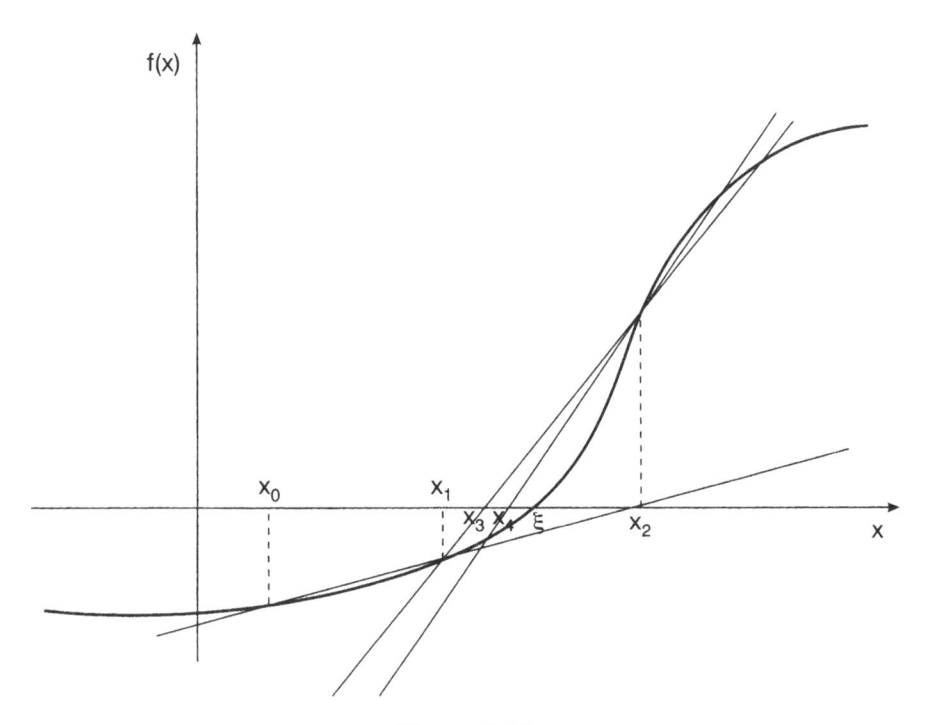

Figura 2.22

Exemplo 16

Consideremos $f(x) = x^2 + x - 6$; $\xi_2 = 2$; $x_0 = 1.5$ e $x_1 = 1.7$. Então,

$$x_2 = \frac{x_0 f(x_1) - x_1 f(x_0)}{f(x_2) - f(x_1)} = \frac{1.5(-1.41) - 1.7(-2.25)}{-1.41 + 2.25} = 2.03571$$

$$x_3 = \frac{x_1 f(x_2) - x_2 f(x_1)}{f(x_2) - f(x_1)} = \frac{1.7(0.17983) - (2.03571)(-1.41)}{0.17983 + 1.41} = 1.99774$$

$$x_4 = \frac{x_2 f(x_3) - x_3 f(x_2)}{f(x_3) - f(x_2)} = \frac{(2.03571)(-0.01131) - (1.99774)(0.17983)}{-0.01131 - 0.17983} =$$

$$= 1.99999$$

.   .
.   .
.   .

ALGORITMO 5

Seja a equação $f(x) = 0$.

1) Dados iniciais:

   a) x_0 e x_1: aproximações iniciais;

   b) ε_1 e ε_2: precisões.

2) Se $|f(x_0)| < \varepsilon_1$, faça $\bar{x} = x_0$. FIM.

3) Se $|f(x_1)| < \varepsilon_1$

   ou se $|x_1 - x_0| < \varepsilon_2$ $\Big\}$ faça $\bar{x} = x_1$. FIM.

4) $k = 1$

5) $x_2 = x_1 - \dfrac{f(x_1)}{f(x_1) - f(x_0)} (x_1 - x_0)$

6) Se $|f(x_2)| < \varepsilon_1$

   ou se $|x_2 - x_1| < \varepsilon_2$ $\Big\}$ então faça $\bar{x} = x_2$. FIM.

7) $x_0 = x_1$
   $x_1 = x_2$

8) $k = k + 1$
   Volte ao passo 5.

Exemplo 17

$f(x) = x^3 - 9x + 3, \quad x_0 = 0, \quad x_1 = 1, \quad \varepsilon_1 = \varepsilon_2 = 5 \times 10^{-4}$

Os resultados obtidos ao aplicarmos o método da secante são:

Iteração	x	f(x)
1	.375	−.322265625
2	.331941545	.0491011376
3	.337634621	$-0.2222052 \times 10^{-3}$

Assim, $\bar{x} = 0.337634621$ e $f(\bar{x}) = -2.2 \times 10^{-4}$

COMENTÁRIOS FINAIS

Visto que o método da secante é uma aproximação para o método de Newton, as condições para a convergência do método são praticamente as mesmas; acrescente-se ainda que o método pode divergir se $f(x_k) \approx f(x_{k-1})$.

A ordem de convergência do método da secante não é quadrática como a do método de Newton, mas também não é apenas linear. Na referência [5] Capítulo 3, § 5, está provado que para o método da secante p = 1.618...

2.4 COMPARAÇÃO ENTRE OS MÉTODOS

Finalizando este capítulo realizaremos alguns testes com o objetivo de comparar os vários métodos.

Esta comparação deve levar em conta vários critérios entre os quais: garantias de convergência, rapidez de convergência, esforço computacional.

Observamos que o único dado que os exemplos fornecem para se medir a rapidez de convergência é o número de iterações efetuadas, o que não nos permite tirar conclusões sobre o tempo de execução do programa, pois o tempo gasto na execução de uma iteração varia de método para método.

Conforme constatamos no estudo teórico, os métodos da bissecção e da posição falsa têm convergência garantida desde que a função seja contínua num intervalo [a, b] tal que f(a)f(b) < 0. Já o MPF e os métodos de Newton e secante têm condições mais restritivas de convergência. Porém, uma vez que as condições de convergência sejam satisfeitas, os dois últimos são mais rápidos que os três primeiros.

O esforço computacional é medido através do número de operações efetuadas a cada iteração, da complexidade destas operações, do número de decisões lógicas, do número de avaliações de função a cada iteração e do número total de iterações.

Tendo isto em mente, percebe-se que é difícil tirar conclusões gerais sobre a eficiência computacional de um método, pois, por exemplo, o método da bissecção é o que efetua cálculos mais simples por iteração enquanto que o de Newton requer cálculos mais elaborados, porque requer o cálculo da função e de sua derivada a cada iteração. No entanto, o número de iterações efetuadas pela bissecção pode ser muito maior que o número de iterações efetuadas por Newton.

Considerando que o método ideal seria aquele em que a convergência estivesse assegurada, a ordem de convergência fosse alta e os cálculos por iteração fossem simples, o método de Newton é o mais indicado sempre que for fácil verificar as condições de convergência e que o cálculo de $f'(x)$ não seja muito elaborado. Nos casos em que é trabalhoso obter e/ou avaliar $f'(x)$, é aconselhável usar o método da secante, uma vez que este é o método que converge mais rapidamente entre as outras opções.

Outro detalhe importante na escolha é o critério de parada, pois, por exemplo, se o objetivo for reduzir o intervalo que contém a raiz, não se deve usar métodos como o da posição falsa que, apesar de trabalhar com intervalo, pode não atingir a precisão requerida, nem secante, MPF ou Newton que trabalham exclusivamente com aproximações x_k para a raiz exata.

Após estas considerações, podemos concluir que a escolha do método está diretamente relacionada com a equação que se quer resolver, no que diz respeito ao comportamento da função na região da raiz exata, às dificuldades com o cálculo de $f'(x)$, ao critério de parada etc.

Exemplo 18

$f(x) = e^{-x^2} - \cos(x)$; $\xi \in (1, 2)$; $\varepsilon_1 = \varepsilon_2 = 10^{-4}$

	Bissecção	Posição Falsa	MPF $\varphi(x) = \cos(x) - e^{-x^2} + x$	Newton	Secante
Dados Iniciais	[1, 2]	[1, 2]	$x_0 = 1.5$	$x_0 = 1.5$	$x_0 = 1$; $x_1 = 2$
$\bar{x}$	1.44741821	1.44735707	1.44752471	1.44741635	1.44741345
$f(\bar{x})$	2.1921×10^{-5}	-3.6387×10^{-5}	7.0258×10^{-5}	1.3205×10^{-6}	-5.2395×10^{-7}
Erro em x	6.1035×10^{-5}	.552885221	1.9319×10^{-4}	1.7072×10^{-3}	1.8553×10^{-4}
Número de Iterações	14	6	6	2	5

Exemplo 19

$f(x) = x^3 - x - 1$; $\xi \in (1, 2)$; $\varepsilon_1 = \varepsilon_2 = 10^{-6}$

	Bissecção	Posição Falsa	MPF $\varphi(x) = (x + 1)^{1/3}$	Newton	Secante
Dados Iniciais	[1, 2]	[1, 2]	$x_0 = 1$	$x_0 = 0$	$x_0 = 0$; $x_1 = 0.5$
$\bar{x}$	0.1324718×10^1	0.1324718×10^1	0.1324717×10^1	0.1324718×10^1	0.1324718×10^1
$f(\bar{x})$	$-0.1847744 \times 10^{-5}$	$-0.7897615 \times 10^{-6}$	$-0.52154406 \times 10^{-6}$	0.1821000×10^{-6}	$-0.8940697 \times 10^{-7}$
Erro em x	0.9536743×10^{-6}	0.6752825	0.3599538×10^{-6}	0.6299186×10^{-6}	0.8998843×10^{-5}
Número de Iterações	20	17	9	21	27

No método de Newton, o valor inicial $x_0 = 0$, além de estar muito distante da raiz $\xi(\approx 1.3)$, gera para x_1 o valor $x_1 = 0.5$ que está próximo de um zero da derivada de $f(x)$; $f'(x) = 3x^2 - 1 \Rightarrow f'(x) = 0 \Leftrightarrow x = \pm\sqrt{3}/3 \approx 0.5773502$. Isto é uma justificativa para o método ter efetuado 21 iterações.

Argumentos semelhantes podem ser usados para justificar as 27 iterações do método da secante.

Exemplo 20

$f(x) = 4\text{sen}(x) - e^x$; $\xi \in (0, 1)$; $\varepsilon_1 = \varepsilon_2 = 10^{-5}$

	Bissecção	Posição Falsa	MPF $\varphi(x) = x - 2\,\text{sen}(x) + 0.5e^x$	Newton	Secante
Dados Iniciais	[0, 1]	[0, 1]	$x_0 = 0.5$	$x_0 = 0.5$	$x_0 = 0;\ x_1 = 1$
$\bar{x}$	0.370555878	0.370558828	.370556114	.370558084	.370558098
$f(\bar{x})$	-1.3755×10^{-5}	1.6695×10^{-6}	-4.5191×10^{-6}	-2.7632×10^{-8}	5.8100×10^{-9}
Erro em x	7.6294×10^{-6}	.370562817	1.1528×10^{-4}	$+1.3863 \times 10^{-4}$	5.7404×10^{-6}
Número de Iterações	17	8	5	3	7

Exemplo 21

$f(x) = x\log(x) - 1$; $\xi \in (2, 3)$; $\varepsilon_1 = \varepsilon_2 = 10^{-7}$

	Bissecção	Posição Falsa	MPF $\varphi(x) = x - 1.3(x \log x - 1)$	Newton	Secante
Dados Iniciais	[2, 3]	[2, 3]	$x_0 = 2.5$	$x_0 = 2.5$	$x_0 = 2.3;\ x_1 = 2.7$
$\bar{x}$	2.506184413	2.50618403	2.50618417	2.50618415	2.50618418
$f(\bar{x})$	1.2573×10^{-8}	-9.9419×10^{-8}	2.0489×10^{-8}	4.6566×10^{-10}	2.9337×10^{-8}
Erro em x	5.9605×10^{-8}	.49381442	3.8426×10^{-6}	3.9879×10^{-6}	8.0561×10^{-5}
Número de Iterações	24	5	5	2	3

Exemplo 22

Métodos mais simples como o da bissecção podem ser usados para fornecer uma aproximação inicial para métodos mais elaborados como o de Newton que exigem um bom "chute inicial".

Consideremos $f(x) = x^3 - 3.5x^2 + 4x - 1.5 = (x-1)^2 (x - 1.5)$.

Como vemos, $\xi_1 = 1$ é raiz dupla de $f(x) = 0$.

Nos testes a seguir, $\varepsilon = 10^{-2}$ para o método da bissecção e $\varepsilon = 10^{-7}$ para o método de Newton.

Nos testes 1, 2 e 3, executamos apenas o método de Newton. No teste 4, usamos o método conjugado bissecção-Newton no qual o valor que o método da bissecção encontra para $\bar{x}$ é tomado como x_0 para o método de Newton.

	Teste 1	Teste 2	Teste 3
x_0	0.5	1.33333	1.33334
$\bar{x}$	.999778284	.999708915	1.50000001
$f(\bar{x})$	-2.4214×10^{-8}	-4.1910×10^{-8}	1.3970×10^{-8}
erro em x	2.2491×10^{-4}	2.9079×10^{-4}	3.5082×10^{-5}
nº de iterações	12	35	27

Observamos que nos testes 1 e 2 a raiz encontrada foi a raiz dupla $\xi_1 = 1$. Era de se esperar que o número de iterações fosse grande, pois $\xi_1 = 1$ é zero de $f'(x)$. No entanto, o método conseguiu encontrar a raiz (pois, para as seqüências $\{x_k\}$ geradas, o valor de $f(x_k)$ tendeu a zero mais rapidamente que o valor de $f'(x_k)$).

Temos que $f'(x) = 3x^2 - 7x + 4 \Rightarrow f'(x) = 0 \Leftrightarrow x_1 = 1$ e $x_2 = 4/3 = 1.33333...$ Observe que nos testes 2 e 3 tomamos propositadamente x_0 bem próximo de 4/3; no teste 2, $x_0 < 4/3$ e o método encontrou $\xi_1 = 1$ e, no teste 3, $x_0 > 4/3$ e a raiz encontrada foi $\xi_2 = 1.5$. Uma análise do gráfico de f(x) (Figura 2.23) nos ajuda a entender este fato.

No teste 4, aplicamos o método da bissecção até reduzir o intervalo [0.5, 2] a um intervalo de amplitude 0.01 e tomamos como aproximação inicial para o método de Newton o ponto médio desse intervalo: $x_0 = 1.50194313$. A partir desse ponto inicial foram executadas duas iterações do método de Newton e obtivemos os seguintes resultados:

$\bar{x} = 1.5$ e $f(\bar{x}) = 2.3 \times 10^{-10}$.

Devemos observar que no intervalo inicial para o método da bissecção existem duas raízes distintas $\xi_1 = 1$ e $\xi_2 = 1.5$ e a raiz obtida foi $\bar{x} = 1.5$; isto ocorreu porque o método da bissecção ignora raízes com multiplicidade par, que é o caso de $\xi_1 = 1$.

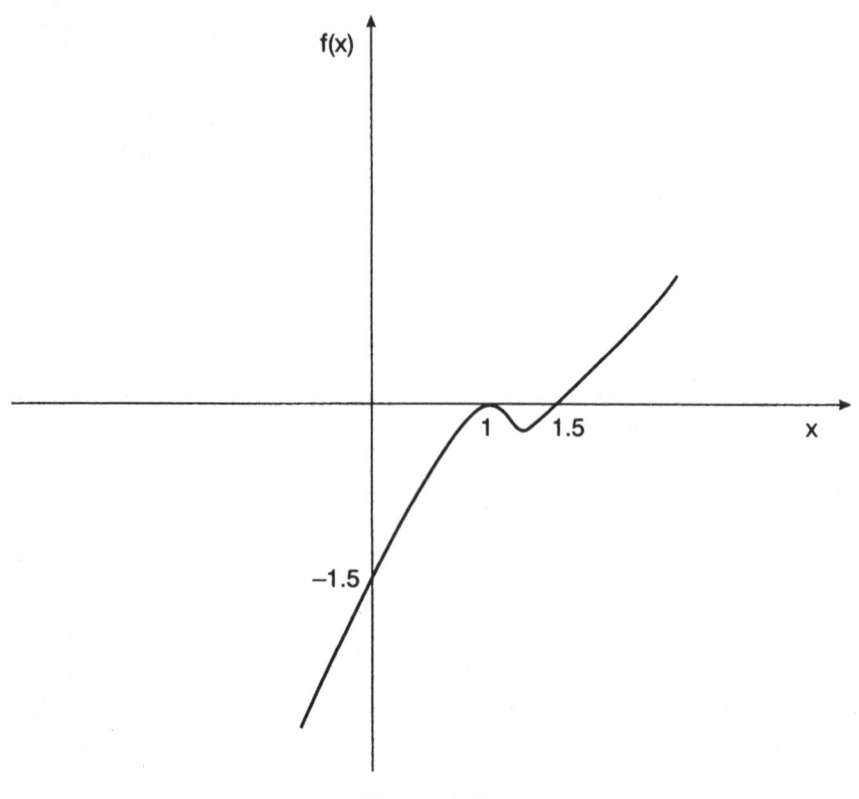

Figura 2.23

2.5 ESTUDO ESPECIAL DE EQUAÇÕES POLINOMIAIS

2.5.1 INTRODUÇÃO

Embora possamos usar qualquer um dos métodos vistos anteriormente para encontrar um zero de um polinômio, o fato de os polinômios aparecerem com tanta freqüência em aplicações faz com que lhes dediquemos especial atenção.

Normalmente, um polinômio de grau n é escrito na forma

$$p_n(x) = a_0 + a_1 x + a_2 x^2 + \ldots + a_n x^n, \; a_n \neq 0 \tag{6}$$

Se n = 2, sabemos da álgebra elementar como achar os zeros de $p_2(x)$. Existem fórmulas fechadas, semelhantes à fórmula para polinômios de grau 2, mas bem mais complicadas, para zeros de polinômios de grau 3 e 4. Agora, para n $\geq$ 5, em geral, não existem fórmulas explícitas e somos forçados a usar métodos iterativos para encontrar zeros de polinômios.

Vários teoremas da álgebra são úteis na localização e classificação dos tipos de zeros de um polinômio.

Faremos nosso estudo dividido em duas partes:

1) localização de raízes,

2) determinação das raízes reais.

2.5.2 LOCALIZAÇÃO DE RAÍZES

Alguns teoremas são úteis ao nosso estudo:

TEOREMA 4 (Teorema Fundamental da Álgebra) (4)

"Se $p_n(x)$ é um polinômio de grau n $\geq$ 1, ou seja, $p_n(x) = a_0 + a_1x + a_2x^2 + ... + a_nx^n$, $a_0, a_1, ..., a_n$ reais ou complexos, com $a_n \neq 0$, então $p_n(x)$ tem pelo menos um zero, ou seja, existe um número complexo ξ tal que $p_n(\xi) = 0$."

Para determinarmos o número de zeros reais de um polinômio com coeficientes reais, podemos fazer uso da *regra de sinal de Descartes*:

"Dado um polinômio com coeficientes reais, o *número de zeros reais positivos*, p, desse polinômio não excede o número v de variações de sinal dos coeficientes. Ainda mais, v – p é inteiro, par, não negativo".

Exemplo 23

a) $p_5(x) = 2x^5 - 3x^4 - 4x^3 + x + 1$

$$\underbrace{+ \quad -}_{1} \quad \underbrace{- \quad +}_{1} \quad +$$

$\Rightarrow v = 2 \Rightarrow p: \begin{cases} \text{se } v - p = 0, p = 2 \\ \text{se } v - p = 2, p = 0 \end{cases}$ ou

b) $p_5(x) = 4x^5 - x^3 + 4x^2 - x - 1$

$\quad + \quad - \quad + \quad - \quad -$
$\quad \ \ 1 \quad \ \ 1 \quad \ \ 1$

$\Rightarrow v = 3 \text{ e } p: \begin{cases} \text{se } v - p = 0, p = 3 \\ \text{se } v - p = 2, p = 1 \end{cases}$ ou

c) $p_7(x) = x^7 + 1$

$\quad + \quad +$
$\quad \ \ 0$

$\Rightarrow v = 0$ e p: $(v - p \geq 0) \Rightarrow p = 0$.

Para determinar o número de raízes reais negativas, neg, tomamos $p_n(-x)$ e usamos a regra para raízes positivas:

Exemplo 24

a) $p_5(x) = 2x^5 - 3x^4 - 4x^3 + x + 1$

$p_5(-x) = -2x^5 - 3x^4 + 4x^3 - x + 1$

$\quad - \quad - \quad + \quad - \quad +$
$\quad \ \ 1 \quad \ \ 1 \quad \ \ 1$

$\Rightarrow v = 3 \text{ e neg}: \begin{cases} \text{se } v - \text{neg} = 0, \text{neg} = 3 \\ \text{se } v - \text{neg} = 2, \text{neg} = 1 \end{cases}$ ou

b) $p_5(x) = 4x^5 - x^3 + 4x^2 - x - 1$

$p_5(-x) = -4x^5 + x^3 + 4x^2 + x - 1$

$$\underbrace{-\quad+}_{1} \quad + \quad \underbrace{+\quad-}_{1}$$

$\Rightarrow v = 2$ e neg: $\begin{cases} \text{se } v - \text{neg} = 0, \text{neg} = 2 \\ \text{se } v - \text{neg} = 2, \text{neg} = 0 \end{cases}$ ou

c) No caso do exemplo $p_7(x) = x^7 + 1$, vimos que não existe zero positivo. Temos ainda $p_7(0) = 1 \neq 0$. Como

$p_7(-x) = -x^7 + 1$

$$\underbrace{-\quad+}_{1}$$

$\Rightarrow v = 1$ e neg: $\{v - \text{neg} = 0 \Rightarrow \text{neg} = 1\}$, ou seja, $p_n(x) = 0$, não tem raiz real positiva, o zero não é raiz e tem apenas uma raiz real negativa donde tem três raízes complexas conjugadas.

TEOREMA 5

Dado o polinômio $p_n(x)$ de grau n, se o desenvolvermos por Taylor em torno do ponto $x = \alpha$, temos

$$p_n(x) \approx p_n(\alpha) + p'_n(\alpha)(x - \alpha) + \frac{p''_n(\alpha)}{2!}(x - \alpha)^2 + \ldots + \frac{p_n^{(n)}(\alpha)}{n!}(x - \alpha)^n.$$

Se chamarmos $x - \alpha = y$, ao acharmos o número de raízes reais de $p_n(y) = 0$ que são maiores que zero estaremos encontrando o número de raízes de $p_n(x) = 0$ que são maiores que α.

Podemos usar este resultado juntamente com a regra de sinal de Descartes para analisar as raízes de um determinado polinômio.

Se estamos interessados em estimar o número de zeros que um polinômio possui num intervalo $[\alpha, \beta]$ podemos também usar as *seqüências de Sturm*, que são construídas da seguinte maneira:

Dado o polinômio $p_n(x)$ e um número real α, vamos definir $\tilde{v}(\alpha)$ como sendo o número de variações de sinal em $\{g_i(\alpha)\}$ onde construímos a seqüência $g_0(\alpha)$, $g_1(\alpha)$, ... $g_n(\alpha)$, ignorando os zeros, assim:

$$\begin{cases} g_0(x) = p_n(x) \\ g_1(x) = p_n'(x) \end{cases}$$

e, para $k \geq 2$, $g_k(x)$ é o resto da divisão de g_{k-2} por g_{k-1}, com sinal trocado.

Exemplo 25

$p_3(x) = x^3 + x^2 - x + 1$

$$\begin{cases} g_0(x) = p_3(x) = x^3 + x^2 - x + 1 \\ g_1(x) = p_3'(x) = 3x^2 + 2x - 1 \end{cases}$$

$g_2(x) = ?$

$$\begin{array}{l|l}
x^3 + x^2 - x + 1 & 3x^2 + 2x - 1 \\
-x^3 - \dfrac{2}{3}x^2 + \dfrac{1}{3}x & \dfrac{1}{3}x + \dfrac{1}{9} \\ \hline
\dfrac{1}{3}x^2 - \dfrac{2}{3}x + 1 & \\
-\dfrac{1}{3}x^2 - \dfrac{2}{9}x + \dfrac{1}{9} & \\ \hline
-\dfrac{8}{9}x + \dfrac{10}{9} & \Rightarrow g_2(x) = \dfrac{8}{9}x - \dfrac{10}{9}.
\end{array}$$

$g_3(x) = ?$

$$\begin{array}{r|l} 3x^2 + 2x - 1 & \dfrac{8}{9}x - \dfrac{10}{9} \\ \cdot & \\ \cdot & \dfrac{27}{8}x + \dfrac{207}{32} \\ \cdot & \\ \hline \dfrac{99}{16} & \Rightarrow g_3(x) = -\dfrac{99}{16}. \end{array}$$

Assim, se $\alpha = 2$, por exemplo, temos

$g_0(\alpha) = 11 > 0$

$g_1(\alpha) = 15 > 0$

$\left. \begin{array}{l} g_2(\alpha) = \dfrac{2}{3} > 0 \\ \\ g_3(\alpha) = -\dfrac{99}{16} < 0 \end{array} \right\} 1$

$\Rightarrow \tilde{v}(\alpha) = \tilde{v}(2) = 1.$

TEOREMA 6 (de Sturm) (17,30)

Se $p_n(\alpha) \neq 0$ e $p_n(\beta) \neq 0$, então o número de raízes distintas $p_n(x) = 0$ no intervalo $\alpha \leq x \leq \beta$ é exatamente $\tilde{v}(\alpha) - \tilde{v}(\beta)$.

Tomando $\beta = 3$, por exemplo, no polinômio do exemplo anterior:

$g_0(\beta) = 34 > 0$

$g_1(\beta) = 32 > 0$

$$\left.\begin{array}{l} g_2(\beta) = \dfrac{14}{9} > 0 \\[2mm] g_3(\beta) = -\dfrac{99}{16} < 0 \end{array}\right\} 1$$

$$\Rightarrow \tilde{v}(\beta) = \tilde{v}(3) = 1.$$

Então $x^3 + x^2 - x + 1 = 0$ não possui raízes reais no intervalo $[2, 3]$ pois $\tilde{v}(2) - \tilde{v}(3) = 1 - 1 = 0$.

Os teoremas a seguir fornecem regiões do plano que contém zeros de polinômios.

TEOREMA 7 (30)

Se $p_n(x)$ é um polinômio com coeficientes a_k, $k = 0,1,..., n$ como em (6), então $p_n(x)$ tem pelo menos um zero no interior do círculo centrado na origem e de raio igual a min $\{\rho_1, \rho_n\}$ onde

$$\rho_1 = n \frac{|a_0|}{|a_1|} \qquad \rho_n = \sqrt[n]{\frac{|a_0|}{|a_n|}}.$$

Exemplo 26

Se $p_5(x) = x^5 - 3.7x^4 + 7.4x^3 - 10.8x^2 + 10.8x - 6.8$; $n = 5$, $a_5 = 1$, $a_1 = 10.8$, $a_0 = -6.8$

Assim,

$$\rho_1 = 5\left(\frac{6.8}{10.8}\right) = 3.14\ldots \qquad \rho_5 = \sqrt[5]{\frac{6.8}{1}} = 1.46\ldots.$$

Então $p_5(x)$ tem pelo menos um zero (real ou complexo) no círculo de raio $1.46\ldots$ ou seja, $|x| \leq 1.46\ldots$.

TEOREMA 8

Se $p_n(x)$ é o polinômio (6) e se

$$r \approx 1 + \max_{0 \leq k \leq n-1} \frac{|a_k|}{|a_n|}$$

então cada zero de $p_n(x)$ se encontra na região circular definida por $|x| \leq r$.

Exemplo 27

Seja $p_3(x) = x^3 - x^2 + x - 1$.

Então $n = 3$, $a_0 = -1$, $a_1 = +1$, $a_2 = -1$, $a_3 = 1$

$$\frac{|a_0|}{|a_3|} = \frac{1}{1} = 1 \qquad \frac{|a_1|}{|a_3|} = \frac{1}{1} = 1 \qquad \frac{|a_2|}{|a_3|} = \frac{1}{1} = 1$$

$$\max_{0 \leq k \leq 2} \frac{|a_k|}{|a_3|} = \max\{1,1,1\} = 1.$$

Assim, $r = 1 + 1 = 2$. Então, todos os zeros de $p_3(x)$ se encontram num disco centrado na origem e com raio 2.

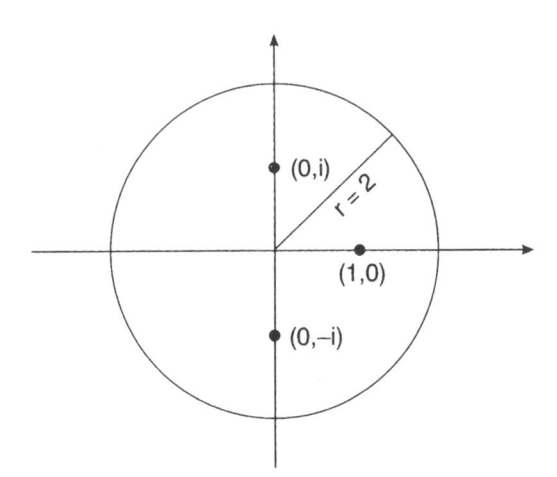

Figura 2.24

De fato, os zeros de $p_3(x)$ são:

$x_1 = 1$
$x_2 = i$
$x_3 = -i$.

2.5.3 DETERMINAÇÃO DAS RAÍZES REAIS

Para se obter raízes reais de equações polinomiais, pode-se aplicar qualquer um dos métodos numéricos estudados anteriormente.

Contudo, estas equações surgem tão freqüentemente que merecem um estudo especial, conforme comentamos no início desta seção.

Conforme vimos, um polinômio de grau n com coeficientes reais será representado na forma (6) onde $a_i \in \mathbb{R}$, i = 0, 1, 2,..., n, ou seja:

$$p_n(x) = a_n x^n + a_{n-1} x^{n-1} + ... + a_2 x^2 + a_1 x + a_0 \ (a_n \neq 0)$$

Estudaremos um processo para se calcular o valor numérico de um polinômio, isto porque em qualquer dos métodos este cálculo deve ser feito uma ou mais vezes por iteração.

Por exemplo, no método de Newton, a cada iteração deve-se fazer uma avaliação do polinômio e uma de sua derivada.

MÉTODO PARA SE CALCULAR O VALOR NUMÉRICO DE UM POLINÔMIO

Para simplificar, estudaremos o processo analisando um polinômio de grau 4:

$$p_4(x) = a_4 x^4 + a_3 x^3 + a_2 x^2 + a_1 x + a_0. \tag{7}$$

Este polinômio pode ser escrito na forma:

$$p_4(x) = (((a_4 x + a_3)x + a_2)x + a_1)x + a_0, \tag{8}$$

conhecida como forma dos *parênteses encaixados*.

Deve-se observar que, se o valor numérico de $p_4(x)$ for calculado pelo processo (8), o número de operações será bem menor que pelo processo (7).

Para um polinômio genérico de grau n, vemos que, pelo processo (8), teremos de efetuar n multiplicações e n adições.

No entanto, pelo processo (7), o número de adições é também n mas o número de multiplicações é $n + (n-1) + \ldots + 2 + 1 = \dfrac{(1+n)n}{2}$ desde que x^j seja calculado por $x \cdot x \cdot x \ldots \cdot x$, j vezes, pois a potenciação calculada desta forma introduz erros menores de arredondamento.

Agora,

$$\dfrac{n+n^2}{2} = \dfrac{n}{2} + \dfrac{n^2}{2} > n \Leftrightarrow n \geqslant 2, \text{ ou seja,}$$

o processo (8) efetua realmente um número menor de operações que o processo (7).

Temos então, no caso de n = 4, que

$$p_4(x) = (((\underbrace{a_4 x + a_3)x + a_2)x + a_1)x + a_0}_{b_4}$$

$$b_3$$

$$b_2$$

$$\vdots$$

Para se calcular o valor numérico de $p_4(x)$ em x = c, basta fazer sucessivamente:

$$b_4 = a_4$$
$$b_3 = a_3 + b_4 c$$
$$b_2 = a_2 + b_3 c$$
$$b_1 = a_1 + b_2 c$$
$$b_0 = a_0 + b_1 c$$

$\Rightarrow p(c) = b_0$.

Portanto, para $p_n(x)$ de grau n qualquer, calculamos $p_n(c)$ calculando as constantes b_j, $j = n, n-1,..., 1, 0$ sucessivamente, sendo:

$$b_n = a_n$$

$$b_j = a_j + b_{j+1} c \quad j = n-1, n-2,..., 2, 1, 0$$

e b_0 será o valor de $p_n(x)$ para $x = c$.

Como calcular o valor de $p'_n(x)$ em $x = c$ usando os coeficientes b_j obtidos anteriormente? Tomando como exemplo o polinômio de grau 4, temos

$$p_4(x) = a_4 x^4 + a_3 x^3 + a_2 x^2 + a_1 x + a_0 \Rightarrow$$

$$\Rightarrow p'_4(x) = 4a_4 x^3 + 3a_3 x^2 + 2a_2 x + a_1.$$

Para $x = c$, temos que

$$\begin{aligned} b_4 &= a_4 & \Rightarrow & & a_4 &= b_4 \\ b_3 &= a_3 + b_4 c & \Rightarrow & & a_3 &= b_3 - b_4 c \\ b_2 &= a_2 + b_3 c & \Rightarrow & & a_2 &= b_2 - b_3 c \\ b_1 &= a_1 + b_2 c & \Rightarrow & & a_1 &= b_1 - b_2 c \\ b_0 &= a_0 + b_1 c & \Rightarrow & & a_0 &= b_0 - b_1 c \end{aligned}$$

Dado que já conhecemos b_0, b_1, b_2, b_3, b_4:

$$\begin{aligned} p'_4(c) &= 4a_4 c^3 + 3a_3 c^2 + 2ac + a_1 \\ &= 4b_4 c^3 + 3(b_3 - b_4 c)c^2 + 2(b_2 - b_3 c)c + (b_1 - b_2 c) \\ &= 4b_4 c^3 - 3b_4 c^3 + 3b_3 c^2 - 2b_3 c^2 + 2b_2 c + b_1 - b_2 c. \end{aligned}$$

Assim $p'_4(c) = b_4 c^3 + b_3 c^2 + b_2 c + b_1$

Aplicando o mesmo esquema anterior, teremos

$$\begin{aligned} c_4 &= b_4 \\ c_3 &= b_3 + c_4 c \\ c_2 &= b_2 + c_3 c \\ c_1 &= b_1 + c_2 c. \end{aligned}$$

Calculamos, pois, os coeficientes c_j, $j = n, n-1,..., 1$ da seguinte forma:

$$c_n = b_n$$
$$c_j = b_j + c_{j+1}\, c \qquad j = n-1,..., 1.$$

Teremos então $p'(c) = c_1$.

MÉTODO DE NEWTON PARA ZEROS DE POLINÔMIOS

Seja $p_n(x) = a_n x^n + a_{n-1} x^{n-1} + ... + a_2 x^2 + a_1 x + a_0$ e x_0 uma aproximação inicial para a raiz procurada.

Conforme vimos, o método de Newton consiste em desenvolver aproximações sucessivas para ξ a partir da iteração:

$$x_{k+1} = x_k - \frac{p(x_k)}{p'(x_k)}$$

Usando as observações anteriores sobre o cálculo de $p(x_k)$ e $p'(x_k)$, construímos o seguinte:

ALGORITMO 6

Dados $a_0, a_1, ..., a_n$, coeficientes de $p_n(x)$, x a aproximação inicial, ε_1 e ε_2 precisões desejadas e fixado itmax, o número máximo de iterações que serão permitidas,

1) deltax = x

2) Para k = 1, ... , itmax, faça:
    b = a_n
    c = b
    Para i = (n − 1), ... , 1, faça:
        b = a_i + bx
        c = b + cx
    b = a_0 + bx
    Se $|b| \leq \varepsilon_1$ vá para o passo 4
    deltax = b / c
    x = x − deltax
    Se $|\text{deltax}| \leq \varepsilon_2$ vá para o passo 4

3) Imprimir mensagem de que não houve convergência com "itmax" iterações.

4) FIM.

Exemplo 28

Dada a equação polinomial $x^5 - 3.7x^4 + 7.4x^3 - 10.8x^2 + 10.8x - 6.8 = 0$, temos que

$p_5(1) = -2.1$

$p_5(2) = 3.6$.

Então, existe uma raiz no intervalo $(1,2)$.

Partindo de $x_0 = 1.5$ e considerando $\varepsilon_1 = \varepsilon_2 = 10^{-6}$, o método de Newton para polinômios fornece:

$\bar{x} = x_5 = 1.7$, $f(\bar{x}) = 1.91 \times 10^{-6}$ e $|x_5 - x_4| = 2.62 \times 10^{-7}$.

Exemplo 29

Consideremos agora $p_3(x) = x^3 - 3x + 3 = 0$ e $\varepsilon_1 = \varepsilon_2 = 10^{-6}$. A Figura 2.25 mostra o gráfico cartesiano de $p_3(x)$.

Vemos assim que $x^3 - 3x + 3 = 0$ tem uma única raiz no intervalo $(-3, -1.5)$.

Executamos o método de Newton para polinômios, para este polinômio, duas vezes:

i) com $x_0 = -0.8$, $\varepsilon_1 = \varepsilon_2 = 10^{-6}$, itmax = 30

ii) com $x_0 = -2$, $\varepsilon_1 = \varepsilon_2 = 10^{-6}$, itmax = 10

Veja o efeito de pegarmos x_0 próximo a um zero da derivada e depois x_0 próximo à raiz:

No caso (i) foi encontrada $\bar{x} = -2.103801$ com $|f(\bar{x})| = 2.4 \times 10^{-7}$ em 17 iterações.

No caso (ii) foi obtido exatamente o mesmo resultado em 3 iterações.

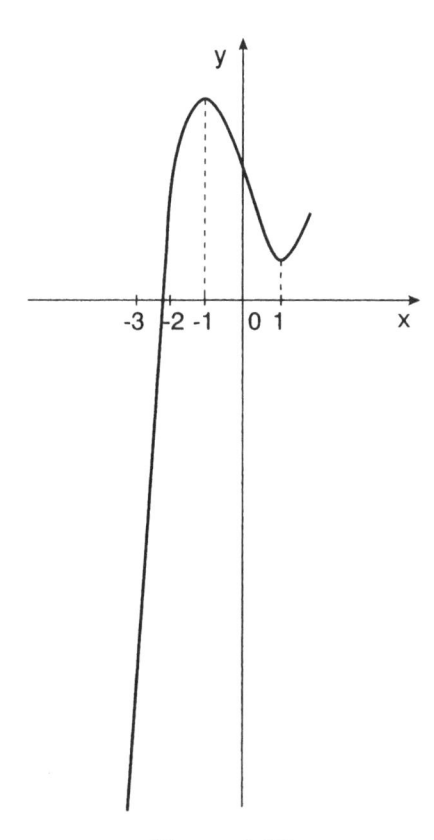

Figura 2.25

EXERCÍCIOS

1. Localize graficamente as raízes das equações a seguir:

    a) $4\cos(x) - e^{2x} = 0$

    b) $\dfrac{x}{2} - tg(x) = 0$

    c) $1 - x\ln(x) = 0$

    d) $2^x - 3x = 0$

    e) $x^3 + x - 1000 = 0$

2. O método da bissecção pode ser aplicado sempre que $f(a)f(b) < 0$, mesmo que $f(x)$ tenha mais que um zero em (a, b). Nos casos em que isto ocorre, verifique, com o auxílio de gráficos, se é possível determinar qual zero será obtido por este método.

3. Se no método da bissecção tomarmos sistematicamente $x = (a_k + b_k)/2$, teremos que $|\bar{x} - \xi| \leq (b_k - a_k)/2$.

   Considerando este fato:

   a) estime o número de iterações que o método efetuará;

   b) escreva um novo algoritmo.

4. Seja $f(x) = x + \ln(x)$ que possui um zero no intervalo $I = [0.2, 2]$.

   Se o objetivo for obter uma aproximação x_k para esta raiz de tal forma que $|x_k - \xi| < 10^{-5}$, é aconselhável usar o método da posição falsa tomando I como intervalo inicial? Justifique gráfica e analiticamente sem efetuar iterações numéricas.

   Cite outros métodos nos quais este objetivo possa ser atingido.

5. Ao se aplicar o método do ponto fixo (MPF) à resolução de uma equação, obtivemos os seguintes resultados nas iterações indicadas:

   $x_{10} = 1.5$ $x_{14} = 2.14128$
   $x_{11} = 2.24702$ $x_{15} = 2.14151$
   $x_{12} = 2.14120$ $x_{16} = 2.14133$
   $x_{13} = 2.14159$ $x_{17} = 2.14147$

   Escreva o que puder a respeito da raiz procurada.

6. *a)* Calcule b/a em uma calculadora que só soma, subtrai e multiplica.

   b) Calcule 3/13 nessa calculadora.

7. A equação $x^2 - b = 0$ tem como raiz $\xi = \sqrt{b}$. Considere o MPF com $\varphi(x) = b/x$:

   a) comprove que $\varphi'(\xi) = -1$;

   b) o que acontece com a seqüência $\{x_k\}$ tal que $x_{k+1} = \varphi(x_k)$?

c) sua conclusão do item (b) pode ser generalizada para qualquer equação f(x) = 0 que tenha $|\varphi'(\xi)| = 1$?

8. Verifique analiticamente que no MPF, se $\varphi'(x) < 0$ em I, intervalo centrado em ξ, então, dado $x_0 \in I$, a seqüência $\{x_k\}$, onde $x_{k+1} = \varphi(x_k)$, é oscilante em torno de ξ.

9. Se a função de iteração do MPF for tal que as condições do Teorema 2 estão satisfeitas:

    a) mostre que $|\xi - x_k| \leq \dfrac{M}{1 - M} |x_k - x_{k-1}|$;

    b) para que valores de M teremos então que
    $|\xi - x_k| < \varepsilon$ se $|x_k - x_{k-1}| < \varepsilon$?

10. Considere a função $f(x) = x^3 - x - 1$ (do Exemplo 19). Resolva-a pelo MPF com função de iteração $\varphi(x) = \dfrac{1}{x} + \dfrac{1}{x^2}$ e $x_0 = 1$. Justifique seus resultados.

11. Use o método de Newton-Raphson para obter a menor raiz positiva das equações a seguir com precisão $\varepsilon = 10^{-4}$

    a) $x/2 - tg(x) = 0$

    b) $2 \cos(x) = e^x/2$

    c) $x^5 - 6 = 0$.

12. Aplique o método de Newton-Raphson à equação:

    $x^3 - 2x^2 - 3x + 10 = 0$ com $x_0 = 1.9$.

    Justifique o que acontece.

13. Deduza o método de Newton a partir de sua interpretação geométrica.

14. Método de Newton Modificado:

    Existe uma modificação no método de Newton na qual a função de iteração $\varphi(x)$ é dada por $\varphi(x) = x - \dfrac{f(x)}{f'(x_0)}$ onde x_0 é a aproximação inicial e é tal que $f'(x_0) \neq 0$.

    a) Com o auxílio de um gráfico, escreva a interpretação geométrica deste método.

    b) Cite algumas situações em que é conveniente usar este método em vez do método de Newton.

15. Seja $f(x) = e^x - 4x^2$ e ξ sua raiz no intervalo $(0, 1)$. Tomando $x_0 = 0.5$, encontre ξ com $\varepsilon = 10^{-4}$, usando:

    a) o MPF com $\varphi(x) = \dfrac{1}{2} e^{x/2}$;

    b) o método de Newton.
    Compare a rapidez de convergência.

16. O valor de π pode ser obtido através da resolução das seguintes equações:

    a) $\text{sen}(x) = 0$

    b) $\cos(x) + 1 = 0$

    Aplique o método de Newton com $x_0 = 3$ e precisão 10^{-7} em cada caso e compare os resultados obtidos. Justifique.

17. Seja $f(x) = \text{sen}(x) - kx$.

    a) Encontre os valores positivos de k para que f tenha apenas uma raiz estritamente positiva.

    b) Encontre os valores positivos de k para que f tenha três raízes estritamente positivas.

18. Seja $f(x) = \dfrac{x^2}{2} + x(\ln(x) - 1)$. Obtenha seus pontos críticos com o auxílio de um método numérico.

19. O polinômio $p(x) = x^5 - \dfrac{10}{9}x^3 + \dfrac{5}{21}x$ tem seus cinco zeros reais, todos no intervalo $(-1, 1)$.

   a) Verifique que $x_1 \in (-1, -0.75)$, $x_2 \in (-0.75, -0.25)$, $x_4 \in (0.3, 0.8)$ e $x_5 \in (0.8, 1)$.

   b) Encontre, pelo respectivo método, usando $\varepsilon = 10^{-5}$

   x_1: Newton ($x_0 = -0.8$)

   x_2: bissecção ($[a, b] = [-0.75, -0.25]$)

   x_3: posição falsa ($[a, b] = [-0.25, 0.25]$)

   x_4: MPF ($I = [0.2, 0.6]$, $x_0 = 0.4$)

   x_5: secante ($x_0 = 0.8$; $x_1 = 1$).

20. Seja a equação $f(x) = x - x \ln(x) = 0$.

   Construa tabelas como as dos exemplos do final do capítulo para a raiz positiva desta equação. Use $\varepsilon = 10^{-5}$.

   Compare os diversos métodos considerando a garantia e rapidez de convergência e eficiência computacional em cada caso.

21. Seja $f(x) = xe^{-x} - e^{-3}$

   a) verifique gráfica e analiticamente que $f(x)$ possui um zero no intervalo $(0, 1)$;

   b) justifique teoricamente o comportamento da seqüência $\{x_k\}$ colocada a seguir, gerada pelo método de Newton para o cálculo do zero de $f(x)$ em $(0, 1)$, com $x_0 = 0.9$ e precisão $\varepsilon = 5 \times 10^{-6}$.

$x_0 = +0.9$	$x_5 = -3.4962$	$x_{10} = -0.3041$
$x_1 = -6.8754$	$x_6 = -2.7182$	$x_{11} = 0.0427$
$x_2 = -6.0024$	$x_7 = -1.9863$	$x_{12} = 0.0440$
$x_3 = -5.1452$	$x_8 = -1.3189$	$x_{13} = 0.0480$
$x_4 = -4.3079$	$x_9 = -0.7444$	

22. Uma das dificuldades do método de Newton é o fato de uma aproximação x_k ser tal que $f'(x_k) = 0$. Uma modificação do algoritmo original para prever estes casos consiste em: dado λ um número positivo próximo de zero e supondo $|f'(x_0)| \geq \lambda$, a seqüência x_k é gerada através de:

$x_{k+1} = x_k - f(x_k)/FL$, $k = 0, 1, 2...$

onde

$$FL = \begin{cases} f'(x_k), & \text{se } |f'(x_k)| > \lambda \\ f'(x_w), & \text{caso contrário} \end{cases}$$

onde x_w é a última aproximação obtida tal que $|f'(x_w)| \geq \lambda$.

Pede-se:

a) baseado no algoritmo de Newton, escreva um algoritmo para este método;

b) aplique este método à resolução da equação $x^3 - 9x + 3 = 0$, com $x_0 = -1.275$, $\lambda = 0.05$ e $\varepsilon = 0.05$.

23. Usando a regra de sinal de Descartes e o Teorema 5, verifique que a equação $p(x) = 3x^5 - x^4 - x^3 + x + 1 = 0$ pode ter duas raízes reais no intervalo $[0, 1]$.

24. Resolva o Exercício 23 usando agora a seqüência de Sturm.

25. Encontre uma raiz da equação:
$p(x) = x^4 - 6x^3 + 10x^2 - 6x + 9 = 0$, aplicando o método de Newton para polinômios.

PROJETOS

1. O PROBLEMA DE RAÍZES MÚLTIPLAS:

Se $f'(\xi) = 0$, o método de Newton perde suas características de convergência quadrática. O caso de $f'(\xi) = 0$ é um caso de raiz múltipla de $f(x) = 0$.

Definição: Dizemos que ξ é *raiz múltipla* de $f(x) = 0$ com multiplicidade p, quando $f(\xi) = f'(\xi) = \ldots = f^{(p-1)}(\xi) = 0$ e $f^{(p)}(\xi) \neq 0$.

O método de Newton para raízes múltiplas é deduzido da seguinte forma: seja $f(x)$ uma função tal que ξ seja raiz de $f(x) = 0$ com multiplicidade p. A fórmula de Taylor para $f(x)$ numa vizinhança de ξ até o termo de ordem (p–1), que é:

$$f(x) = f(\xi) + f'(\xi)(x - \xi) + \ldots + f^{(p-1)}(\xi)(x - \xi)^{p-1} / (p-1)! + R_p(\xi_x)$$

onde $R_p(\xi) = f^{(p)}(\xi_p)(x - \xi)^p / p!$ com ξ_p entre x e ξ, fica:

$$f(x) = f^{(p)}(\xi_x)(x - \xi)^p / p!.$$

A dedução do método de Newton é baseada no modelo em que esta função $f(x)$ é tal que $f^{(p)}(x)$ é constante ($f^{(p)}(x) = b$), para x próximo a ξ. Para esta f,

$$f(x) = b(x - \xi)^p / p! = c(x - \xi)^p, \quad f'(x) = cp(x - \xi)^{p-1}$$

e então

$$f(x)/f'(x) = (x - \xi)/p, \text{ donde } \xi = x - pf(x)/f'(x).$$

O MÉTODO

Se ξ é uma raiz de $f(x) = 0$ com multiplicidade p, dados x_0 uma aproximação inicial para ξ e $\varepsilon_1, \varepsilon_2$ precisões desejadas, para k = 1, 2,..., faça:

$$x_1 = x_0 - pf(x_0)/f'(x_0)$$

Se $|f(x_1)| < \varepsilon_1$ ou se $|x_1 - x_0| < \varepsilon_2$ então faça $\bar{x} = x_1$.

Caso contrário, $x_0 = x_1$ e recomece o processo.

De uma forma análoga, podemos introduzir um fator p no método da secante para trabalhar com raízes múltiplas, obtendo, dado x_0

$$x_{k+1} = x_k - (pf(x_k)(x_k - x_{k-1}))/(f(x_k)-f(x_{k-1})), \quad k = 0, 1,...$$

Temos os problemas de conseguir detectar computacionalmente a "proximidade" de uma raiz múltipla e também o de saber qual é essa multiplicidade, p.

Na referência [27] podem ser encontradas sugestões de como lidar com ambos.

1) Prove que, se ξ é raiz de multiplicidade p de $f(x) = 0$, a seqüência gerada pelo método de Newton converge quadraticamente, sob hipóteses adequadas de continuidade. Estabeleça essas hipóteses.

2) São dadas a seguir três funções com raízes múltiplas, a multiplicidade p das raízes, uma aproximação inicial x_0 e uma precisão ε.

   i) $f(x) = |x - 9|^{4.5}/(1 + \text{sen}^2(x));\ p = 4.5;\ x_0 = 6;\ \varepsilon = 10^{-6}$.

   ii) $f(x) = (81 - y(108 - y(54 - y(12-y))))\text{sign}((y - 3)/(1 + x^2))$,
        $y = x + 1.11111;\ p = 3;\ x_0 = 1;\ \varepsilon = 10^{-6}$.

   iii) $f(x) = |x - 8.3417|^{0.4}/(1 + x^2);\ p = 0.4;\ x_0 = 8.45;\ \varepsilon = 10^{-6}$.

   a) Tente encontrar as raízes usando o método de Newton simples.

   b) Idem com o método da secante.

   c) Refaça agora os itens (a) e (b) com os dois métodos adaptados para raízes múltiplas.

   d) Refaça o item (c) usando para p os valores:
      para a função (i),   p = 1 e p = 4.05;
      para a função (ii), p = 1 e p = 3.3;
      para a função (iii), p = 1 e p = 0.36.

Em todos os casos imprima os valores:

NAF = número de avaliações de função que foram efetuadas

SOL = valor da "solução" encontrada

VAF = valor de $|f|$ na "solução" encontrada.

3) Use o método de Newton simples e o descrito anteriormente para encontrar os zeros de $f(x) = x^3 - 3.5x^2 + 4x - 1.5$. Localize-os, descubra p, escolha x_0 adequadamente e considere $\varepsilon = 10^{-6}$.

2. PROBLEMA DAS VIGAS

Duas vigas de madeira de 20 e 30 metros respectivamente se apóiam nas paredes de um galpão como mostra a figura. Se o ponto em que se cruzam está a 8 metros do solo, qual a largura deste galpão?

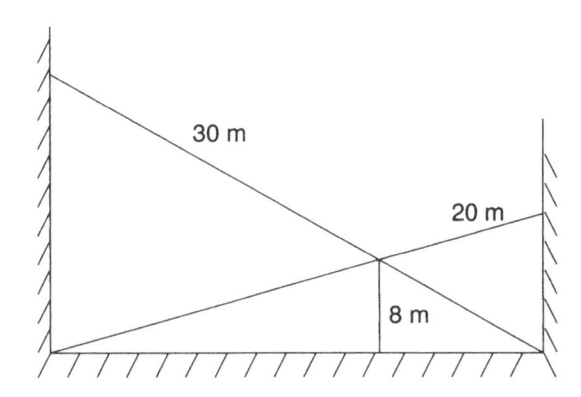

3. MÉTODO DE NEWTON GERANDO UMA SEQÜÊNCIA OSCILANTE

Analise algébrica e geometricamente e encontre justificativas para o comportamento do método de Newton quando aplicado à equação $p_3(x) = -0.5x^3 + 2.5x = 0$ nos seguintes casos:

a) $x_0 = 1$ e $x_0 = -1$

b) x_0 nos intervalos:

$(-1, 1)$

$(1, 1.290994449)$

$(-1.290994449, -1)$

$(1.290994449, 2.236067977)$

$(-2.236067977, -1.290994449)$

$x_0 > 2.236067977$

$x_0 < -2.236067977$.

CAPÍTULO 3

RESOLUÇÃO DE SISTEMAS LINEARES

3.1 INTRODUÇÃO

A resolução de sistemas lineares é um problema que surge nas mais diversas áreas.

Exemplo 1

Considere o problema de determinar as componentes horizontal e vertical das forças que atuam nas junções da treliça abaixo:

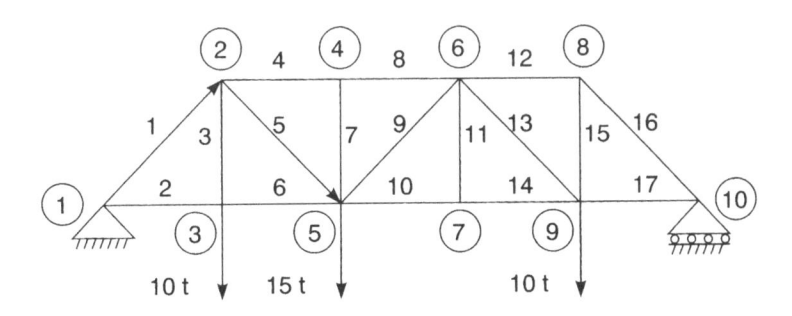

Figura 3.1

Para isto, temos de determinar as 17 forças desconhecidas que atuam nesta treliça. As componentes da treliça são supostamente presas nas junções por pinos, sem fricção.

Um teorema da mecânica elementar nos diz que, como o número de junções j está relacionado ao número de componentes m por $2j - 3 = m$, a treliça é estaticamente determinante; isto significa que as forças componentes são determinadas completamente pelas condições de equilíbrio estático nos nós.

Sejam F_x e F_y as componentes horizontal e vertical, respectivamente. Fazendo $\alpha = \text{sen}(45°) = \cos(45°)$ e supondo pequenos deslocamentos, as condições de equilíbrio são:

Junção 2 $\begin{cases} \Sigma F_x = -\alpha f_1 + f_4 + \alpha f_5 = 0 \\ \Sigma F_y = -\alpha f_1 - f_3 - \alpha f_5 = 0 \end{cases}$

Junção 3 $\begin{cases} \Sigma F_x = -f_2 + f_6 = 0 \\ \Sigma F_y = f_3 - 10 = 0 \end{cases}$

Junção 4 $\begin{cases} \Sigma F_x = -f_4 + f_8 = 0 \\ \Sigma F_y = -f_7 = 0 \end{cases}$

Junção 5 $\begin{cases} \Sigma F_x = -\alpha f_5 - f_6 + \alpha f_9 + f_{10} = 0 \\ \Sigma F_y = \alpha f_5 + f_7 + \alpha f_9 - 15 = 0 \end{cases}$

Junção 6 $\begin{cases} \Sigma F_x = -f_8 - \alpha f_9 + f_{12} + \alpha f_{13} = 0 \\ \Sigma F_y = -\alpha f_9 - f_{11} - \alpha f_{13} = 0 \end{cases}$

Junção 7 $\begin{cases} \Sigma F_x = -f_{10} + f_{14} = 0 \\ \Sigma F_y = f_{11} = 0 \end{cases}$

Junção 8 $\begin{cases} \Sigma F_x = -f_{12} + \alpha f_{16} = 0 \\ \Sigma F_y = -f_{15} - \alpha f_{16} = 0 \end{cases}$

Junção 9 $\begin{cases} \Sigma F_x = -\alpha f_{13} - f_{14} + f_{17} = 0 \\ \Sigma F_y = \alpha f_{13} + f_{15} - f_{10} = 0 \end{cases}$

Junção 10 $\{\Sigma F_x = -\alpha f_{16} - f_{17} = 0$

Portanto, para obter as componentes pedidas é preciso resolver esse sistema linear, que tem 17 variáveis: $f_1, f_2, ..., f_{17}$ e 17 equações.

Um sistema linear com m equações e n variáveis é escrito usualmente na forma:

$$\begin{cases} a_{11}x_1 + a_{12}x_2 + \ldots + a_{1n}x_n = b_1 \\ a_{21}x_1 + a_{22}x_2 + \ldots + a_{2n}x_n = b_2 \\ \vdots \\ a_{m1}x_1 + a_{m2}x_2 + \cdots + a_{mn}x_n = b_m \end{cases}$$

onde

a_{ij} : coeficientes $1 \leq i \leq m,\ 1 \leq j \leq n$

x_j : variáveis $j = 1,..., n$

b_i : constantes $i = 1,..., m$

A resolução de um sistema linear consiste em calcular os valores de x_j, (j = 1,..., n), caso eles existam, que satisfaçam as m equações simultaneamente.

Usando notação matricial, o sistema linear pode ser assim representado:

$$Ax = b$$

onde

$$A = \begin{pmatrix} a_{11} & a_{12} & \cdots & a_{1n} \\ a_{21} & a_{22} & \cdots & a_{2n} \\ \cdot & \cdot & & \cdot \\ \cdot & \cdot & & \cdot \\ \cdot & \cdot & & \cdot \\ a_{m1} & a_{m2} & \cdots & a_{mn} \end{pmatrix}$$ é a matriz dos coeficientes,

$$x = \begin{pmatrix} x_1 \\ x_2 \\ \cdot \\ \cdot \\ \cdot \\ x_n \end{pmatrix}$$ é o vetor das variáveis

e

$$b = \begin{pmatrix} b_1 \\ b_2 \\ \cdot \\ \cdot \\ \cdot \\ b_m \end{pmatrix}$$ é o vetor constante.

Chamaremos de x* o vetor solução e de $\bar{x}$, uma solução aproximada do sistema linear Ax = b.

A formulação matricial do sistema Ax = b do Exemplo 1, que será resolvido no final deste capítulo, é dada por:

$$A = \begin{bmatrix} -\alpha & 0 & 0 & 1 & \alpha & 0 & 0 & 0 & 0 & 0 & 0 & 0 & 0 & 0 & 0 & 0 & 0 \\ -\alpha & 0 & -1 & 0 & -\alpha & 0 & 0 & 0 & 0 & 0 & 0 & 0 & 0 & 0 & 0 & 0 & 0 \\ 0 & -1 & 0 & 0 & 0 & 1 & 0 & 0 & 0 & 0 & 0 & 0 & 0 & 0 & 0 & 0 & 0 \\ 0 & 0 & 1 & 0 & 0 & 0 & 0 & 0 & 0 & 0 & 0 & 0 & 0 & 0 & 0 & 0 & 0 \\ 0 & 0 & 0 & -1 & 0 & 0 & 0 & 1 & 0 & 0 & 0 & 0 & 0 & 0 & 0 & 0 & 0 \\ 0 & 0 & 0 & 0 & 0 & 0 & -1 & 0 & 0 & 0 & 0 & 0 & 0 & 0 & 0 & 0 & 0 \\ 0 & 0 & 0 & 0 & -\alpha & -1 & 0 & 0 & \alpha & 1 & 0 & 0 & 0 & 0 & 0 & 0 & 0 \\ 0 & 0 & 0 & 0 & \alpha & 0 & 1 & 0 & \alpha & 0 & 0 & 0 & 0 & 0 & 0 & 0 & 0 \\ 0 & 0 & 0 & 0 & 0 & 0 & 0 & -1 & -\alpha & 0 & 0 & 1 & \alpha & 0 & 0 & 0 & 0 \\ 0 & 0 & 0 & 0 & 0 & 0 & 0 & 0 & -\alpha & 0 & -1 & 0 & -\alpha & 0 & 0 & 0 & 0 \\ 0 & 0 & 0 & 0 & 0 & 0 & 0 & 0 & 0 & -1 & 0 & 0 & 0 & 1 & 0 & 0 & 0 \\ 0 & 0 & 0 & 0 & 0 & 0 & 0 & 0 & 0 & 0 & 1 & 0 & 0 & 0 & 0 & 0 & 0 \\ 0 & 0 & 0 & 0 & 0 & 0 & 0 & 0 & 0 & 0 & 0 & -1 & 0 & 0 & 0 & \alpha & 0 \\ 0 & 0 & 0 & 0 & 0 & 0 & 0 & 0 & 0 & 0 & 0 & 0 & 0 & 0 & -1 & -\alpha & 0 \\ 0 & 0 & 0 & 0 & 0 & 0 & 0 & 0 & 0 & 0 & 0 & 0 & -\alpha & -1 & 0 & 0 & 1 \\ 0 & 0 & 0 & 0 & 0 & 0 & 0 & 0 & 0 & 0 & 0 & 0 & \alpha & 0 & 1 & 0 & 0 \\ 0 & 0 & 0 & 0 & 0 & 0 & 0 & 0 & 0 & 0 & 0 & 0 & 0 & 0 & 0 & -\alpha & -1 \end{bmatrix}$$

$b = [0 \ \ 0 \ \ 0 \ \ 10 \ \ 0 \ \ 0 \ \ 0 \ \ 15 \ \ 0 \ \ 0 \ \ 0 \ \ 0 \ \ 0 \ \ 0 \ \ 0 \ \ 10 \ \ 0]^T$

$x = [f_1 \ \ f_2 \ \ f_3 \ \ f_4 \ \ f_5 \ \ f_6 \ \ f_7 \ \ f_8 \ \ f_9 \ \ f_{10} \ \ f_{11} \ \ f_{12} \ \ f_{13} \ \ f_{14} \ \ f_{15} \ \ f_{16} \ \ f_{17}]^T$

Analisaremos a seguir, através de exemplos com duas equações e duas variáveis, as situações que podem ocorrer com relação ao número de soluções de um sistema linear.

i) Solução única:

$$\begin{cases} 2x_1 + x_2 = 3 \\ x_1 - 3x_2 = -2 \end{cases} \quad \text{com } x* = \begin{pmatrix} 1 \\ 1 \end{pmatrix} \tag{1}$$

ii) Infinitas soluções:

$$\begin{cases} 2x_1 + x_2 = 3 \\ 4x_1 + 2x_2 = 6 \end{cases} \tag{2}$$

para o qual, qualquer $x* = (\alpha, 3 - 2\alpha)^t$ com $\alpha \in \mathbb{R}$, é solução.

iii) Nenhuma solução:

$$\begin{cases} 2x_1 + x_2 = 3 \\ 4x_1 + 2x_2 = 2 \end{cases} \quad (3)$$

Graficamente, cada um desses casos é representado respectivamente por:

(1) retas concorrentes

(2) retas coincidentes

(3) retas paralelas

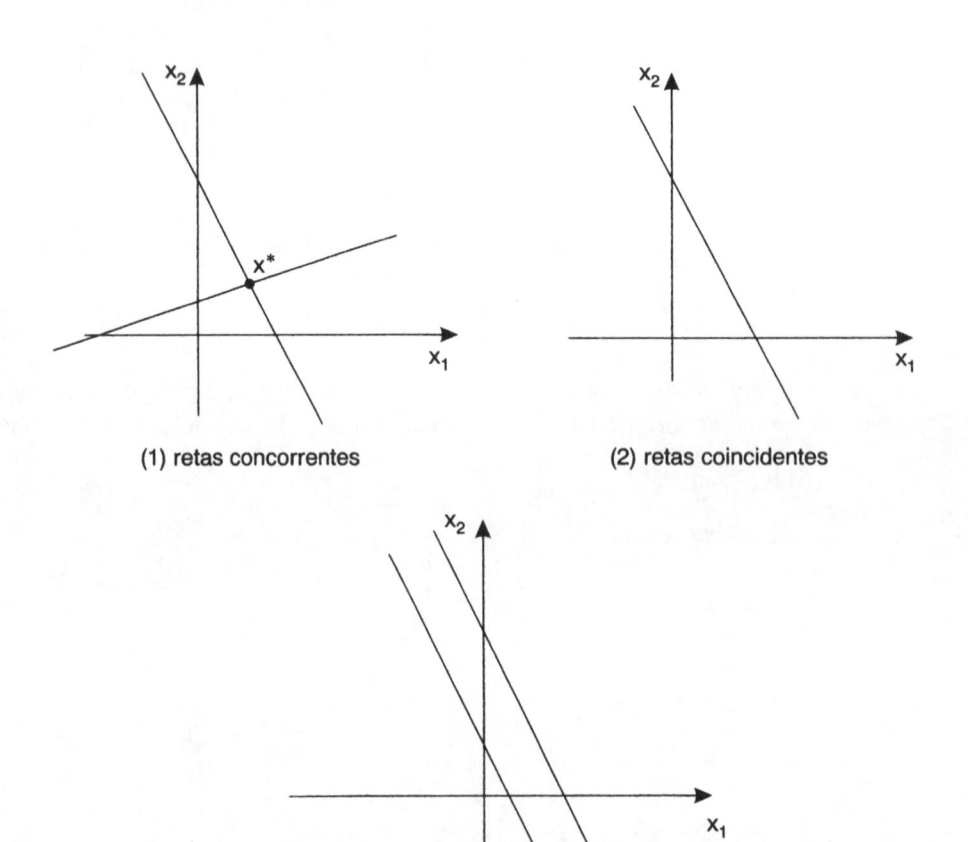

(1) retas concorrentes

(2) retas coincidentes

(3) retas paralelas

Figura 3.2

Mesmo no caso geral em que o sistema linear envolve m equações e n variáveis, apenas uma entre as situações abaixo irá ocorrer:

i) o sistema linear tem solução única;

ii) o sistema linear admite infinitas soluções;

iii) o sistema linear não admite solução.

No caso em que m = n = 2 este fato foi facilmente verificado através dos gráficos das retas envolvidas no sistema, conforme mostra a Figura 3.2. Para analisar o caso geral, m equações e n variáveis, usaremos conceitos de Álgebra Linear.

Consideremos a matriz A: m × n como uma função que a cada vetor $x \in \mathbb{R}^n$ associa um vetor $b \in \mathbb{R}^m$, b = Ax:

$$A: \mathbb{R}^n \to \mathbb{R}^m$$
$$x \to b = Ax$$

Então, resolver o sistema linear Ax = b consiste em:

"dado $b \in \mathbb{R}^m$ obter, caso exista, $x \in \mathbb{R}^n$, tal que Ax = b".

A resolução de Ax = b nos leva a encontrar respostas para as seguintes perguntas:

- existe $x^* \in \mathbb{R}^n$ tal que $Ax^* = b$?

- se existir, x^* é único?

- como obter x^*?

Consideremos a matriz A: 2 × 2,

$$A = \begin{pmatrix} 2 & 1 \\ 1 & -3 \end{pmatrix}$$

Esta matriz associa a um vetor pertencente ao $\mathbb{R}^2$ um outro vetor do $\mathbb{R}^2$.

Por exemplo:

se $v = (1\ 1)^T$ então: $u = Av = (3\ -2)^T$;

se $w = (2\ -1)^T$ então: $t = Aw = (3\ 5)^T$;

e, dado $b = (3\ -2)^T$, existe um único $x^* = (1\ 1)^T$ tal que $Ax^* = b$, conforme podemos comprovar graficamente através da Figura 3.2 (1).

Graficamente:

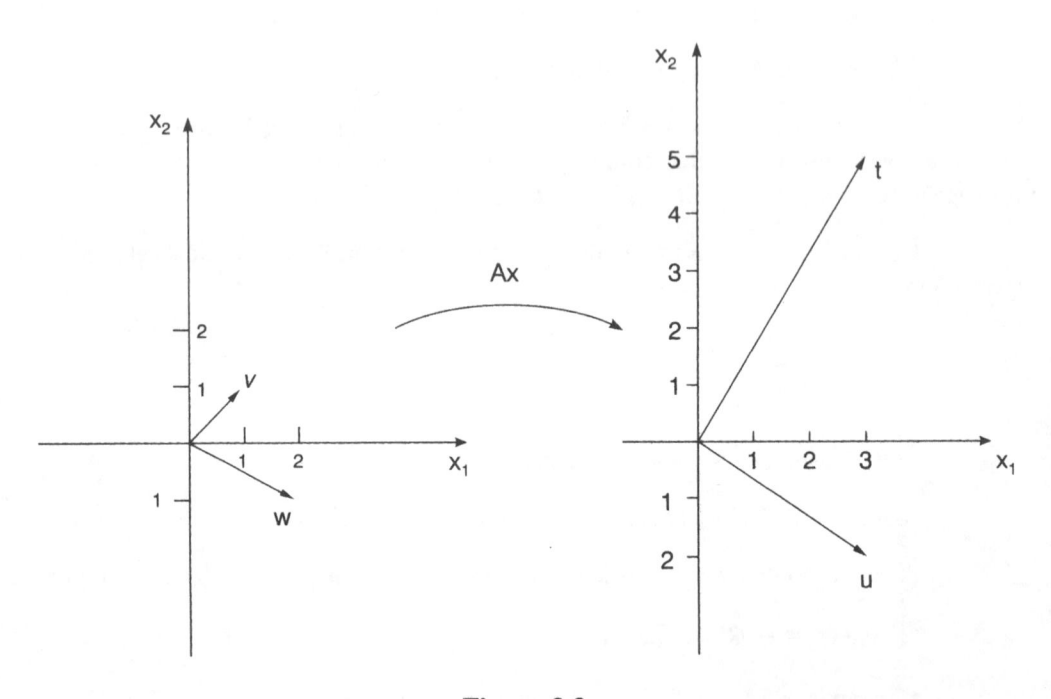

Figura 3.3

Dada uma matriz A: m × n, definimos o conjunto Imagem de A (denotado por Im(A)) por:

$Im(A) = \{y \in \mathbb{R}^m \mid \exists\, x \in \mathbb{R}^n \mid y = Ax\}$

O conjunto Im(A) é um subespaço vetorial do $\mathbb{R}^m$.

Sob o ponto de vista das colunas de A, resolver o sistema linear Ax = b, A: m × n implica em se obter os escalares $x_1, x_2, ..., x_n$ que permitem escrever o vetor b de $\mathbb{R}^m$ como combinação linear das n colunas de A.

$$b = x_1 \begin{pmatrix} a_{11} \\ a_{21} \\ \cdot \\ \cdot \\ \cdot \\ a_{m1} \end{pmatrix} + x_2 \begin{pmatrix} a_{12} \\ a_{22} \\ \cdot \\ \cdot \\ \cdot \\ a_{m2} \end{pmatrix} + \ldots + x_n \begin{pmatrix} a_{1n} \\ a_{2n} \\ \cdot \\ \cdot \\ \cdot \\ a_{mn} \end{pmatrix}$$

No sistema (1) as colunas da matriz $A = \begin{pmatrix} 2 & 1 \\ 1 & -3 \end{pmatrix}$ são linearmente independentes e portanto formam uma base para o $\mathbb{R}^2$. Então, dado qualquer $u \in \mathbb{R}^2$, existem e são únicos os escalares $x_1 \in \mathbb{R}$ e $x_2 \in \mathbb{R}$ tais que

$$u = x_1 \begin{pmatrix} 2 \\ 1 \end{pmatrix} + x_2 \begin{pmatrix} 1 \\ -3 \end{pmatrix}.$$ Para este caso, temos $\text{Im}(A) = \mathbb{R}^2$.

Na Figura 3.4 representamos os vetores coluna de A: $a^1 = \begin{pmatrix} 2 \\ 1 \end{pmatrix}$ e $a^2 = \begin{pmatrix} 1 \\ -3 \end{pmatrix}$ e o vetor $u = \begin{pmatrix} 5 \\ -1 \end{pmatrix} = 2a^1 + a^2$:

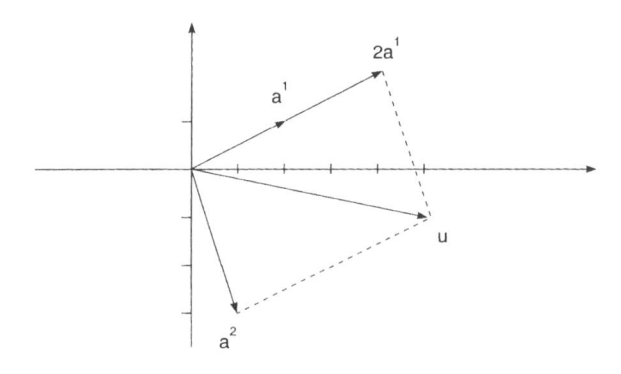

Figura 3.4

Definimos:

Posto(A) = dimensão(Im(A)) = dim(Im(A)).

Retomando os sistemas lineares (1), (2) e (3) do início desta secção:

caso *i*): solução única $\begin{cases} 2x_1 + x_2 = 3 \\ x_1 - 3x_2 = -2 \end{cases}$

neste caso, já vimos anteriormente que Im(A) = $\mathbb{R}^2$, portanto existe um único $x^* = (1\ 1)^T$ tal que $b = 1a^1 + 1a^2$. Graficamente:

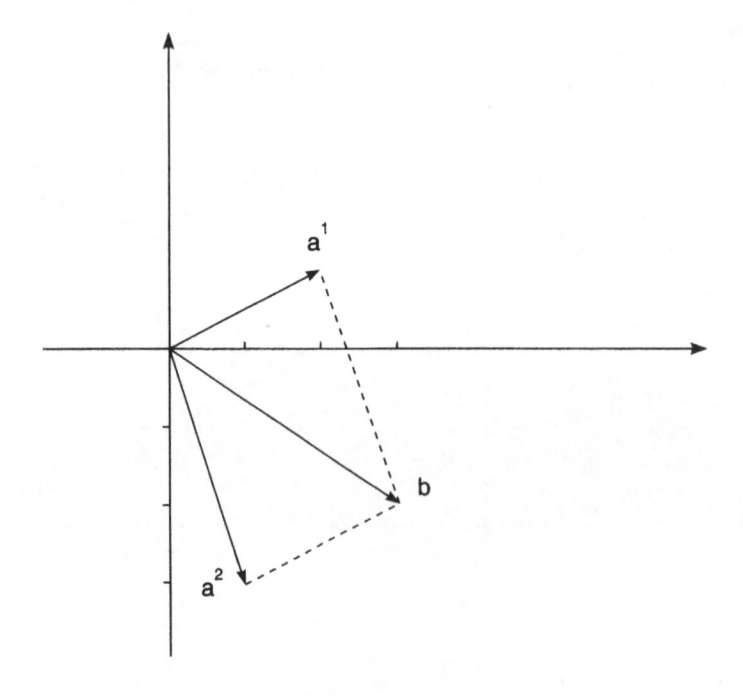

Figura 3.5

Assim, o sistema (1) é *compatível determinado*.

Nos casos (*ii*) e (*iii*) a matriz A dos coeficientes é $A = \begin{pmatrix} 2 & 1 \\ 4 & 2 \end{pmatrix}$ na qual: $a^1 = 2a^2$.

Estas colunas são pois linearmente dependentes e conseqüentemente não formam uma base para o $\mathbb{R}^2$; para esta matriz, posto(A) = dim(Im(A)) = 1. Dado um vetor $b \in \mathbb{R}^2$, se $b \in \text{Im}(A)$ o sistema linear $Ax = b$ admitirá infinitas soluções e será *compatível indeterminado*. Se $b \notin \text{Im}(A)$, o sistema linear não admitirá solução e será *incompatível*.

No caso (ii) $b = \begin{pmatrix} 3 \\ 6 \end{pmatrix}$ pertence a Im(A):

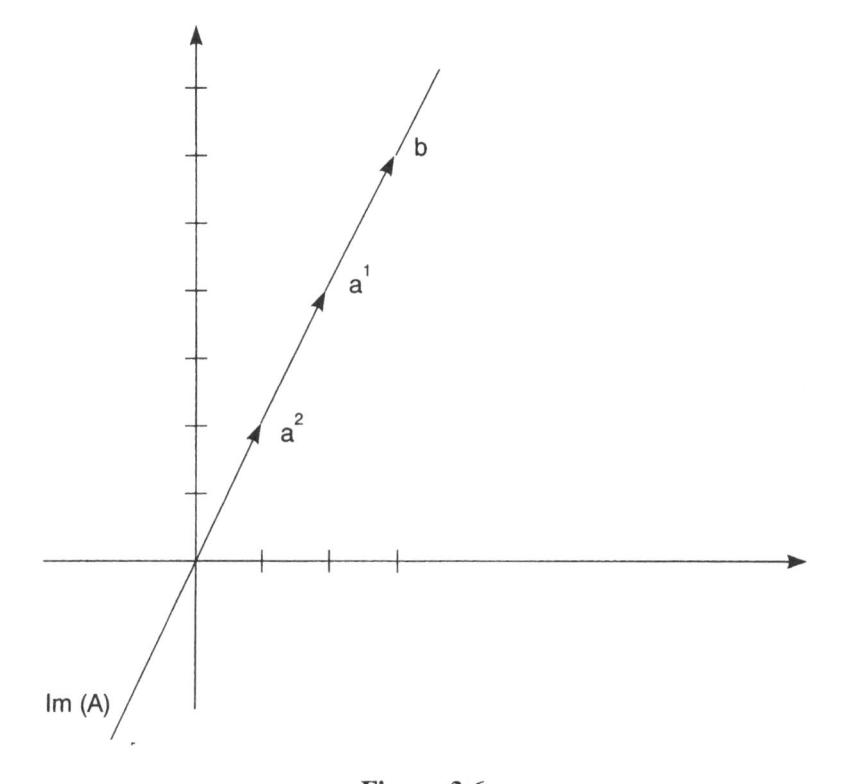

Figura 3.6

$b = \alpha \begin{pmatrix} 2 \\ 4 \end{pmatrix} + (3 - 2\alpha) \begin{pmatrix} 1 \\ 2 \end{pmatrix}$ para qualquer $\alpha \in \mathbb{R}$.

No caso (iii), $b = \begin{pmatrix} 3 \\ 2 \end{pmatrix}$ não pertence a Im(A):

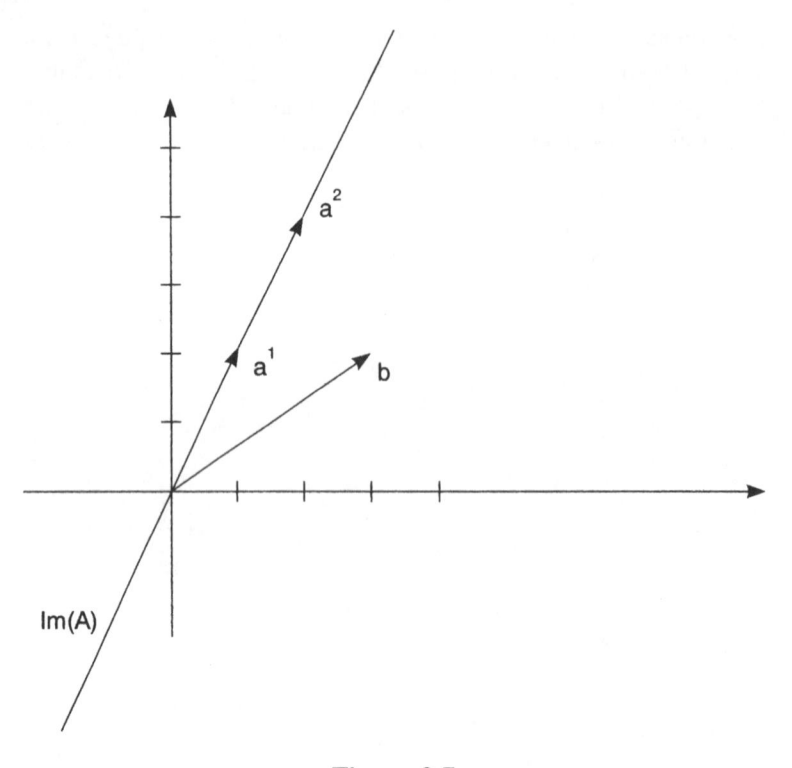

Figura 3.7

Nos casos em que m ≠ n, embora tenhamos situações semelhantes, gostaríamos de observar que:

i) posto(A) ≤ min{m,n}

ii) se m < n o sistema linear Ax = b nunca poderá ter solução única pois posto(A) < n, sempre. Ilustrando,

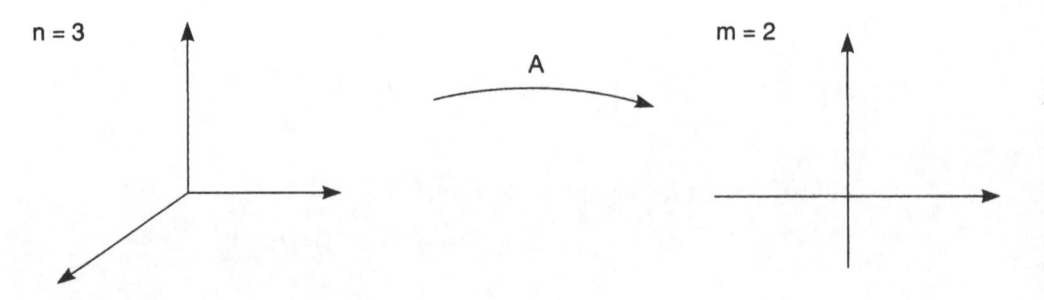

Figura 3.8

Por exemplo, consideremos o sistema linear:

$$\begin{cases} -x_1 + 2x_2 + 3x_3 = 6 \\ x_2 + x_3 = 9 \end{cases}$$

Eliminando x_2 da 2ª equação e substituindo na 1ª equação obtemos $x_1 = 12 + x_3$ e teremos o conjunto das infinitas soluções dado por:

$$S = \{x \in \mathbb{R}^3 \text{ tais que } x = (12 + x_3 \quad 9 - x_3 \quad x_3)^T\} =$$

$$= \{x \in \mathbb{R}^3 \text{ tais que } x = \begin{pmatrix} 12 \\ 9 \\ 0 \end{pmatrix} + x_3 \begin{pmatrix} 1 \\ -1 \\ 1 \end{pmatrix}, \forall\ x_3 \in \mathbb{R}\}.$$

Neste exemplo, posto(A) = m = 2 < n = 3 e o sistema é compatível indeterminado.

iii) se m > n, mesmo que posto(A) = n o sistema pode não ter solução pois a situação b ∉ Im(A) ocorre com freqüência:

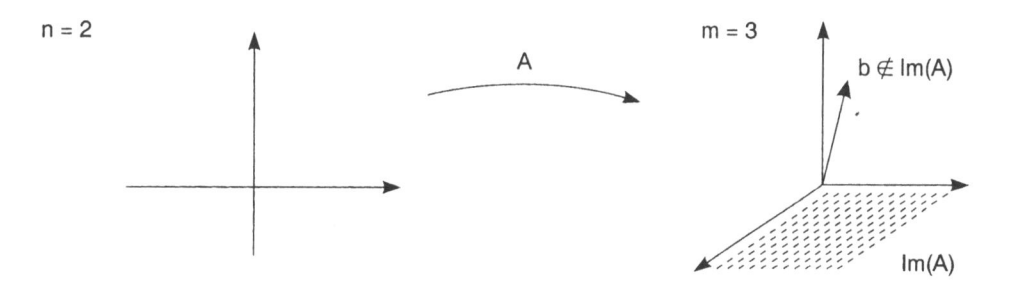

Figura 3.9

A tabela a seguir apresenta um resumo de todas as possibilidades para sistemas lineares:

Dada A, matriz m × n usaremos na tabela a seguinte definição:

Se posto(A) = min{m, n}, então A é posto-completo.

Se posto(A) < min{m, n}, então A é posto-deficiente.

Matriz A		m = n	m < n	m > n
Posto Completo		(posto(A) = n) Compatível determinado	(posto(A) = m) Infinitas soluções	(posto(A) = n) b ∈ Im(A), solução única b ∉ Im(A), incompatível
Posto Deficiente	b ∈ Im(A)	Infinitas soluções	Infinitas soluções	Infinitas soluções
	b ∉ Im(A)	Incompatível	Incompatível	Incompatível

Neste capítulo apresentaremos métodos numéricos para a resolução de sistemas lineares n × n.

Os métodos numéricos para resolução de um sistema linear podem ser divididos em dois grupos: métodos diretos e métodos iterativos.

Métodos diretos são aqueles que, a menos de erros de arredondamento, fornecem a solução exata do sistema linear, caso ela exista, após um número finito de operações.

Os *métodos iterativos* geram uma seqüência de vetores $\{x^{(k)}\}$, a partir de uma aproximação inicial $x^{(0)}$. Sob certas condições esta seqüência converge para a solução x^*, caso ela exista.

3.2 MÉTODOS DIRETOS

3.2.1 INTRODUÇÃO

Pertencem a esta classe todos os métodos estudados nos cursos de 1º e 2º graus, destacando-se a regra de Cramer. Este método, aplicado à resolução de um sistema n × n envolve o cálculo de (n + 1) determinantes de ordem n. Se n for igual a 20 podemos mostrar que o número total de operações efetuadas será 21 × 20! × 19 multiplicações mais um número semelhante de adições. Assim, um computador que efetue cerca de cem milhões de multiplicações por segundo levaria 3×10^5 anos para efetuar as operações necessárias.

Desta forma, o estudo de métodos mais eficientes é necessário, pois, em geral, os problemas práticos exigem a resolução de sistemas lineares de grande porte, isto é, sistemas que envolvem um grande número de equações e variáveis.

Devemos observar que no caso de sistemas lineares n × n, com solução única, o vetor x* é dado por: x* = A^{-1}b. No entanto, calcular explicitamente a matriz A^{-1} e em seguida efetuar o produto A^{-1} b é desaconselhável, uma vez que o número de operações envolvidas é grande, o que torna este processo não competitivo com os métodos que estudaremos a seguir.

3.2.2 MÉTODO DA ELIMINAÇÃO DE GAUSS

Entre os métodos diretos, destacam-se os métodos de eliminação que evitam o cálculo direto da matriz inversa de A e além disto não apresentam problemas com tempo de execução como a regra de Cramer.

O método da Eliminação de Gauss consiste em transformar o sistema linear original num sistema linear equivalente com matriz dos coeficientes triangular superior, pois estes são de resolução imediata. Dizemos que dois sistemas lineares são *equivalentes* quando possuem a mesma solução.

Veremos a seguir um algoritmo para resolução de sistemas triangulares e estudaremos como o método da Eliminação de Gauss efetua a transformação do sistema linear original no sistema triangular equivalente.

RESOLUÇÃO DE SISTEMAS TRIANGULARES

Seja o sistema linear Ax = b, onde A: matriz n × n, triangular superior, com elementos da diagonal diferentes de zero. Escrevendo as equações deste sistema, temos:

$$\begin{cases} a_{11}x_1 + a_{12}x_2 + a_{13}x_3 + \ldots + a_{1n}x_n = b_1 \\ \phantom{a_{11}x_1 +\ } a_{22}x_2 + a_{23}x_3 + \ldots + a_{2n}x_n = b_2 \\ \phantom{a_{11}x_1 + a_{12}x_2 +\ } a_{33}x_3 + \ldots + a_{3n}x_n = b_3 \\ \phantom{a_{11}x_1 + a_{12}x_2 + a_{13}x_3 + \ldots +\ } \vdots \\ \phantom{a_{11}x_1 + a_{12}x_2 + a_{13}x_3 + \ldots +\ } a_{nn}x_n = b_n \end{cases}$$

Da última equação, temos

$$x_n = \frac{b_n}{a_{nn}}$$

x_{n-1} pode então ser obtido da penúltima equação:

$$x_{n-1} = \frac{b_{n-1} - a_{n-1,n}x_n}{a_{n-1,n-1}}$$

e assim sucessivamente obtém-se $x_{n-2}, ..., x_2$ e finalmente x_1:

$$x_1 = \frac{b_1 - a_{12}x_2 - a_{13}x_3 - \cdots a_{1n}x_n}{a_{11}}$$

ALGORITMO 1: Resolução de um Sistema Triangular Superior

Dado um sistema triangular superior n × n com elementos da diagonal da matriz A não nulos, as variáveis $x_n, x_{n-1}, x_{n-2}, ... x_2, x_1$ são assim obtidas:

$x_n = b_n / a_{nn}$

Para k = (n − 1),..., 1

$$\begin{cases} s = 0 \\ \text{Para } j = (k + 1), ..., n \\ s = s + a_{kj}x_j \\ x_k = (b_k - s) / a_{kk} \end{cases}$$

DESCRIÇÃO DO MÉTODO DA ELIMINAÇÃO DE GAUSS

Conforme dissemos anteriormente, o método consiste em transformar convenientemente o sistema linear original para obter um sistema linear equivalente com matriz dos coeficientes triangular superior.

Para modificar convenientemente o sistema linear dado de forma a obter um sistema equivalente, faremos uso do teorema, cuja demonstração pode ser encontrada em [2].

TEOREMA 1

Seja $Ax = b$ um sistema linear. Aplicando sobre as equações deste sistema uma seqüência de operações elementares escolhidas entre:

i)   trocar duas equações;

ii) multiplicar uma equação por uma constante não nula;

iii) adicionar um múltiplo de uma equação a uma outra equação;

obtemos um novo sistema $\tilde{A}x = \tilde{b}$ e os sistemas $Ax = b$ e $\tilde{A}x = \tilde{b}$ são equivalentes.

Descreveremos a seguir como o método da Eliminação de Gauss usa este teorema para triangularizar a matriz A. Vamos supor que $\det(A) \neq 0$.

A eliminação é efetuada por colunas e chamaremos de etapa k do processo a fase em que se elimina a variável x_k das equações $k + 1, k + 2, ..., n$.

Usaremos a notação $a_{ij}^{(k)}$ para denotar o coeficiente da linha i e coluna j no final da k-ésima etapa, bem como $b_i^{(k)}$ será o i-ésimo elemento do vetor constante no final da etapa k.

Considerando que $\det(A) \neq 0$, é sempre possível reescrever o sistema linear de forma que o elemento da posição a_{11} seja diferente de zero, usando apenas a operação elementar (*i*):

$$\text{Seja } A^{(0)} \mid b^{(0)} = A \mid b = \begin{pmatrix} a_{11}^{(0)} & a_{12}^{(0)} & \cdots & a_{1n}^{(0)} & \bigg| & b_1^{(0)} \\ a_{21}^{(0)} & a_{22}^{(0)} & \cdots & a_{2n}^{(0)} & \bigg| & b_2^{(0)} \\ \vdots & \vdots & & \vdots & \bigg| & \vdots \\ a_{n1}^{(0)} & a_{n2}^{(0)} & \cdots & a_{nn}^{(0)} & \bigg| & b_n^{(0)} \end{pmatrix}$$

onde $a_{ij}^{(0)} = a_{ij}$, $b_i^{(0)} = b_i$ e $a_{11}^{(0)} \neq 0$.

Etapa 1:

A eliminação da variável x_1 das equações $i = 2, ..., n$ é feita da seguinte forma: da equação i subtraímos a 1ª equação multiplicada por m_{i1}. Observamos que para que esta eliminação seja efetuada, a única escolha possível é $m_{i1} = \dfrac{a_{i1}^{(0)}}{a_{11}^{(0)}}$, $i = 2, ..., n$.

Os elementos $m_{i1} = \dfrac{a_{i1}^{(0)}}{a_{11}^{(0)}}$, $i = 2, ..., n$ são os *multiplicadores* e o elemento $a_{11}^{(0)}$ é denominado *pivô* da 1ª etapa.

Ao final desta etapa teremos a matriz:

$$A^{(1)} \mid b^{(1)} = \begin{pmatrix} a_{11}^{(1)} & a_{12}^{(1)} & \cdots\cdots & a_{1n}^{(1)} & \bigg| & b_1^{(1)} \\ 0 & a_{22}^{(1)} & \cdots\cdots & a_{2n}^{(1)} & \bigg| & b_2^{(1)} \\ \cdot & \cdot & & \cdot & & \cdot \\ \cdot & \cdot & & \cdot & & \cdot \\ \cdot & \cdot & & \cdot & & \cdot \\ 0 & a_{n2}^{(1)} & \cdots\cdots & a_{nn}^{(1)} & \bigg| & b_n^{(1)} \end{pmatrix}$$

onde

$$a_{1j}^{(1)} = a_{1j}^{(0)} \quad \text{para } j = 1, ..., n$$

$$b_1^{(1)} = b_1^{(0)}$$

e

$$a_{ij}^{(1)} = a_{ij}^{(0)} - m_{i1} a_{1j}^{(0)} \quad i = 2, ..., n \text{ e } j = 1, ..., n$$

$$b_i^{(1)} = b_i^{(0)} - m_{i1} b_1^{(0)} \quad i = 2, ..., n$$

Etapa 2:

Deve-se ter pelo menos um elemento $a_{i2}^{(1)} \neq 0$, para $i = 2,..., n$, caso contrário, $\det(A^{(1)}) = 0$, o que implica que $\det(A) = 0$; mas $\det(A) \neq 0$, por hipótese.

Então, é sempre possível reescrever a matriz $A^{(1)}$, sem alterar a posição da linha 1, de forma que o pivô, $a_{22}^{(1)}$, seja não nulo.

Os multiplicadores desta etapa serão os elementos $m_{i2} = \dfrac{a_{i2}^{(1)}}{a_{22}^{(1)}}$ para $i = 3,..., n$.

A variável x_2 é eliminada das equações $i = 3,..., n$ da seguinte forma: da equação i subtraímos a segunda equação multiplicada por m_{i2}.

Ao final, teremos a matriz $A^{(2)} \mid b^{(2)}$:

$$A^{(2)} \mid b^{(2)} = \left(\begin{array}{ccccc|c} a_{11}^{(2)} & a_{12}^{(2)} & a_{13}^{(2)} & \cdots\cdots & a_{1n}^{(2)} & b_1^{(2)} \\ 0 & a_{22}^{(2)} & a_{23}^{(2)} & \cdots\cdots & a_{2n}^{(2)} & b_2^{(2)} \\ 0 & 0 & a_{33}^{(2)} & \cdots\cdots & a_{3n}^{(2)} & b_3^{(2)} \\ \cdot & \cdot & \cdot & & \cdot & \cdot \\ \cdot & \cdot & \cdot & & \cdot & \cdot \\ \cdot & \cdot & \cdot & & \cdot & \cdot \\ 0 & 0 & a_{n3}^{(2)} & \cdots\cdots & a_{nn}^{(2)} & b_n^{(2)} \end{array} \right)$$

onde $a_{ij}^{(2)} = a_{ij}^{(1)}$ para $i = 1, 2$ e $j = i, i+1, ... n$

$b_i^{(2)} = b_i^{(1)}$ para $i = 1, 2$

e

$a_{ij}^{(2)} = a_{ij}^{(1)} - m_{i2} a_{2j}^{(1)}$ para $i = 3,..., n$ e $j = 2,..., n$

$b_i^{(2)} = b_i^{(1)} - m_{i2} b_2^{(1)}$ para $i = 3,..., n$

Seguindo raciocínio análogo, procede-se até a etapa (n − 1) e a matriz, ao final desta etapa, será:

$$A^{(n-1)} \mid b^{(n-1)} = \begin{pmatrix} a_{11}^{(n-1)} & a_{12}^{(n-1)} & a_{13}^{(n-1)} & \cdots & a_{1n}^{(n-1)} & \bigg| & b_1^{(n-1)} \\ 0 & a_{22}^{(n-1)} & a_{23}^{(n-1)} & \cdots & a_{2n}^{(n-1)} & \bigg| & b_2^{(n-1)} \\ 0 & 0 & a_{33}^{(n-1)} & \cdots & a_{3n}^{(n-1)} & \bigg| & b_3^{(n-1)} \\ \vdots & \vdots & \vdots & & \vdots & \bigg| & \vdots \\ 0 & 0 & 0 & \cdots & a_{nn}^{(n-1)} & \bigg| & b_n^{(n-1)} \end{pmatrix}$$

e o sistema linear $A^{(n-1)}x = b^{(n-1)}$ é triangular superior e equivalente ao sistema linear original.

Exemplo 2

Seja o sistema linear:

$$\begin{cases} 3x_1 + 2x_2 + 4x_3 = 1 \\ x_1 + x_2 + 2x_3 = 2 \\ 4x_1 + 3x_2 - 2x_3 = 3 \end{cases}$$

Etapa 1:

Eliminar x_1 das equações 2 e 3:

Para facilitar o entendimento do processo, de agora em diante usaremos a notação L_i para indicar o vetor linha formado pelos elementos da linha i da matriz $A^{(k)} \mid b^{(k)}$. Assim, nesta etapa, $L_1 = (3\ 2\ 4\ 1)$.

$$A^{(0)} \mid b^{(0)} = \begin{pmatrix} a_{11}^{(0)} & a_{12}^{(0)} & a_{13}^{(0)} & \mid & b_1^{(0)} \\ a_{21}^{(0)} & a_{22}^{(0)} & a_{23}^{(0)} & \mid & b_2^{(0)} \\ a_{31}^{(0)} & a_{32}^{(0)} & a_{33}^{(0)} & \mid & b_3^{(0)} \end{pmatrix} = \begin{pmatrix} 3 & 2 & 4 & \mid & 1 \\ 1 & 1 & 2 & \mid & 2 \\ 4 & 3 & -2 & \mid & 3 \end{pmatrix}$$

Pivô: $a_{11}^{(0)} = 3$

$m_{21} = 1/3$

$m_{31} = 4/3$

$L_2 \leftarrow L_2 - m_{21} L_1$

$L_3 \leftarrow L_3 - m_{31} L_1$

$$\Rightarrow A^{(1)} \mid b^{(1)} = \begin{pmatrix} 3 & 2 & 4 & \mid & 1 \\ 0 & 1/3 & 2/3 & \mid & 5/3 \\ 0 & 1/3 & -22/3 & \mid & 5/3 \end{pmatrix} = \begin{pmatrix} a_{11}^{(1)} & a_{12}^{(1)} & a_{13}^{(1)} & \mid & b_1^{(1)} \\ 0 & a_{22}^{(1)} & a_{23}^{(1)} & \mid & b_2^{(1)} \\ 0 & a_{32}^{(1)} & a_{33}^{(1)} & \mid & b_3^{(1)} \end{pmatrix}$$

Etapa 2:

Eliminar x_2 da equação 3:

Pivô: $a_{22}^{(1)} = 1/3$

$m_{32} = \dfrac{1/3}{1/3} = 1$

$L_3 \leftarrow L_3 - m_{32} L_2$

$$\Rightarrow A^{(2)} \mid b^{(2)} = \begin{pmatrix} 3 & 2 & 4 & \mid & 1 \\ 0 & 1/3 & 2/3 & \mid & 5/3 \\ 0 & 0 & -8 & \mid & 0 \end{pmatrix}$$

Assim, resolver $Ax = b$ é equivalente a resolver $A^{(2)}x = b^{(2)}$:

$$\begin{cases} 3x_1 + 2x_2 + 4x_3 = 1 \\ 1/3 x_2 + 2/3 x_3 = 5/3 \\ - 8x_3 = 0 \end{cases}$$

A solução deste sistema é o vetor $x* = \begin{pmatrix} -3 \\ 5 \\ 0 \end{pmatrix}$.

ALGORITMO 2: Resolução de Ax = b através da Eliminação de Gauss.

Seja o sistema linear $Ax = b$, $A: n \times n$, $x: n \times 1$, $b: n \times 1$.

Supor que o elemento que está na posição a_{kk} é diferente de zero no início da etapa k.

Eliminação
$$\begin{array}{l} \text{Para } k = 1, \ldots, n-1 \\ \quad \text{Para } i = k + 1, \ldots, n \\ \qquad m = \dfrac{a_{ik}}{a_{kk}} \\ \qquad a_{ik} = 0 \\ \qquad \text{Para } j = k + 1, \ldots n \\ \qquad\quad a_{ij} = a_{ij} - m a_{kj} \\ \qquad\quad b_i = b_i - m b_k \end{array}$$

Resolução do sistema:
$$\begin{array}{l} x_n = b_n / a_{nn} \\ \text{Para } k = (n - 1), \ldots 2,1 \\ \quad s = 0 \\ \quad \text{Para } j = (k + 1), \ldots, n \\ \quad [s = s + a_{kj} x_j \\ \quad x_k = (b_k - s) / a_{kk} \end{array}$$

O algoritmo acima efetua, na fase da eliminação, $(4n^3 + 3n^2 - 7n)/6$ operações e, para resolver o sistema triangular superior, o número de operações efetuadas é n^2.

Assim, o total de operações para se resolver um sistema linear pelo método da Eliminação de Gauss é $(4n^3 + 9n^2 - 7n)/6$.

ESTRATÉGIAS DE PIVOTEAMENTO

Vimos que o algoritmo para o método da Eliminação de Gauss requer o cálculo dos multiplicadores:

$$m_{ik} = \frac{a_{ik}^{(k-1)}}{a_{kk}^{(k-1)}} \qquad i = k+1, \ldots, n$$

em cada etapa k do processo.

O que acontece se o pivô for nulo? E se o pivô estiver próximo de zero?

Estes dois casos merecem atenção especial pois é impossível trabalhar com um pivô nulo. E trabalhar com um pivô próximo de zero pode conduzir a resultados totalmente imprecisos. Isto porque em qualquer calculadora ou computador os cálculos são efetuados com aritmética de precisão finita, e pivôs próximos de zero dão origem a multiplicadores bem maiores que a unidade que, por sua vez, origina uma ampliação dos erros de arredondamento.

Para se contornar estes problemas deve-se adotar uma *estratégia de pivoteamento*, ou seja, adotar um processo de escolha da linha e/ou coluna pivotal.

ESTRATÉGIA DE PIVOTEAMENTO PARCIAL

Esta estratégia consiste em:

i) no início da etapa k da fase de eliminação, escolher para pivô o elemento de maior módulo entre os coeficientes: $a_{ik}^{(k-1)}$, i = k, k +1,..., n;

ii) trocar as linhas k e i se for necessário.

Exemplo 3

n = 4 e k = 2

$$A^{(1)} \mid b^{(1)} = \begin{pmatrix} 3 & 2 & 1 & -1 & \mid & 5 \\ 0 & 1 & 0 & 3 & \mid & 6 \\ 0 & -3 & -5 & 7 & \mid & 7 \\ 0 & 2 & 4 & 0 & \mid & 15 \end{pmatrix}$$

Início da etapa 2:

i) escolher pivô

$$\max_{j=2,3,4} |a_{j2}^{(1)}| = |a_{32}^{(1)}| = 3 \Rightarrow \text{pivô} = -3$$

ii) trocar linhas 2 e 3.

Assim,

$$A^{(1)} \mid b^{(1)} = \begin{pmatrix} 3 & 2 & 1 & -1 & \mid & 5 \\ 0 & -3 & -5 & 7 & \mid & 7 \\ 0 & 1 & 0 & 3 & \mid & 6 \\ 0 & 2 & 4 & 0 & \mid & 15 \end{pmatrix}$$

e os multiplicadores desta etapa serão:

$$m_{32} = \frac{1}{-3} = -1/3$$

$$m_{42} = \frac{2}{-3} = -2/3$$

Observamos que a escolha do maior elemento em módulo entre os candidatos a pivô faz com que os multiplicadores, em módulo, estejam entre zero e um, o que evita a ampliação dos erros de arredondamento.

ESTRATÉGIA DE PIVOTEAMENTO COMPLETO

Nesta estratégia, no início da etapa k é escolhido para pivô o elemento de maior módulo, entre todos os elementos que ainda atuam no processo de eliminação:

$$\max_{\forall\ i,j \geq k} |a_{ij}^{(k-1)}| = |a_{rs}^{(k-1)}| \Rightarrow \text{pivô} = a_{rs}^{(k-1)}$$

Observamos que, no Exemplo 3, se fosse adotada esta estratégia, o pivô da etapa 2 seria $a_{34}^{(1)} = 7$, o que acarretaria a troca das colunas 2 e 4 e, em seguida, das linhas 2 e 3, donde:

$$A^{(1)} \mid b^{(1)} = \begin{pmatrix} 3 & -1 & 1 & 2 & \mid & 5 \\ 0 & 7 & -5 & -3 & \mid & 7 \\ 0 & 3 & 0 & 1 & \mid & 6 \\ 0 & 0 & 4 & 2 & \mid & 15 \end{pmatrix}$$

Esta estratégia não é muito empregada, pois envolve uma comparação extensa entre os elementos $a_{ij}^{(k-1)}$, $i, j \geq k$ e troca de linhas e colunas, conforme vimos no exemplo anterior; é evidente que todo este processo acarreta um esforço computacional maior que a estratégia de pivoteamento parcial.

Exemplo 4

Consideremos o sistema linear

$$\begin{cases} 0.0002x_1 + 2x_2 = 5 \\ 2x_1 + 2x_2 = 6 \end{cases}$$

Inicialmente vamos resolvê-lo sem a estratégia de pivoteamento parcial e vamos supor que temos de trabalhar com aritmética de três dígitos. Nosso sistema é:

$$\begin{cases} 0.2 \times 10^{-3}x_1 + 0.2 \times 10^1 x_2 = 0.5 \times 10^1 \\ 0.2 \times 10^1 x_1 + 0.2 \times 10^1 x_2 = 0.6 \times 10^1 \end{cases}$$

Então,

$$A^{(0)} \mid b^{(0)} = \begin{pmatrix} 0.2 \times 10^{-3} & 0.2 \times 10^1 & \bigg| & 0.5 \times 10^1 \\ 0.2 \times 10^1 & 0.2 \times 10^1 & \bigg| & 0.6 \times 10^1 \end{pmatrix}$$

Etapa 1:

Pivô: 0.2×10^{-3}

$$m_{21} = (0.2 \times 10^1)/(0.2 \times 10^{-3}) = 1 \times 10^4 = 0.1 \times 10^5 \text{ e } a^{(1)}_{21} = 0$$

$$\begin{aligned} a^{(1)}_{22} = a^{(0)}_{22} - a^{(0)}_{12} \times m_{21} &= 0.2 \times 10^1 - (0.2 \times 10^1) \times (0.1 \times 10^5) = \\ &= 0.2 \times 10^1 - 0.2 \times 10^5 = -0.2 \times 10^5 \end{aligned}$$

$$\begin{aligned} b^{(1)}_2 = b^{(0)}_2 - b^{(0)}_1 \times m_{21} &= 0.6 \times 10^1 - (0.5 \times 10^1) \times (0.1 \times 10^5) = \\ &= 0.6 \times 10^1 - 0.5 \times 10^5 = -0.5 \times 10^5 \end{aligned}$$

$$\Rightarrow A^{(1)} \mid b^{(1)} = \begin{pmatrix} 0.2 \times 10^{-3} & 0.2 \times 10^1 & \bigg| & 0.5 \times 10^1 \\ 0 & -0.2 \times 10^5 & \bigg| & -0.5 \times 10^5 \end{pmatrix}$$

E a solução do sistema $A^{(1)}x = b^{(1)}$ resultante é

$$-0.2 \times 10^5 x_2 = -0.5 \times 10^5 \Rightarrow x_2 = (0.5)/(0.2) = 2.5 = 0.25 \times 10$$

$$\Rightarrow 0.2 \times 10^{-3} x_1 + 0.2 \times 10^1 \times 0.25 \times 10^1 = 0.5 \times 10^1$$

$$\Rightarrow 0.2 \times 10^{-3} x_1 = 0.5 \times 10^1 - 0.05 \times 10^2 = 0.5 \times 10^1 - 0.5 \times 10^1 = 0$$

e, portanto, $\bar{x} = (0 \quad 2.5)^T$.

É fácil verificar que $\bar{x}$ não satisfaz a segunda equação, pois

$2 \times 0 + 2 \times 2.5 = 5 \neq 6$.

Usando agora a estratégia de pivoteamento parcial (e ainda aritmética de três dígitos), temos

$$A^{(0)} \mid b^{(0)} = \begin{pmatrix} 0.2 \times 10^1 & 0.2 \times 10^1 & \bigg| & 0.6 \times 10^1 \\ 0.2 \times 10^{-3} & 0.2 \times 10^1 & \bigg| & 0.5 \times 10^1 \end{pmatrix}$$

Assim o pivô é 0.2×10^1 e $m_{21} = (0.2 \times 10^{-3})/(0.2 \times 10^1) = 0.1 \times 10^{-3}$. De forma análoga ao que fizemos acima, obtemos o novo sistema

$$A^{(1)} \mid b^{(1)} = \begin{pmatrix} 0.2 \times 10^1 & 0.2 \times 10^1 & \bigg| & 0.6 \times 10^1 \\ 0 & 0.2 \times 10^1 & \bigg| & 0.5 \times 10^1 \end{pmatrix}$$

cuja solução é $\bar{x} = \begin{pmatrix} 0.5 \\ 0.25 \times 10^1 \end{pmatrix}$

E o vetor $\bar{x}$ é realmente a solução do nosso sistema, pois

$0.2 \times 10^{-3} \times 0.5 + 0.2 \times 10^1 \times 0.25 \times 10^1 = 0.1 \times 10^{-3} + 0.05 \times 10^2 = 0.5 \times 10^1 = 5$

e

$0.2 \times 10^1 \times 0.5 + 0.2 \times 10^1 \times 0.25 \times 10^1 = 0.1 \times 10^1 + 0.05 \times 10^2 =$
$= 0.01 \times 10^2 + 0.05 \times 10^2 = 0.06 \times 10^2 = 0.6 \times 10^1 = 6$.

3.2.3 FATORAÇÃO LU

Seja o sistema linear $Ax = b$.

O *processo de fatoração* para resolução deste sistema consiste em decompor a matriz A dos coeficientes em um produto de dois ou mais fatores e, em seguida, resolver uma seqüência de sistemas lineares que nos conduzirá à solução do sistema linear original.

Por exemplo, se pudermos realizar a fatoração: A = CD, o sistema linear Ax = b pode ser escrito:

(CD)x = b

Se y = Dx, então resolver o sistema linear Ax = b é equivalente a resolver o sistema linear Cy = b e, em seguida, o sistema linear Dx = y.

A vantagem dos processos de fatoração é que podemos resolver qualquer sistema linear que tenha A como matriz dos coeficientes. Se o vetor b for alterado, a resolução do novo sistema linear será quase que imediata.

A fatoração LU é um dos processos de fatoração mais empregados. Nesta fatoração a matriz L é triangular inferior com diagonal unitária e a matriz U é triangular superior.

CÁLCULO DOS FATORES L e U

Os fatores L e U podem ser obtidos através de fórmulas para os elementos l_{ij} e u_{ij}, ou então, podem ser construídos usando a idéia básica do método da Eliminação de Gauss.

A obtenção dos fatores L e U pelas fórmulas dificulta o uso de estratégias de pivoteamento e, por esta razão, veremos como obter L e U através do processo de Gauss.

Usaremos um exemplo teórico de dimensão 3:

$$\begin{cases} a_{11}x_1 + a_{12}x_2 + a_{13}x_3 = b_1 \\ a_{21}x_1 + a_{22}x_2 + a_{23}x_3 = b_2 \\ a_{31}x_1 + a_{32}x_2 + a_{33}x_3 = b_3 \end{cases}$$

Trabalharemos somente com a matriz dos coeficientes. Seja então:

$$A^{(0)} = \begin{pmatrix} a_{11}^{(0)} & a_{12}^{(0)} & a_{13}^{(0)} \\ a_{21}^{(0)} & a_{22}^{(0)} & a_{23}^{(0)} \\ a_{31}^{(0)} & a_{32}^{(0)} & a_{33}^{(0)} \end{pmatrix} = A$$

Os multiplicadores da etapa 1 do processo de Gauss são:

$$m_{21} = \frac{a_{21}^{(0)}}{a_{11}^{(0)}} \quad \text{e} \quad m_{31} = \frac{a_{31}^{(0)}}{a_{11}^{(0)}} \quad \text{(supondo que } a_{11}^{(0)} \neq 0\text{)}$$

Para eliminar x_1 da linha i, i = 2, 3, multiplicamos a linha 1 por m_{i1} e subtraímos o resultado da linha i.

Os coeficientes $a_{ij}^{(0)}$ serão alterados para $a_{ij}^{(1)}$, onde:

$$a_{1j}^{(1)} = a_{1j}^{(0)} \qquad \text{para j = 1, 2, 3}$$

$$a_{ij}^{(1)} = a_{ij}^{(0)} - m_{i1} a_{1j}^{(0)} \qquad \text{para i = 2, 3 e j = 1, 2, 3}$$

Estas operações correspondem a se pré-multiplicar a matriz $A^{(0)}$ pela matriz $M^{(0)}$, onde

$$M^{(0)} = \begin{pmatrix} 1 & 0 & 0 \\ -m_{21} & 1 & 0 \\ -m_{31} & 0 & 1 \end{pmatrix}, \text{ pois:}$$

$$M^{(0)}A^{(0)} = \begin{pmatrix} 1 & 0 & 0 \\ -m_{21} & 1 & 0 \\ -m_{31} & 0 & 1 \end{pmatrix} \begin{pmatrix} a_{11}^{(0)} & a_{12}^{(0)} & a_{13}^{(0)} \\ a_{21}^{(0)} & a_{22}^{(0)} & a_{23}^{(0)} \\ a_{31}^{(0)} & a_{32}^{(0)} & a_{33}^{(0)} \end{pmatrix} =$$

$$= \begin{pmatrix} a_{11}^{(0)} & a_{12}^{(0)} & a_{13}^{(0)} \\ a_{21}^{(0)} - m_{21}a_{11}^{(0)} & a_{22}^{(0)} - m_{21}a_{12}^{(0)} & a_{23}^{(0)} - m_{21}a_{13}^{(0)} \\ a_{31}^{(0)} - m_{31}a_{11}^{(0)} & a_{32}^{(0)} - m_{31}a_{12}^{(0)} & a_{33}^{(0)} - m_{31}a_{13}^{(0)} \end{pmatrix} =$$

$$= \begin{pmatrix} a_{11}^{(1)} & a_{12}^{(1)} & a_{13}^{(1)} \\ 0 & a_{22}^{(1)} & a_{23}^{(1)} \\ 0 & a_{32}^{(1)} & a_{33}^{(1)} \end{pmatrix} = A^{(1)}$$

Portanto, $M^{(0)}A^{(0)} = A^{(1)}$ onde $A^{(1)}$ é a mesma matriz obtida no final da etapa 1 do processo de Gauss.

Supondo agora que $a_{22}^{(1)} \neq 0$, o multiplicador da etapa 2 será: $m_{32} = \dfrac{a_{32}^{(1)}}{a_{22}^{(1)}}$

Para eliminar x_2 da linha 3, multiplicamos a linha 2 por m_{32} e subtraímos o resultado da linha 3.

Os coeficientes $a_{ij}^{(1)}$ serão alterados para:

$a_{1j}^{(2)} = a_{1j}^{(1)}$ para j = 1, 2, 3

$a_{2j}^{(2)} = a_{2j}^{(1)}$ para j = 2, 3

$a_{3j}^{(2)} = a_{3j}^{(1)} - m_{32} a_{2j}^{(1)}$ para j = 2, 3

As operações efetuadas em $A^{(1)}$ são equivalentes a pré-multiplicar $A^{(1)}$ por $M^{(1)}$, onde

$$M^{(1)} = \begin{pmatrix} 1 & 0 & 0 \\ 0 & 1 & 0 \\ 0 & -m_{32} & 1 \end{pmatrix}, \text{ pois:}$$

$$M^{(1)}A^{(1)} = \begin{pmatrix} 1 & 0 & 0 \\ 0 & 1 & 0 \\ 0 & -m_{32} & 1 \end{pmatrix} \begin{pmatrix} a_{11}^{(1)} & a_{12}^{(1)} & a_{13}^{(1)} \\ 0 & a_{22}^{(1)} & a_{23}^{(1)} \\ 0 & a_{32}^{(1)} & a_{33}^{(1)} \end{pmatrix} =$$

$$= \begin{pmatrix} a_{11}^{(1)} & a_{12}^{(1)} & a_{13}^{(1)} \\ 0 & a_{22}^{(1)} & a_{23}^{(1)} \\ 0 & a_{32}^{(1)} - m_{32}a_{22}^{(1)} & a_{33}^{(1)} - m_{32}a_{23}^{(1)} \end{pmatrix} =$$

$$= \begin{pmatrix} a_{11}^{(2)} & a_{12}^{(2)} & a_{13}^{(2)} \\ 0 & a_{22}^{(2)} & a_{23}^{(2)} \\ 0 & 0 & a_{33}^{(2)} \end{pmatrix}$$

Portanto, $M^{(1)}A^{(1)} = A^{(2)}$ onde $A^{(2)}$ é a mesma matriz obtida no final da etapa 2 do método da Eliminação de Gauss.

Temos então que:

$A = A^{(0)}$

$A^{(1)} = M^{(0)}A^{(0)} = M^{(0)}A$

$A^{(2)} = M^{(1)}A^{(1)} = M^{(1)}M^{(0)}A^{(0)} = M^{(1)}M^{(0)}A$

onde $A^{(2)}$ é triangular superior.

É fácil verificar que:

$$(M^{(0)})^{-1} = \begin{pmatrix} 1 & 0 & 0 \\ m_{21} & 1 & 0 \\ m_{31} & 0 & 1 \end{pmatrix} \quad \text{e} \quad (M^{(1)})^{-1} = \begin{pmatrix} 1 & 0 & 0 \\ 0 & 1 & 0 \\ 0 & m_{32} & 1 \end{pmatrix}$$

Assim,

$$(M^{(0)})^{-1}(M^{(1)})^{-1} = \begin{pmatrix} 1 & 0 & 0 \\ m_{21} & 1 & 0 \\ m_{31} & m_{32} & 1 \end{pmatrix}$$

Então, $A = (M^{(1)} M^{(0)})^{-1} A^{(2)} = (M^{(0)})^{-1} (M^{(1)})^{-1} A^{(2)}$

$$A = \begin{pmatrix} 1 & 0 & 0 \\ m_{21} & 1 & 0 \\ m_{31} & m_{32} & 1 \end{pmatrix} \begin{pmatrix} a_{11}^{(2)} & a_{12}^{(2)} & a_{13}^{(2)} \\ 0 & a_{22}^{(2)} & a_{23}^{(2)} \\ 0 & 0 & a_{33}^{(2)} \end{pmatrix} = LU$$

Ou seja: $L = (M^{(0)})^{-1}(M^{(1)})^{-1}$ e $U = A^{(2)}$.

Isto é, fatoramos a matriz A em duas matrizes triangulares L e U, sendo que o fator L é triangular inferior com diagonal unitária e seus elementos l_{ij} para $i > j$ são os multiplicadores m_{ij} obtidos no processo da Eliminação de Gauss; o fator U é triangular superior e é a matriz triangular superior obtida no final da fase da triangularização do método da Eliminação de Gauss.

TEOREMA 2: (Fatoração LU)

Dada uma matriz quadrada A de ordem n, seja A_k a matriz constituída das primeiras k linhas e colunas de A. Suponha que $\det(A_k) \neq 0$ para $k = 1, 2, ..., (n-1)$. Então, existe uma única matriz triangular inferior $L = (m_{ij})$, com $m_{ii} = 1$, $1 \leq i \leq n$ e uma única matriz triangular superior $U = (u_{ij})$ tais que $LU = A$. Ainda mais, $\det(A) = u_{11} u_{22} ... u_{nn}$.

Demonstração: ver [13]

RESOLUÇÃO DO SISTEMA LINEAR Ax = b USANDO A FATORAÇÃO LU DE A

Dados o sistema linear $Ax = b$ e a fatoração LU da matriz A, temos:

$Ax = b \Leftrightarrow (LU)x = b$

Seja $y = Ux$. A solução do sistema linear pode ser obtida da resolução dos sistemas lineares triangulares:

i) $Ly = b$

ii) $Ux = y$

Verifiquemos teoricamente que o vetor y é o vetor constante do lado direito obtido ao final do processo da Eliminação de Gauss.

Considerando o sistema linear $Ly = b$, temos que $y = L^{-1} b$.

Mas, $L = (M^{(0)})^{-1}(M^{(1)})^{-1} \Rightarrow L^{-1} = M^{(1)} M^{(0)}$.

Então, $y = M^{(1)} M^{(0)} b^{(0)}$, onde $b^{(0)} = b$

Temos que

$$M^{(0)} b^{(0)} = \begin{pmatrix} 1 & 0 & 0 \\ -m_{21} & 1 & 0 \\ -m_{31} & 0 & 1 \end{pmatrix} \begin{pmatrix} b_1^{(0)} \\ b_2^{(0)} \\ b_3^{(0)} \end{pmatrix} = \begin{pmatrix} b_1^{(0)} \\ b_2^{(0)} - m_{21} b_1^{(0)} \\ b_3^{(0)} - m_{31} b_1^{(0)} \end{pmatrix} =$$

$$= \begin{pmatrix} b_1^{(1)} \\ b_2^{(1)} \\ b_3^{(1)} \end{pmatrix} = b^{(1)}.$$

Isto é, o vetor obtido após o produto de $M^{(0)}$ por $b^{(0)}$ é o mesmo vetor do lado direito obtido após a etapa 1 do processo da Eliminação de Gauss.

Obtido $b^{(1)}$, temos que $y = M^{(1)} b^{(1)} =$

$$= \begin{pmatrix} 1 & 0 & 0 \\ 0 & 1 & 0 \\ 0 & -m_{32} & 1 \end{pmatrix} \begin{pmatrix} b_1^{(1)} \\ b_2^{(1)} \\ b_3^{(1)} \end{pmatrix} = \begin{pmatrix} b_1^{(1)} \\ b_2^{(1)} \\ b_3^{(1)} - m_{32} b_2^{(1)} \end{pmatrix} = \begin{pmatrix} b_1^{(2)} \\ b_2^{(2)} \\ b_3^{(2)} \end{pmatrix} = b^{(2)}.$$

Exemplo 5

Resolver o sistema linear a seguir usando a fatoração LU:

$$\begin{cases} 3x_1 + 2x_2 + 4x_3 = 1 \\ x_1 + x_2 + 2x_3 = 2 \\ 4x_1 + 3x_2 + 2x_3 = 3 \end{cases}$$

$$A = \begin{pmatrix} 3 & 2 & 4 \\ 1 & 1 & 2 \\ 4 & 3 & 2 \end{pmatrix}.$$

Usando o processo de Gauss, sem estratégia de pivoteamento parcial, para triangularizar A, temos:

Etapa 1:

Pivô = $a_{11}^{(0)} = 3$

Multiplicadores: $m_{21} = \dfrac{a_{21}^{(0)}}{a_{11}^{(0)}} = \dfrac{1}{3}$ e $m_{31} = \dfrac{a_{31}^{(0)}}{a_{11}^{(0)}} = \dfrac{4}{3}$.

Então,

$$\begin{array}{l} L_1 \leftarrow L_1 \\ L_2 \leftarrow L_2 - m_{21} L_1 \\ L_3 \leftarrow L_3 - m_{31} L_1 \end{array} \quad \text{e} \quad A^{(1)} = \begin{pmatrix} 3 & 2 & 4 \\ 0 & 1/3 & 2/3 \\ 0 & 1/3 & -10/3 \end{pmatrix}.$$

Uma vez que os elementos $a_{21}^{(1)}$ e $a_{31}^{(1)}$ são nulos, podemos guardar os multiplicadores nestas posições, então:

$$A^{(1)} = \left(\begin{array}{c|cc} 3 & 2 & 4 \\ \hline 1/3 & 1/3 & 2/3 \\ 4/3 & 1/3 & -10/3 \end{array} \right).$$

Etapa 2:

Pivô: $a_{22}^{(1)} = 1/3$

Multiplicadores: $m_{32} = \dfrac{a_{32}^{(1)}}{a_{22}^{(1)}} = \dfrac{1/3}{1/3} = 1$

Teremos:

$$
\begin{array}{l} L_1 \leftarrow L_1 \\ L_2 \leftarrow L_2 \\ L_3 \leftarrow L_3 - m_{32} L_2 \end{array}
\quad \text{e} \quad
A^{(2)} = \begin{pmatrix} 3 & 2 & 4 \\ 1/3 & 1/3 & 2/3 \\ 4/3 & 1 & -4 \end{pmatrix}
$$

Os fatores L e U são

$$
L = \begin{pmatrix} 1 & 0 & 0 \\ 1/3 & 1 & 0 \\ 4/3 & 1 & 1 \end{pmatrix} \quad \text{e} \quad U = \begin{pmatrix} 3 & 2 & 4 \\ 0 & 1/3 & 2/3 \\ 0 & 0 & -4 \end{pmatrix}.
$$

Resolvendo $L(Ux) = b$:

i) $Ly = b$

$$\begin{cases} y_1 = 1 \\ 1/3\, y_1 + y_2 = 2 \\ 4/3\, y_1 + y_2 + y_3 = 3 \end{cases}$$

$y = (1 \quad 5/3 \quad 0)^T$

ii) $Ux = y$:

$$Ux = y \Rightarrow \begin{cases} 3x_1 + 2x_2 + 4x_3 = 1 \\ 1/3 x_2 + 2/3 x_3 = 5/3 \\ - 4x_3 = 0 \end{cases}$$

$x = (-3 \quad 5 \quad 0)^T$.

FATORAÇÃO LU COM ESTRATÉGIA DE PIVOTEAMENTO PARCIAL

Estudaremos a aplicação da estratégia de pivoteamento parcial à fatoração LU. Esta estratégia requer permutação de linhas na matriz $A^{(k)}$, quando necessário. Por este motivo, veremos inicialmente o que é uma matriz de permutação e, em seguida, como se usa a estratégia de pivoteamento parcial no cálculo dos fatores L e U e quais os efeitos das permutações realizadas na resolução dos sistemas lineares $Ly = b'$ e $Ux = y$.

Uma matriz quadrada de ordem n é uma *matriz de permutação* se pode ser obtida da matriz identidade de ordem n permutando-se suas linhas (ou colunas).

Pré-multiplicando-se uma matriz A por uma matriz de permutação P obtém-se a matriz PA com as linhas permutadas e esta permutação de linhas é a mesma efetuada na matriz identidade para se obter P.

Exemplo 6

Sejam

$$P = \begin{pmatrix} 0 & 1 & 0 \\ 0 & 0 & 1 \\ 1 & 0 & 0 \end{pmatrix} \text{ e } A = \begin{pmatrix} 3 & 1 & 4 \\ 1 & 5 & 9 \\ 2 & 6 & 5 \end{pmatrix}.$$

$$PA = \begin{pmatrix} 0 & 1 & 0 \\ 0 & 0 & 1 \\ 1 & 0 & 0 \end{pmatrix} \cdot \begin{pmatrix} 3 & 1 & 4 \\ 1 & 5 & 9 \\ 2 & 6 & 5 \end{pmatrix} = \begin{pmatrix} 1 & 5 & 9 \\ 2 & 6 & 5 \\ 3 & 1 & 4 \end{pmatrix}.$$

Seja o sistema linear $Ax = b$ e sejam os fatores L e U obtidos pelo processo da Eliminação de Gauss com estratégia de pivoteamento parcial.

L e U são fatores da matriz A', onde A' é a matriz A com as linhas permutadas, isto é, $A' = PA$

Mas as mesmas permutações efetuadas nas linhas de A devem ser efetuadas sobre o vetor b, uma vez que permutar as linhas de A implica permutar as equações de $Ax = b$.

Seja então $b' = Pb$

O sistema linear $A'x = b'$ é equivalente ao original e, se $A' = LU$, teremos $A'x = b' \Rightarrow PAx = Pb \Rightarrow LUx = Pb$

Resolvemos então os sistemas triangulares:

i) $Ly = Pb$

ii) $Ux = y$ e obtemos a solução do sistema linear original.

Exemplo 7

Seja o sistema linear:

$$\begin{cases} 3x_1 - 4x_2 + x_3 = 9 \\ x_1 + 2x_2 + 2x_3 = 3 \\ 4x_1 \quad\quad - 3x_3 = -2 \end{cases}$$

$$A^{(0)} = \begin{pmatrix} 3 & -4 & 1 \\ 1 & 2 & 2 \\ 4 & 0 & -3 \end{pmatrix}.$$

Etapa 1:

Pivô: $4 = a_{31}^{(0)}$; então devemos permutar as linhas 1 e 3:

$$A'^{(0)} = \begin{pmatrix} 4 & 0 & -3 \\ 1 & 2 & 2 \\ 3 & -4 & 1 \end{pmatrix}, \quad P^{(0)} = \begin{pmatrix} 0 & 0 & 1 \\ 0 & 1 & 0 \\ 1 & 0 & 0 \end{pmatrix} \text{ e } A'^{(0)} = P^{(0)}A^{(0)}$$

Efetuando a eliminação em $A'^{(0)}$:

$$A^{(1)} = \begin{pmatrix} 4 & 0 & -3 \\ 1/4 & 2 & 11/4 \\ 3/4 & -4 & 13/4 \end{pmatrix}.$$

Etapa 2:

Pivô: $-4 = a_{32}^{(1)}$, então devemos permutar as linhas 2 e 3:

$$A'^{(1)} = \begin{pmatrix} 4 & 0 & -3 \\ 3/4 & -4 & 13/4 \\ 1/4 & 2 & 11/4 \end{pmatrix}, \quad P^{(1)} = \begin{pmatrix} 1 & 0 & 0 \\ 0 & 0 & 1 \\ 0 & 1 & 0 \end{pmatrix} \text{ e } A'^{(1)} = P^{(1)}A^{(1)}$$

Efetuando a eliminação temos:

$$A^{(2)} = \begin{pmatrix} 4 & 0 & -3 \\ 3/4 & -4 & 13/4 \\ 1/4 & -1/2 & 35/8 \end{pmatrix}.$$

Os fatores L e U são

$$L = \begin{pmatrix} 1 & 0 & 0 \\ 3/4 & 1 & 0 \\ 1/4 & -1/2 & 1 \end{pmatrix} \text{ e } U = \begin{pmatrix} 4 & 0 & -3 \\ 0 & -4 & 13/4 \\ 0 & 0 & 35/8 \end{pmatrix}$$

e estes são os fatores da matriz $A' = PA$ onde $P = P^{(1)} P^{(0)}$, isto é:

$$A' = PA = \begin{pmatrix} 0 & 0 & 1 \\ 1 & 0 & 0 \\ 0 & 1 & 0 \end{pmatrix} \begin{pmatrix} 3 & -4 & 1 \\ 1 & 2 & 2 \\ 4 & 0 & -3 \end{pmatrix} = \begin{pmatrix} 4 & 0 & -3 \\ 3 & -4 & 1 \\ 1 & 2 & 2 \end{pmatrix}.$$

Resolução dos sistemas lineares triangulares:

i) $Ly = Pb$ onde

$$Pb = \begin{pmatrix} 0 & 0 & 1 \\ 1 & 0 & 0 \\ 0 & 1 & 0 \end{pmatrix} \begin{pmatrix} 9 \\ 3 \\ -2 \end{pmatrix} = \begin{pmatrix} -2 \\ 9 \\ 3 \end{pmatrix}$$

$$\begin{cases} y_1 = -2 \\ 3/4 y_1 + y_2 = 9 \\ 1/4 y_1 - 1/2 y_2 + y_3 = 3 \end{cases} \Rightarrow y = \begin{pmatrix} -2 \\ 21/2 \\ 35/4 \end{pmatrix}$$

ii) $Ux = y$

$$\begin{cases} 4x_1 + 0x_2 - 3x_3 = -2 \\ -4x_2 + 13/4 x_3 = 21/2 \\ 35/8 x_3 = 35/4 \end{cases} \Rightarrow x = \begin{pmatrix} 1 \\ -1 \\ 2 \end{pmatrix}.$$

Considerando uma matriz geral, A: n × n. Se A é não singular, então no início da etapa k da fase de eliminação existe pelo menos um elemento não nulo entre os elementos $a_{kk}^{(k-1)}, \ldots, a_{nk}^{(k-1)}$ de modo que através de uma troca de linhas sobre $A^{(k-1)}$ é sempre possível obter a matriz $A'^{(k-1)}$ com elemento não nulo na posição (k, k). Desta forma, os cálculos necessários em cada etapa da eliminação podem ser realizados e os fatores L e U da matriz PA serão unicamente determinados, onde $P = P^{(n-1)} P^{(n-2)} \ldots P^{(0)}$ e $P^{(k)}$ representa a troca de linhas efetuada na etapa k.

As permutações de linha realizadas durante a fatoração podem ser representadas através de um vetor n × 1, que denotaremos por p, definido por p(k) = i se na etapa k a linha i da matriz original $A^{(0)}$ for a linha pivotal.

Considerando o Exemplo 7, teríamos inicialmente: p = (1 2 3). No início da etapa 1, a linha 3 é a pivotal, então p = (3 2 1). No início da etapa 2, a linha 3 da matriz $A^{(1)}$ é a linha pivotal, então p = (3 1 2).

ALGORITMO 3: Resolução de Ax = b através da fatoração LU com pivoteamento parcial

Considere o sistema linear Ax = b, A: n × n; o vetor p representará as permutações realizadas durante a fatoração.

(Cálculo dos fatores:)

Para i = 1, ..., n
$\left[\; p(i) = i \right.$

Para k = 1, ..., (n − 1)
$\left[\begin{array}{l} pv = |a(k, k)| \\ r = k \\ \text{Para } i = (k + 1), \ldots, n \\ \quad \left[\; se\; (|a(i, k)| > pv), \text{ faça:} \right. \\ \qquad \left[\begin{array}{l} pv = |a(i, k)| \\ r = i \end{array}\right. \\ \\ se\; pv = 0, \text{ parar; a matriz A é singular} \\ se\; r \neq k, \text{ faça:} \\ \quad \left[\begin{array}{l} aux = p(k) \\ p(k) = p(r) \\ p(r) = aux \\ \text{Para } j = 1, \ldots, n \\ \quad \left[\begin{array}{l} aux = a(k, j) \\ a(k, j) = a(r, j) \\ a(r, j) = aux \end{array}\right. \end{array}\right. \\ \\ \text{Para } i = (k + 1), \ldots, n \\ \quad \left[\begin{array}{l} m = a(i, k)/a(k, k) \\ a(i, k) = m \\ \text{para } j = (k + 1), \ldots, n \\ \quad a(i, j) = a(i, j) - m\,a(k, j) \end{array}\right. \end{array}\right.$

(Resolução dos sistemas triangulares)

$c = Pb \left[\begin{array}{l} \text{Para } i = 1, \ldots, n \\ \quad \left[\begin{array}{l} r = p(i) \\ c(i) = b(r) \end{array}\right. \end{array}\right.$

$$Ly = c \begin{cases} \text{Para } i = 1, \ldots, n \\ \quad \text{soma} = 0 \\ \quad \text{Para } j = 1, \ldots, (i-1) \\ \quad [\text{ soma} = \text{soma} + a(i,j)y(j) \\ \quad y(i) = c(i) - \text{soma} \end{cases}$$

$$Ux = y \begin{cases} \text{Para } i = n, (n-1), \ldots, 1 \\ \quad \text{soma} = 0 \\ \quad \text{Para } j = (i+1), \ldots, n \\ \quad [\text{ soma} = \text{soma} + a(i,j)x(j) \\ \quad x(i) = (y(i) - \text{soma})/a(i,i) \end{cases}$$

3.2.4 FATORAÇÃO DE CHOLESKY

Uma matriz A: n × n é *definida positiva* se $x^T A x > 0$ para todo $x \in \mathbb{R}^n$, $x \neq 0$.

A resolução de sistemas lineares em que a matriz A é simétrica, definida positiva, é freqüente em problemas práticos e tais matrizes podem ser fatoradas na forma:

$$A = GG^T$$

onde G: n × n é uma matriz triangular inferior com elementos da diagonal estritamente positivos. Esta fatoração é conhecida como *fatoração de Cholesky*.

Seja A: n × n e vamos supor que A satisfaça as hipóteses do Teorema 2. Então, A pode ser fatorada, de forma única, como $LD\overline{U}$ (ver Exercício 12) com:

L: n × n, triangular inferior com diagonal unitária;

D: n × n, diagonal e

$\overline{U}$: n × n, triangular superior com diagonal unitária.

Se, além das hipóteses do Teorema 2, a matriz for simétrica, demonstra-se [14] que $\overline{U} = L^T$, e, então, a fatoração fica: $A = LDL^T$.

Exemplo 8

Considere a matriz

$$A = \begin{pmatrix} 16 & -4 & 12 & -4 \\ -4 & 2 & -1 & 1 \\ 12 & -1 & 14 & -2 \\ -4 & 1 & -2 & 83 \end{pmatrix}$$

Calculando os fatores L e U de A e, em seguida, os fatores L, D e $\overline{U}$, teremos:

$$\begin{pmatrix} 16 & -4 & 12 & -4 \\ -4 & 2 & -1 & 1 \\ 12 & -1 & 14 & -2 \\ -4 & 1 & -2 & 83 \end{pmatrix} = \begin{pmatrix} 1 & 0 & 0 & 0 \\ -1/4 & 1 & 0 & 0 \\ 3/4 & 2 & 1 & 0 \\ -1/4 & 0 & 1 & 1 \end{pmatrix} \begin{pmatrix} 16 & -4 & 12 & -4 \\ 0 & 1 & 2 & 0 \\ 0 & 0 & 1 & 1 \\ 0 & 0 & 0 & 81 \end{pmatrix}$$

$$= \begin{pmatrix} 1 & 0 & 0 & 0 \\ -1/4 & 1 & 0 & 0 \\ 3/4 & 2 & 1 & 0 \\ -1/4 & 0 & 1 & 1 \end{pmatrix} \begin{pmatrix} 16 & 0 & 0 & 0 \\ 0 & 1 & 0 & 0 \\ 0 & 0 & 1 & 0 \\ 0 & 0 & 0 & 81 \end{pmatrix} \begin{pmatrix} 1 & -1/4 & 3/4 & -1/4 \\ 0 & 1 & 2 & 0 \\ 0 & 0 & 1 & 1 \\ 0 & 0 & 0 & 1 \end{pmatrix}$$

Observamos que:

i) $\overline{u}_{ij} = u_{ij} / u_{ii}$;

ii) como a matriz A é simétrica, $\overline{U} = L^T$.

Se A for definida positiva, os elementos da matriz D são estritamente positivos, conforme demonstramos a seguir: como A é definida positiva, temos que para qualquer $x \in \mathbb{R}^n$, $x \neq 0$, $x^T A x > 0$. Usando a fatoração LDL^T de A, temos:

$$0 < x^T A x = x^T (LDL^T) x = y^T D y.$$

Agora, $y = L^T x$ e L tem posto completo. Então, $y \neq 0$ pois x é não nulo e, para cada $y \in \mathbb{R}^n$, existe $x \in \mathbb{R}^n$, tal que $y = L^T x$.

Fazendo $y = e_i$, $i = 1,..., n$, teremos: $e_i^T D e_i = d_{ii}$, e, como $y^T D y > 0$, qualquer $y \neq 0$, obtemos: $d_{ii} > 0$, $i = 1,...,n$.

Concluindo, se A for simétrica definida positiva, então A pode ser fatorada na forma LDL^T com L triangular inferior com diagonal unitária e D matriz diagonal com elementos na diagonal estritamente positivos.

Podemos escrever então:

$$A = LDL^T = L\overline{D}\,\overline{D}L^T$$

onde $\overline{d}_{ii} = \sqrt{d_{ii}}$

e, se $G = L\overline{D}$, obtemos $A = GG^T$ com G triangular inferior com diagonal estritamente positiva.

Formalizamos este resultado no Teorema 3.

TEOREMA 3: (Fatoração de Cholesky)

Se A: n × n é simétrica e definida positiva, então existe uma única matriz triangular inferior G: n × n com diagonal positiva, tal que $A = GG^T$.

Exemplo 9

Retomando a matriz A do Exemplo 8 e sua fatoração LDL^T, observamos que o fator D é tal que $d_{ii} > 0$, $i = 1,..., 4$.

Fazendo $\overline{D} = D^{1/2}$, teremos:

$$A = LDL^T = L\overline{D}\,\overline{D}L^T = (L\overline{D})(\overline{D}L^T) = GG^T$$

onde $\overline{D} = \begin{pmatrix} 4 & 0 & 0 & 0 \\ 0 & 1 & 0 & 0 \\ 0 & 0 & 1 & 0 \\ 0 & 0 & 0 & 9 \end{pmatrix}$ e

$G = \begin{pmatrix} 4 & 0 & 0 & 0 \\ -1 & 1 & 0 & 0 \\ 3 & 2 & 1 & 0 \\ -1 & 0 & 1 & 9 \end{pmatrix}$.

A matriz G, triangular inferior com diagonal positiva, é o fator de Cholesky da matriz A.

Neste exemplo, o fator de Cholesky foi obtido a partir da fatoração LDL^T, que por sua vez foi obtida a partir da fatoração LU. No entanto, o fator de Cholesky deve ser calculado através da equação matricial $A = GG^T$, uma vez que, assim, os cálculos envolvidos serão reduzidos pela metade.

Cálculo do fator de Cholesky:

É dada A: n × n, matriz simétrica e definida positiva:

$A = \begin{pmatrix} a_{11} & a_{21} & \cdots & a_{n1} \\ a_{21} & a_{22} & \cdots & a_{n2} \\ \cdot & \cdot & & \cdot \\ \cdot & \cdot & & \cdot \\ \cdot & \cdot & & \cdot \\ a_{n1} & a_{n2} & \cdots & a_{nn} \end{pmatrix}$.

O fator G: n × n triangular inferior com diagonal positiva será obtido a partir da equação matricial:

$$A = GG^T$$

$$\begin{pmatrix} a_{11} & a_{21} & \cdots & a_{n1} \\ a_{21} & a_{22} & \cdots & a_{n2} \\ \cdot & \cdot & & \cdot \\ \cdot & \cdot & & \cdot \\ \cdot & \cdot & & \cdot \\ a_{n1} & a_{n2} & \cdots & a_{nn} \end{pmatrix} = \begin{pmatrix} g_{11} & & & \\ g_{21} & g_{22} & & \\ \cdot & \cdot & & \\ \cdot & \cdot & & \\ \cdot & \cdot & & \\ g_{n1} & g_{n2} & \cdots & g_{nn} \end{pmatrix} \begin{pmatrix} g_{11} & g_{21} & \cdots & g_{n1} \\ & g_{22} & \cdots & g_{n2} \\ & & \cdot & \cdot \\ & & & \cdot \\ & & & \cdot \\ & & & g_{nn} \end{pmatrix}$$

O cálculo será realizado por colunas:

coluna 1:

$$\begin{pmatrix} a_{11} \\ a_{21} \\ \cdot \\ \cdot \\ \cdot \\ a_{n1} \end{pmatrix} = G \begin{pmatrix} g_{11} \\ 0 \\ \cdot \\ \cdot \\ \cdot \\ 0 \end{pmatrix} = \begin{pmatrix} g_{11}^2 \\ g_{21}g_{11} \\ \cdot \\ \cdot \\ \cdot \\ g_{n1}g_{11} \end{pmatrix};$$

então: $g_{11} = \sqrt{a_{11}}$

e $g_{j1} = a_{j1}/g_{11}$, $j = 2, \ldots, n$;

coluna 2:

$$\begin{pmatrix} a_{21} \\ a_{22} \\ a_{32} \\ \cdot \\ \cdot \\ a_{n2} \end{pmatrix} = G \begin{pmatrix} g_{21} \\ g_{22} \\ 0 \\ \cdot \\ \cdot \\ 0 \end{pmatrix} = \begin{pmatrix} g_{11}g_{21} \\ g_{21}^2 + g_{22}^2 \\ g_{31}g_{21} + g_{32}g_{22} \\ \cdot \\ \cdot \\ g_{n1}g_{21} + g_{n2}g_{22} \end{pmatrix};$$

então: $g_{21}^2 + g_{22}^2 = a_{22} \Rightarrow g_{22} = \sqrt{a_{22} - g_{21}^2}$

e $g_{j1}g_{21} + g_{j2}g_{22} = a_{j2}$, $j = 3,..., n$.

Os elementos g_{j1} já estão calculados; assim,

$g_{j2} = (a_{j2} - g_{j1} g_{21}) / g_{22}$, $j = 3,..., n$.

Coluna k:

Para obter os elementos da coluna k de G: $(0 \; ... \; g_{kk} \; g_{k+1k} \; ... \; g_{nk})^T$, $k = 3,..., n$, usamos a equação matricial:

$$\begin{pmatrix} a_{k1} \\ a_{k2} \\ \cdot \\ \cdot \\ a_{kk} \\ a_{k+1k} \\ \cdot \\ \cdot \\ a_{nk} \end{pmatrix} = G \begin{pmatrix} g_{k1} \\ g_{k2} \\ \cdot \\ \cdot \\ g_{kk} \\ 0 \\ \cdot \\ \cdot \\ 0 \end{pmatrix}$$

e teremos:

$$a_{kk} = g_{k1}^2 + g_{k2}^2 + ... + g_{kk}^2 \text{ e daí}$$

$$g_{kk} = \left(a_{kk} - \sum_{i=1}^{k-1} g_{ki}^2 \right)^{1/2}$$

e $a_{jk} = g_{j1}g_{k1} + g_{j2}g_{k2} + ... + g_{jk}g_{kk}$, $j = (k + 1), ..., n$

Como todos os elementos g_{ik}, $i = 1,..., (k - 1)$ já estão calculados, teremos:

$$g_{jk} = \left(a_{jk} - \sum_{i=1}^{k-1} g_{ji}g_{ki} \right) / g_{kk} \quad j = (k + 1), ..., n.$$

ALGORITMO 4: Fatoração de Cholesky

Seja A: n × n, simétrica definida positiva:

$$
\begin{array}{l}
\text{Para } k = 1, \ldots, n \\
\left[\begin{array}{l}
\text{soma} = 0 \\
\text{Para } j = 1, \ldots, (k - 1) \\
\quad [\ \text{soma} = \text{soma} + g_{kj}^2 \\
r = a_{kk} - \text{soma} \\
g_{kk} = (r)^{1/2} \\
\text{Para } i = (k + 1), \ldots, n \\
\left[\begin{array}{l}
\text{soma} = 0 \\
\text{Para } j = 1, \ldots, (k - 1) \\
\quad [\ \text{soma} = \text{soma} + g_{ij} g_{kj} \\
g_{ik} = (a_{ik} - \text{soma}) / g_{kk}
\end{array}\right.
\end{array}\right.
\end{array}
$$

Na prática, aplicamos a fatoração de Cholesky para verificar se uma determinada matriz A simétrica é definida positiva. Se o algoritmo falhar, isto é, se em alguma etapa tivermos $r \leq 0$, o processo será interrompido e, conseqüentemente, a matriz original não é definida positiva; caso contrário, ao final teremos $A = GG^T$ com o fator conforme descrito no Teorema 3. Demonstra-se (Exercício 21) que uma matriz na forma BB^T é definida positiva, se B tem posto completo.

A fatoração de Cholesky requer cerca de $n^3/3$ operações de multiplicação e adição no cálculo dos fatores, aproximadamente a metade do número de operações necessárias na fase da eliminação da fatoração LU.

Observamos que alguns autores contam uma adição e uma multiplicação como uma operação apenas; assim, para esses autores, a fatoração LU realiza cerca de $n^3/3$ operações e a fatoração de Cholesky, $n^3/6$.

Obtido o fator G, a resolução do sistema linear $Ax = b$ prossegue com a resolução dos sistemas triangulares:

$$Ax = b \Leftrightarrow (GG^T)x = b \Rightarrow \begin{cases} i) \ Gy = b \\ ii) \ G^T x = y \end{cases}$$

3.3 MÉTODOS ITERATIVOS

3.3.1 INTRODUÇÃO

A idéia central dos métodos iterativos é generalizar o método do ponto fixo utilizado na busca de raízes de uma equação que foi visto no Capítulo 2.

Seja o sistema linear $Ax = b$, onde:

A: matriz dos coeficientes, $n \times n$;

x: vetor das variáveis, $n \times 1$;

b: vetor dos termos constantes, $n \times 1$.

Este sistema é convertido, de alguma forma, num sistema do tipo $x = Cx + g$ onde C é matriz $n \times n$ e g vetor $n \times 1$. Observamos que $\varphi(x) = Cx + g$ é uma função de iteração dada na forma matricial.

É então proposto o esquema iterativo:

Partimos de $x^{(0)}$ (vetor aproximação inicial) e então construímos consecutivamente os vetores:

$$x^{(1)} = Cx^{(0)} + g = \varphi(x^{(0)}), \qquad \text{(primeira aproximação)},$$

$$x^{(2)} = Cx^{(1)} + g = \varphi(x^{(1)}), \qquad \text{(segunda aproximação) etc.}$$

De um modo geral, a aproximação $x^{(k+1)}$ é calculada pela fórmula $x^{(k+1)} = Cx^{(k)} + g$, ou seja, $x^{(k+1)} = \varphi(x^{(k)})$, $k = 0, 1,...$.

É importante observar que se a seqüência de aproximações $x^{(0)}, x^{(1)},..., x^{(k)},...$ é tal que, $\lim_{k \to \infty} x^{(k)} = \alpha$, então $\alpha = C\alpha + g$, ou seja, α é solução do sistema linear $Ax = b$.

3.3.2 TESTES DE PARADA

O processo iterativo é repetido até que o vetor $x^{(k)}$ esteja suficientemente próximo do vetor $x^{(k-1)}$.

Medimos a distância entre $x^{(k)}$ e $x^{(k-1)}$ por $d^{(k)} = \max_{1 \leq i \leq n} | x_i^{(k)} - x_i^{(k-1)} |$.

Assim, dada uma precisão ε, o vetor $x^{(k)}$ será escolhido como $\bar{x}$, solução aproximada da solução exata, se $d^{(k)} < \varepsilon$.

Da mesma maneira que no teste de parada dos métodos iterativos para zeros de funções, podemos efetuar aqui o teste do erro relativo:

$$d_r^{(k)} = \frac{d^{(k)}}{\max_{1 \leq i \leq n} |x_i^{(k)}|}.$$

Computacionalmente usamos também como teste de parada um número máximo de iterações.

3.3.3 MÉTODO ITERATIVO DE GAUSS-JACOBI

A forma como o método de Gauss-Jacobi transforma o sistema linear $Ax = b$ em $x = Cx + g$ é a seguinte:

Tomamos o sistema original:

$$\begin{cases} a_{11}x_1 + a_{12}x_2 + \ldots + a_{1n}x_n = b_1 \\ a_{21}x_1 + a_{22}x_2 + \ldots + a_{2n}x_n = b_2 \\ \phantom{a_{11}x_1}\vdots \\ a_{n1}x_1 + a_{n2}x_2 + \ldots + a_{nn}x_n = b_n \end{cases}$$

e supondo $a_{ii} \neq 0$, $i = 1,\ldots, n$, isolamos o vetor x mediante a separação pela diagonal, assim:

$$\begin{cases} x_1 = \dfrac{1}{a_{11}}(b_1 - a_{12}x_2 - a_{13}x_3 - \ldots - a_{1n}x_n) \\[2mm] x_2 = \dfrac{1}{a_{22}}(b_2 - a_{21}x_1 - a_{23}x_3 - \ldots - a_{2n}x_n) \\[2mm] \quad\vdots \\[2mm] x_n = \dfrac{1}{a_{nn}}(b_n - a_{n1}x_1 - a_{n2}x_2 - \ldots - a_{n,n-1}x_{n-1}). \end{cases}$$

Desta forma, temos $x = Cx + g$, onde

$$C = \begin{pmatrix} 0 & -a_{12}/a_{11} & -a_{13}/a_{11} & \cdots & -a_{1n}/a_{11} \\ -a_{21}/a_{22} & 0 & -a_{23}/a_{22} & \cdots & -a_{2n}/a_{22} \\ \vdots & \vdots & & & \vdots \\ -a_{n1}/a_{nn} & -a_{n2}/a_{nn} & -a_{n3}/a_{nn} & \cdots & 0 \end{pmatrix}$$

e

$$g = \begin{pmatrix} b_1/a_{11} \\ b_2/a_{22} \\ \vdots \\ b_n/a_{nn} \end{pmatrix}.$$

O método de Gauss-Jacobi consiste em, dado $x^{(0)}$, aproximação inicial, obter $x^{(1)}, \ldots, x^{(k)} \ldots$ através da relação recursiva $x^{(k+1)} = Cx^{(k)} + g$:

$$\begin{cases} x_1^{(k+1)} = \dfrac{1}{a_{11}}\,(b_1 - a_{12}x_2^{(k)} - a_{13}x_3^{(k)} - \ldots - a_{1n}x_n^{(k)}) \\[6pt] x_2^{(k+1)} = \dfrac{1}{a_{22}}\,(b_2 - a_{21}x_1^{(k)} - a_{23}x_3^{(k)} - \ldots - a_{2n}x_n^{(k)}) \\[6pt] \quad\vdots \\[6pt] x_n^{(k+1)} = \dfrac{1}{a_{nn}}\,(b_n - a_{n1}x_1^{(k)} - a_{n2}x_2^{(k)} - \ldots - a_{n,n-1}x_{n-1}^{(k)})\,. \end{cases}$$

Exemplo 10

Resolva o sistema linear:

$$\begin{cases} 10x_1 + 2x_2 + x_3 = 7 \\ x_1 + 5x_2 + x_3 = -8 \\ 2x_1 + 3x_2 + 10x_3 = 6 \end{cases}$$

pelo método de Gauss-Jacobi com $x^{(0)} = \begin{pmatrix} 0.7 \\ -1.6 \\ 0.6 \end{pmatrix}$ e $\varepsilon = 0.05$.

O processo iterativo é

$$\begin{cases} x_1^{(k+1)} = \dfrac{1}{10}\,(7 - 2x_2^{(k)} - x_3^{(k)}) = 0x_1^{(k)} - \dfrac{2}{10}x_2^{(k)} - \dfrac{1}{10}x_3^{(k)} + \dfrac{7}{10} \\[6pt] x_2^{(k+1)} = \dfrac{1}{5}\,(-8 - x_1^{(k)} - x_3^{(k)}) = -\dfrac{1}{5}x_1^{(k)} + 0x_2^{(k)} - \dfrac{1}{5}x_3^{(k)} - \dfrac{8}{5} \\[6pt] x_3^{(k+1)} = \dfrac{1}{10}\,(6 - 2x_1^{(k)} - 3x_2^{(k)}) = -\dfrac{2}{10}x_1^{(k)} - \dfrac{3}{10}x_2^{(k)} + 0x_3^{(k)} + \dfrac{6}{10}\,. \end{cases}$$

Na forma matricial $x^{(k+1)} = Cx^{(k)} + g$ temos

$$C = \begin{pmatrix} 0 & -2/10 & -1/10 \\ -1/5 & 0 & -1/5 \\ -1/5 & -3/10 & 0 \end{pmatrix} \text{ e } g = \begin{pmatrix} 7/10 \\ -8/5 \\ 6/10 \end{pmatrix}.$$

Assim (k = 0) temos

$$\begin{cases} x_1^{(1)} = -0.2x_2^{(0)} - 0.1x_3^{(0)} + 0.7 = -0.2(-1.6) - 0.1 \times 0.6 + 0.7 = 0.96 \\ x_2^{(1)} = -0.2x_1^{(0)} - 0.2x_3^{(0)} - 1.6 = -0.2 \times 0.7 - 0.2 \times 0.6 - 1.6 = -1.86 \\ x_3^{(1)} = -0.2x_1^{(0)} - 0.3x_2^{(0)} + 0.6 = -0.2 \times 0.7 - 0.3(-1.6) + 0.6 = 0.94 \end{cases}$$

ou

$$x^{(1)} = Cx^{(0)} + g = \begin{pmatrix} 0.96 \\ -1.86 \\ 0.94 \end{pmatrix}.$$

Calculando $d_r^{(1)}$, temos:

$|x_1^{(1)} - x_1^{(0)}| = 0.26$

$|x_2^{(1)} - x_2^{(0)}| = 0.26 \implies d_r^{(1)} = \dfrac{0.34}{\underset{1 \leq i \leq 3}{\text{máx }} |x_i^{(1)}|} = \dfrac{0.34}{1.86} = 0.1828 > \varepsilon$

$|x_3^{(1)} - x_3^{(0)}| = 0.34$

Prosseguindo as iterações, temos:

para k = 1:

$$x^{(2)} = \begin{pmatrix} 0.978 \\ -1.98 \\ 0.966 \end{pmatrix} \Rightarrow d_r^{(2)} = \frac{0.12}{1.98} = 0.0606 > \varepsilon$$

e para k = 2:

$$x^{(3)} = \begin{pmatrix} 0.9994 \\ -1.9888 \\ 0.9984 \end{pmatrix} \Rightarrow d_r^{(3)} = \frac{0.0324}{1.9888} = 0.0163 < \varepsilon.$$

Então, a solução $\bar{x}$ do sistema linear acima, com erro menor que 0.05, obtida pelo método de Gauss-Jacobi, é

$$\bar{x} = x^{(3)} = \begin{pmatrix} 0.9994 \\ -1.9888 \\ 0.9984 \end{pmatrix}.$$

Neste exemplo tomamos $x^{(0)} = \begin{pmatrix} 0.7 \\ -1.6 \\ 0.6 \end{pmatrix} = \begin{pmatrix} b_1/a_{11} \\ b_2/a_{22} \\ b_3/a_{33} \end{pmatrix}$. No entanto, o valor de $x^{(0)}$ é arbitrário, pois veremos mais adiante que a convergência ou não de um método iterativo para a solução de um sistema linear de equações é independente da aproximação inicial escolhida.

UM CRITÉRIO DE CONVERGÊNCIA

Daremos aqui um teorema que estabelece uma condição suficiente para a convergência do método iterativo de Gauss-Jacobi.

TEOREMA 4: (Critério das linhas)

Seja o sistema linear $Ax = b$ e seja $\alpha_k = (\sum_{\substack{j=1 \\ j \neq k}}^{n} |a_{kj}|)/|a_{kk}|$. Se $\alpha = \max_{1 \leq k \leq n} \alpha_k < 1$, então o método de Gauss-Jacobi gera uma seqüência $\{x^{(k)}\}$ convergente para a solução do sistema dado, independentemente da escolha da aproximação inicial, $x^{(0)}$.

A demonstração deste teorema pode ser encontrada na referência [30], Capítulo 9.

Exemplo 11

Analisando a matriz A do sistema linear do Exemplo 10,

$$A = \begin{pmatrix} 10 & 2 & 1 \\ 1 & 5 & 1 \\ 2 & 3 & 10 \end{pmatrix}, \text{ temos}$$

$$\alpha_1 = \frac{2+1}{10} = \frac{3}{10} = 0.3 < 1; \quad \alpha_2 = \frac{1+1}{5} = 0.4 < 1; \quad \alpha_3 = \frac{2+3}{10} = 0.5 < 1 \text{ e}$$

então $\max_{1 \leq k \leq 3} \alpha_k = 0.5 < 1$ donde, pelo critério das linhas, temos garantia de convergência para o método de Gauss-Jacobi.

Exemplo 12

Para o sistema linear $\begin{cases} x_1 + x_2 = 3 \\ x_1 - 3x_2 = -3 \end{cases}$ o método de Gauss-Jacobi gera uma seqüência convergente para a solução exata $x^* = \begin{pmatrix} 3/2 \\ 3/2 \end{pmatrix}$. (Verifique!) No entanto, o critério das linhas não é satisfeito, visto que $\alpha_1 = \frac{1}{1} = 1$. Isto mostra que a condição do Teorema 4 é apenas suficiente.

Exemplo 13

A matriz A do sistema linear $\begin{cases} x_1 + 3x_2 + x_3 = -2 \\ 5x_1 + 2x_2 + 2x_3 = 3 \\ 6x_2 + 8x_3 = -6 \end{cases}$ não satisfaz o critério das linhas

pois $\alpha_1 = \dfrac{3+1}{1} = 4 > 1$. Contudo, se permutarmos a primeira equação com a segunda,

temos o sistema linear $\begin{cases} 5x_1 + 2x_2 + 2x_3 = 3 \\ x_1 + 3x_2 + x_3 = -2 \\ 6x_2 + 8x_3 = -6 \end{cases}$ que é equivalente ao sistema original e a

matriz $\begin{pmatrix} 5 & 2 & 2 \\ 1 & 3 & 1 \\ 0 & 6 & 8 \end{pmatrix}$ deste novo sistema satisfaz o critério das linhas.

Assim, é conveniente aplicarmos o método de Gauss-Jacobi a esta nova disposição do sistema, pois desta forma a convergência está assegurada.

Concluindo, sempre que o critério das linhas não for satisfeito, devemos tentar uma permutação de linhas e/ou colunas de forma a obtermos uma disposição para a qual a matriz dos coeficientes satisfaça o critério das linhas. No entanto, nem sempre é possível obter tal disposição, como facilmente verificamos com o sistema linear do Exemplo 12.

3.3.4 MÉTODO ITERATIVO DE GAUSS-SEIDEL

Da mesma forma que no método de Gauss-Jacobi, no método de Gauss-Seidel o sistema linear $Ax = b$ é escrito na forma equivalente $x = Cx + g$ por separação da diagonal.

O processo iterativo consiste em, sendo $x^{(0)}$ uma aproximação inicial, calcular $x^{(1)}, x^{(2)}, ..., x^{(k)}, ...$ por:

$$\begin{cases} x_1^{(k+1)} = \dfrac{1}{a_{11}} (b_1 - a_{12}x_2^{(k)} - a_{13}x_3^{(k)} - \ldots - a_{1n}x_n^{(k)}) \\\\ x_2^{(k+1)} = \dfrac{1}{a_{22}} (b_2 - a_{21}x_1^{(k+1)} - a_{23}x_3^{(k)} - \ldots - a_{2n}x_n^{(k)}) \\\\ x_3^{(k+1)} = \dfrac{1}{a_{33}} (b_3 - a_{31}x_1^{(k+1)} - a_{32}x_2^{(k+1)} - a_{34}x_4^{(k)} - \ldots - a_{3n}x_n^{(k)}) \\\\ \quad \vdots \qquad \qquad \vdots \qquad \qquad \vdots \qquad \qquad \vdots \\\\ x_n^{(k+1)} = \dfrac{1}{a_{nn}} (b_n - a_{n1}x_1^{(k+1)} - a_{n2}x_2^{(k+1)} - \ldots - a_{n,n-1}x_{n-1}^{(k+1)}) \end{cases}$$

Portanto, no processo iterativo de Gauss-Seidel, no momento de se calcular $x_j^{(k+1)}$ usamos todos os valores $x_1^{(k+1)}, \ldots, x_{j-1}^{(k+1)}$ que já foram calculados e os valores $x_{j+1}^{(k)}, \ldots, x_n^{(k)}$ restantes.

Exemplo 14

Resolva o sistema linear:

$$\begin{cases} 5x_1 + x_2 + x_3 = 5 \\ 3x_1 + 4x_2 + x_3 = 6 \\ 3x_1 + 3x_2 + 6x_3 = 0 \end{cases}$$

pelo método de Gauss-Seidel com $x^{(0)} = \begin{pmatrix} 0 \\ 0 \\ 0 \end{pmatrix}$ e $\varepsilon = 5 \times 10^{-2}$.

O processo iterativo é:

$$\begin{cases} x_1^{(k+1)} = 1 - 0.2x_2^{(k)} - 0.2x_3^{(k)} \\\\ x_2^{(k+1)} = 1.5 - 0.75x_1^{(k+1)} - 0.25x_3^{(k)} \\\\ x_3^{(k+1)} = 0 - 0.5x_1^{(k+1)} - 0.5x_2^{(k+1)} . \end{cases}$$

Como $x^{(0)} = \begin{pmatrix} 0 \\ 0 \\ 0 \end{pmatrix}$,

(k = 0):

$$\begin{cases} x_1^{(1)} = 1 - 0 - 0 = 1 \\ x_2^{(1)} = 1.5 - 0.75 \times 1 - 0 = 0.75 \\ x_3^{(1)} = -0.5 \times 1 - 0.5 \times 0.75 = -0.875 \end{cases} \Rightarrow x^{(1)} = \begin{pmatrix} 1 \\ 0.75 \\ -0.875 \end{pmatrix}, \text{ donde}$$

$|x_1^{(1)} - x_1^{(0)}| = 1$

$|x_2^{(1)} - x_2^{(0)}| = 0.75 \quad \Rightarrow d_r^{(1)} = \dfrac{1}{\underset{1 \leq i \leq 3}{\text{máx}} |x_i^{(1)}|} = 1 > \varepsilon$

$|x_3^{(1)} - x_3^{(0)}| = 0.875$.

Assim, (k = 1) e

$$\begin{cases} x_1^{(2)} = 1 - 0.2 \times 0.75 + 0.2 \times 0.875 = 1.025 \\ x_2^{(2)} = 1.5 - 0.75 \times 1.025 - 0.25 \times (-0.875) = 0.95 \\ x_3^{(2)} = -0.5 \times 1.025 - 0.5 \times 0.95 = -0.9875 \end{cases}$$

$$\Rightarrow x^{(2)} = \begin{pmatrix} 1.025 \\ 0.95 \\ -0.9875 \end{pmatrix}, \text{ donde}$$

$|x_1^{(2)} - x_1^{(1)}| = 0.025$

$|x_2^{(2)} - x_2^{(1)}| = 0.20 \quad \Rightarrow d_r^{(2)} = \dfrac{0.2}{\underset{1 \leq i \leq 3}{\text{máx}} |x_i^{(2)}|} = \dfrac{0.2}{1.025} = 0.1951 > \varepsilon$

$|x_3^{(2)} - x_3^{(1)}| = 0.1125$

Continuando as iterações obtemos:

$$x^{(3)} = \begin{pmatrix} 1.0075 \\ 0.9912 \\ -0.9993 \end{pmatrix} \Rightarrow d_r^{(3)} = 0.0409 < \varepsilon.$$

Assim, a solução $\bar{x}$ do sistema linear dado com erro menor que ε, pelo método de Gauss-Seidel, é

$$\bar{x} = x^{(3)} = \begin{pmatrix} 1.0075 \\ 0.9912 \\ -0.9993 \end{pmatrix}.$$

O esquema iterativo do método de Gauss-Seidel pode ser escrito na forma matricial da seguinte maneira:

Inicialmente escrevemos a matriz A, dos coeficientes, como $A = L + D + R$, onde:

L : matriz triangular inferior com diagonal nula;

D : matriz diagonal com $d_{ii} \neq 0$, $i = 1,..., n$;

R : matriz triangular superior com diagonal nula.

O modo mais simples de se escrever A nesta forma é

$$L = \begin{pmatrix} 0 & 0 & \cdots & 0 \\ a_{21} & 0 & \cdots & 0 \\ a_{31} & a_{32} & \cdots & 0 \\ \vdots & \vdots & & \vdots \\ a_{n1} & a_{n2} & & a_{nn} \end{pmatrix}, \quad D = \begin{pmatrix} a_{11} & & & & \\ & a_{22} & & & \\ & & \ddots & & \\ & & & & a_{nn} \end{pmatrix} \quad e$$

$$R = \begin{pmatrix} 0 & a_{12} & a_{13} & \cdots & a_{1n} \\ 0 & 0 & a_{23} & \cdots & a_{2n} \\ \cdot & \cdot & \cdot & \cdot & \cdot \\ \cdot & \cdot & \cdot & \cdot & \cdot \\ \cdot & \cdot & \cdot & \cdot & \cdot \\ 0 & 0 & 0 & \cdots & 0 \end{pmatrix}.$$

Portanto, $Ax = b \Leftrightarrow (L + D + R)x = b \Leftrightarrow Dx = b - Lx - Rx \Leftrightarrow$

$\Leftrightarrow x = D^{-1}b - D^{-1}Lx - D^{-1}Rx.$

No método de Gauss-Seidel o vetor $x^{(k+1)}$ é calculado por:

$x^{(k+1)} = D^{-1}b - D^{-1}Lx^{(k+1)} - D^{-1}Rx^{(k)}.$

Agora, podemos ainda escrever $x^{(k+1)} = Cx^{(k)} + g$, considerando que $A = D(L_1 + I + R_1)$ onde:

$$L_1 = \begin{pmatrix} 0 & 0 & 0 & \cdots & 0 \\ \dfrac{a_{21}}{a_{22}} & 0 & 0 & \cdots & 0 \\ \dfrac{a_{31}}{a_{33}} & \dfrac{a_{32}}{a_{33}} & 0 & \cdots & 0 \\ \cdot & \cdot & \cdot & & \cdot \\ \cdot & \cdot & \cdot & & \cdot \\ \cdot & \cdot & \cdot & & \cdot \\ \dfrac{a_{n1}}{a_{nn}} & \dfrac{a_{n2}}{a_{nn}} & \dfrac{a_{n3}}{a_{nn}} & \cdots & 0 \end{pmatrix}$$

$$R_1 = \begin{pmatrix} 0 & \dfrac{a_{12}}{a_{11}} & \dfrac{a_{13}}{a_{11}} & \cdots & \dfrac{a_{1n}}{a_{11}} \\ 0 & 0 & \dfrac{a_{23}}{a_{22}} & \cdots & \dfrac{a_{2n}}{a_{22}} \\ \vdots & \vdots & \vdots & & \vdots \\ 0 & 0 & 0 & \cdots & 0 \end{pmatrix}$$

então $Ax = b \Leftrightarrow$

$$D(L_1 + I + R_1) x = b \Leftrightarrow$$

$$(L_1 + I + R_1) x = D^{-1} b \Leftrightarrow$$

$x = - L_1 x - R_1 x + D^{-1} b$ e o método de Gauss-Seidel é

$$x^{(k+1)} = - L_1 x^{(k+1)} - R_1 x^{(k)} + D^{-1} b,$$

donde $(I + L_1) x^{(k+1)} = - R_1 x^{(k)} + D^{-1} b$

ou $x^{(k+1)} = \underbrace{- (I + L_1)^{-1} R_1}_{C} x^{(k)} + \underbrace{(I + L_1)^{-1} D^{-1} b}_{g} = C x^{(k)} + g$

INTERPRETAÇÃO GEOMÉTRICA NO CASO 2 x 2

Consideremos a aplicação geométrica dos métodos de Gauss-Jacobi e Gauss-Seidel ao sistema linear:

$$\begin{cases} x_1 + x_2 = 3 \\ x_1 - 3x_2 = -3 \end{cases}$$

Preparação:

$$\begin{cases} x_1 = 3 - x_2 \\ x_2 = \dfrac{1}{3} (3 + x_1) \end{cases}$$

O esquema iterativo para Gauss-Jacobi é:

$$\begin{cases} x_1^{(k+1)} = 3 - x_2^{(k)} \\ x_2^{(k+1)} = \dfrac{1}{3}(3 + x_1^{(k)}) \end{cases}$$

Teremos:

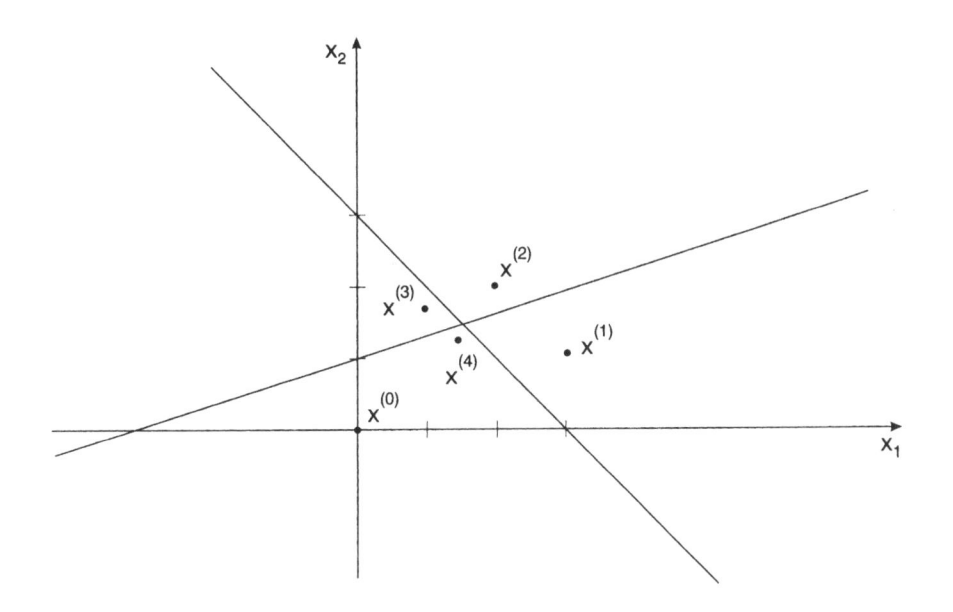

$$x^{(0)} = \begin{pmatrix} 0 \\ 0 \end{pmatrix}; \ x^{(1)} = \begin{pmatrix} 3 \\ 1 \end{pmatrix}; \ x^{(2)} = \begin{pmatrix} 2 \\ 2 \end{pmatrix}, \ x^{(3)} = \begin{pmatrix} 1 \\ 5/3 \end{pmatrix}; \ x^{(4)} = \begin{pmatrix} 4/3 \\ 4/3 \end{pmatrix}$$

Figura 3.10

O esquema iterativo para Gauss-Seidel é:

$$\begin{cases} x_1^{(k+1)} = 3 - x_2^{(k)} \\ x_2^{(k+1)} = \dfrac{1}{3}(3 + x_1^{(k+1)}) \end{cases}$$

168 Cálculo Numérico Cap. 3

Para melhor visualização gráfica, marcaremos no gráfico os pontos $(x_1^{(k)}, x_2^{(k)})$; $(x_1^{(k+1)}, x_2^{(k)})$; $(x_1^{(k+1)}, x_2^{(k+1)})$, ... para k = 0, 1, 2,...

$$\begin{pmatrix} x_1^{(0)} \\ x_2^{(0)} \end{pmatrix} = \begin{pmatrix} 0 \\ 0 \end{pmatrix} \Rightarrow \begin{pmatrix} x_1^{(1)} \\ x_2^{(0)} \end{pmatrix} = \begin{pmatrix} 3 \\ 0 \end{pmatrix} \Rightarrow \begin{pmatrix} x_1^{(1)} \\ x_2^{(1)} \end{pmatrix} = \begin{pmatrix} 3 \\ 2 \end{pmatrix}$$

$$\begin{pmatrix} x_1^{(1)} \\ x_2^{(1)} \end{pmatrix} = \begin{pmatrix} 3 \\ 2 \end{pmatrix} \Rightarrow \begin{pmatrix} x_1^{(2)} \\ x_2^{(1)} \end{pmatrix} = \begin{pmatrix} 1 \\ 2 \end{pmatrix} \Rightarrow \begin{pmatrix} x_1^{(2)} \\ x_2^{(2)} \end{pmatrix} = \begin{pmatrix} 1 \\ 4/3 \end{pmatrix}$$

$$\begin{pmatrix} x_1^{(2)} \\ x_2^{(2)} \end{pmatrix} = \begin{pmatrix} 1 \\ 4/3 \end{pmatrix} \Rightarrow \begin{pmatrix} x_1^{(3)} \\ x_2^{(2)} \end{pmatrix} = \begin{pmatrix} 5/3 \\ 4/3 \end{pmatrix} \Rightarrow \begin{pmatrix} x_1^{(3)} \\ x_2^{(3)} \end{pmatrix} = \begin{pmatrix} 5/3 \\ 14/9 \end{pmatrix}, \ldots$$

Observamos que os pontos $(x_1^{(k+1)}, x_2^{(k)})$ satisfazem a primeira equação e os pontos $(x_1^{(k+1)}, x_2^{(k+1)})$ satisfazem a segunda equação.

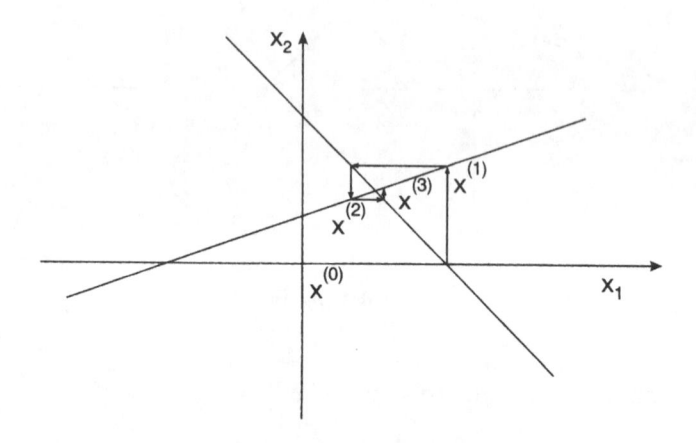

Figura 3.11

Embora a ordem das equações num sistema linear não mude a solução exata, as seqüências geradas pelos métodos de Gauss-Seidel e de Gauss-Jacobi dependem fundamentalmente da disposição das equações.

É fácil verificar que a seqüência $x^{(0)}, x^{(1)},..., x^{(k)},...$ está convergindo para a solução exata do sistema linear que é $x^* = (1.5, 1.5)$, tanto no método de Gauss-Jacobi quanto no de Gauss-Seidel.

No entanto, o método de Gauss-Seidel gera uma seqüência divergente para este mesmo sistema escrito da seguinte forma:

$$\begin{cases} x_1 - 3x_2 = -3 \\ x_1 + x_2 = 3 \end{cases}$$

para a qual o esquema iterativo será:

$$\begin{cases} x_1^{(k+1)} = -3 + 3x_2^{(k)} \\ x_2^{(k+1)} = 3 - x_1^{(k+1)} \end{cases}$$

Para $x^{(0)} = (0, 0)^T$ teremos:

$$\begin{pmatrix} x_1^{(0)} \\ x_2^{(0)} \end{pmatrix} = \begin{pmatrix} 0 \\ 0 \end{pmatrix} \Rightarrow \begin{pmatrix} x_1^{(1)} \\ x_2^{(1)} \end{pmatrix} = \begin{pmatrix} -3 \\ 0 \end{pmatrix} \Rightarrow \begin{pmatrix} x_1^{(1)} \\ x_2^{(1)} \end{pmatrix} = \begin{pmatrix} -3 \\ 6 \end{pmatrix}$$

$$\begin{pmatrix} x_1^{(1)} \\ x_2^{(1)} \end{pmatrix} = \begin{pmatrix} -3 \\ 6 \end{pmatrix} \Rightarrow \begin{pmatrix} x_1^{(2)} \\ x_2^{(1)} \end{pmatrix} = \begin{pmatrix} 15 \\ 6 \end{pmatrix} \Rightarrow \begin{pmatrix} x_1^{(2)} \\ x_2^{(2)} \end{pmatrix} = \begin{pmatrix} 15 \\ -12 \end{pmatrix}, ...$$

Graficamente, comprovamos a divergência de $x^* = (1.5, 1.5)^T$:

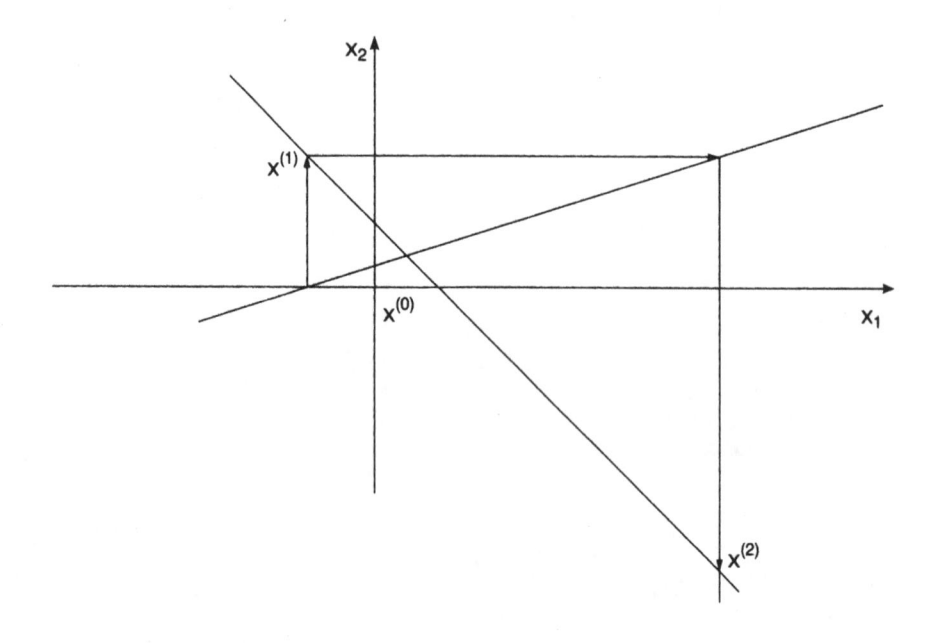

Figura 3.12

ESTUDO DA CONVERGÊNCIA DO MÉTODO DE GAUSS-SEIDEL

Como em todo processo iterativo, precisamos de critérios que nos forneçam garantia de convergência.

Para o método de Gauss-Seidel analisaremos os seguintes critérios, que estabelecem condições suficientes de convergência: o critério de Sassenfeld e o critério das linhas.

CRITÉRIO DE SASSENFELD

Seja $x^* = \begin{pmatrix} x_1 \\ x_2 \\ \cdot \\ \cdot \\ \cdot \\ x_n \end{pmatrix}$ a solução exata do sistema $Ax = b$ e seja:

$$x^{(k)} = \begin{pmatrix} x_1^{(k)} \\ x_2^{(k)} \\ \vdots \\ x_n^{(k)} \end{pmatrix} \quad \text{a k-ésima aproximação de } x^*.$$

Queremos uma condição que nos garanta que $x^{(k)} \to x^*$ quando $k \to \infty$, ou seja, que $\lim_{k \to \infty} e_i^{(k)} = 0$ para $i = 1,\ldots, n$ onde $e_i^{(k)} = x_i^{(k)} - x_i^*$.

Agora,

$$\begin{cases} e_1^{(k+1)} = -\dfrac{1}{a_{11}} (a_{12} e_2^{(k)} + a_{13} e_3^{(k)} + \ldots + a_{1n} e_n^{(k)}) \\[2ex] e_2^{(k+1)} = -\dfrac{1}{a_{22}} (a_{21} e_1^{(k+1)} + a_{23} e_3^{(k)} + \ldots + a_{2n} e_n^{(k)}) \\[2ex] \vdots \\[1ex] e_n^{(k+1)} = -\dfrac{1}{a_{nn}} (a_{n1} e_1^{(k+1)} + a_{n2} e_2^{(k+1)} + \ldots + a_{n,n-1} e_{n-1}^{(k+1)}) . \end{cases} \quad (4)$$

Chamemos de $E^{(k)} = \max_{1 \leq i \leq n} \{|e_i^{(k)}|\}$ e sejam

$$\beta_1 = \sum_{j=2}^{n} |a_{1j}|/|a_{11}| \text{ e para } i = 2, 3, \ldots, n$$

$$\beta_i = [\sum_{j=1}^{i-1} \beta_j |a_{ij}| + \sum_{j=i+1}^{n} |a_{ij}|]/|a_{ii}|.$$

Note que a condição $x^{(k)} \to x^*$ equivale a $E^{(k)} \to 0$ quando $k \to \infty$.

Mostremos por indução que $E^{(k+1)} \leq \beta E^{(k)}$ onde $\beta = \max_{1 \leq i \leq n} \beta_i$.

Para $i = 1$, temos

$$|e_1^{(k+1)}| \leq \frac{1}{|a_{11}|}(|a_{12}||e_2^{(k)}| + |a_{13}||e_3^{(k)}| + \ldots + |a_{1n}||e_n^{(k)}|) \leq$$

$$\leq \underbrace{\frac{1}{|a_{11}|}(|a_{12}| + |a_{13}| + \ldots + |a_{1n}|)}_{=\beta_1} \max_{1 \leq j \leq n}\{|e_j^{(k)}|\}$$

Então, $|e_1^{(k+1)}| \leq \beta_1 \max_{1 \leq j \leq n}\{|e_j^{(k)}|\} \leq \beta \max_{1 \leq j \leq n}\{|e_j^{(k)}|\}$.

Suponhamos por indução que:

$$|e_2^{(k+1)}| \leq \beta_2 \max_{1 \leq j \leq n}\{|e_j^{(k)}|\}$$

$$|e_3^{(k+1)}| \leq \beta_3 \max_{1 \leq j \leq n}\{|e_j^{(k)}|\}$$

$$\vdots$$

$$|e_{i-1}^{(k+1)}| \leq \beta_{i-1} \max_{1 \leq j \leq n}\{|e_j^{(k)}|\} \qquad i \leq n$$

e mostraremos que $|e_i^{(k+1)}| \leq \beta_i \max_{1 \leq j \leq n}\{|e_j^{(k)}|\}$.

Mas,

$$|e_i^{(k+1)}| \leq \frac{1}{|a_{ii}|}(|a_{i1}||e_1^{(k+1)}| + |a_{i2}||e_2^{(k+1)}| + \ldots + |a_{i,i-1}||e_{i-1}^{(k+1)}|) +$$

$$\frac{1}{|a_{ii}|}(|a_{i,i+1}||e_{i+1}^{(k)}| + \ldots + |a_{in}||e_n^{(k)}|)$$

e usando a hipótese de indução:

$$|e_i^{(k+1)}| \leq \underbrace{\frac{1}{|a_{ii}|}(|a_{i1}|\beta_1 + |a_{i2}|\beta_2 + \ldots + |a_{ii-1}|\beta_{i-1} + |a_{ii+1}| + \ldots + |a_{in}|}_{\beta_i}\max_{1\leq j\leq n}\{e_j^{(k)}\}$$

ou seja,

$$|e_i^{(k+1)}| \leq \beta_i \max_{1\leq j\leq n}\{|e_j^{(k)}|\} \leq \beta \max_{1\leq j\leq n}\{|e_j^{(k)}|\} \quad \forall\ i,\ 1\leq i\leq n.$$

Portanto,

$$\max_{1\leq i\leq n}\{|e_i^{(k+1)}|\} = E^{(k+1)} \leq \beta \max_{1\leq j\leq n}\{|e_j^{(k)}|\} = \beta E^{(k)}. \tag{5}$$

Assim, basta que $\beta < 1$ para que tenhamos $E^{(k+1)} < E^{(k)}$. Além disso, de (5) temos $E^{(k)} \leq \beta E^{(k-1)} \leq \beta(\beta E^{(k-2)}) \leq \ldots \leq \beta^k E^{(0)}$ e desde que β seja menor que 1, então, $E^{(k)} \to 0$ quando $k \to \infty$ e, o que é importante, independentemente da aproximação inicial escolhida.

Com isto estabelecemos o *critério de Sassenfeld*:

Sejam $\beta_1 = \dfrac{|a_{12}| + |a_{13}| + \ldots + |a_{1n}|}{|a_{11}|}$

e $\beta_j = \dfrac{|a_{j1}|\beta_1 + |a_{j2}|\beta_2 + \ldots + |a_{jj-1}|\beta_{j-1} + |a_{jj+1}| + \ldots + |a_{jn}|}{|a_{jj}|}$.

Seja $\beta = \max_{1\leq j\leq n}\{\beta_j\}$.

Se $\beta < 1$, então o método de Gauss-Seidel gera uma seqüência convergente qualquer que seja $x^{(0)}$.

Além disto, quanto menor for β, mais rápida será a convergência.

Exemplo 15

a) Seja o sistema linear

$$\begin{cases} x_1 + 0.5x_2 - 0.1x_3 + 0.1x_4 = 0.2 \\ 0.2x_1 + x_2 - 0.2x_3 - 0.1x_4 = -2.6 \\ -0.1x_1 - 0.2x_2 + x_3 + 0.2x_4 = 1.0 \\ 0.1x_1 + 0.3x_2 + 0.2x_3 + x_4 = -2.5 \end{cases}$$

Para este sistema linear com esta disposição de linhas e colunas, temos

$\beta_1 = [0.5 + 0.1 + 0.1]/1 = 0.7$

$\beta_2 = [(0.2)(0.7) + 0.2 + 0.1]/1 = 0.44$

$\beta_3 = [(0.1)(0.7) + (0.2)(0.44) + 0.2]/1 = 0.358$

$\beta_4 = [(0.1)(0.7) + (0.3)(0.44) + (0.2)(0.358)]/1 = 0.2736$.

Portanto, $\beta = \max_{1 \leq i \leq n} \{\beta_i\} = 0.7 < 1$ e então temos a garantia de que o método de Gauss-Seidel vai gerar uma seqüência convergente.

b) Seja agora o sistema linear

$$\begin{cases} 2x_1 + x_2 + 3x_3 = 9 \\ -x_2 + x_3 = 1 \\ x_1 + 3x_3 = 3 \end{cases}$$

com esta disposição de linhas e colunas, temos

$\beta_1 = (1 + 3)/2 = 2 > 1!!$

Trocando a 1ª equação pela 3ª, temos

$$\begin{cases} x_1 + 3x_3 = 3 \\ -x_2 + x_3 = 1 \\ 2x_1 + x_2 + 3x_3 = 9 \end{cases}$$

donde $\beta_1 = (0 + 3)/1 = 3 >> 1!!$

A partir desta disposição, trocando a 1ª coluna pela 3ª, temos

$$\begin{cases} 3x_3 + x_1 = 3 \\ x_3 - x_2 = 1 \\ 3x_3 + x_2 + 2x_1 = 9. \end{cases}$$

Desta forma,

$\beta_1 = 1/3$

$\beta_2 = [(1)(1/3) + 0]/1 = 1/3$

$\beta_3 = [(3)(1/3) + (1)(1/3)]/2 = 2/3.$

Portanto, $\beta = \max_{1 \leq i \leq 3} \{\beta_i\} = 2/3 < 1$; então vale o critério de Sassenfeld e temos garantia de convergência.

c) Considerando agora o exemplo usado na interpretação geométrica do método de Gauss-Seidel, verificamos que o critério de Sassenfeld é apenas suficiente, pois para

$$\begin{cases} x_1 + x_2 = 3 \\ x_1 - 3x_2 = -3, \end{cases}$$

vimos que o método de Gauss-Seidel gera uma seqüência convergente e, no entanto,

$\beta_1 = 1/1 = 1$ e
$\beta_2 = [1 \times 1]/3 = 1/3$

e, portanto, o critério de Sassenfeld não é satisfeito.

CRITÉRIO DAS LINHAS

O critério das linhas estudado no método de Gauss-Jacobi pode ser aplicado no estudo da convergência do método de Gauss-Seidel.

O critério das linhas diz que se $\alpha = \max_{1 \leq k \leq n} \{\alpha_k\} < 1$, onde

$$\alpha_k = (\sum_{\substack{j=1 \\ j \neq k}}^{n} |a_{kj}|) / |a_{kk}|$$

então o método de Gauss-Seidel gera uma seqüência convergente.

A prova da convergência consiste em verificar que se o critério das linhas for satisfeito, automaticamente o critério de Sassenfeld é satisfeito:

$$\beta_1 = (|a_{12}| + |a_{13}| + ... + |a_{1n}|) / |a_{11}| = \alpha_1 < 1$$

e, para $i = 2, ..., k-1$, supor por indução que $\beta_i \leq \alpha_i < 1$.

Então,

$$\beta_k = (\beta_1 |a_{k1}| + ... + \beta_{k-1} |a_{k,k-1}| + |a_{k,k+1}| + |a_{kn}|) / |a_{kk}| < (|a_{k1}| + ... $$

$$+ |a_{k,k-1}| + |a_{k,k+1}| + ... + |a_{kn}|)/a_{kk} = \alpha_k.$$

Assim, $\beta_i \leq \alpha_i$, $i = 1, ..., n$.

Então, $\alpha_i < 1$ implica que $\beta_i < 1$, $i = 1, ..., n$, ou seja, o critério de Sassenfeld é satisfeito.

Observamos, no entanto, que o critério de Sassenfeld pode ser satisfeito mesmo que o critério das linhas não o seja.

Exemplo 16

Seja o sistema linear:

$$\begin{cases} 3x_1 + x_3 = 3 \\ x_1 - x_2 = 1 \\ 3x_1 + x_2 + 2x_3 = 9. \end{cases}$$

Temos

$$\alpha_1 = \beta_1 = \frac{1}{3} < 1 \quad e$$

$$\alpha_2 = \frac{1}{1} = 1;$$ então o critério das linhas não é satisfeito.

No entanto,

$$\beta_2 = \frac{1 \times \frac{1}{3}}{1} = \frac{1}{3} < 1$$

e

$$\beta_3 = \frac{3 \times \frac{1}{3} + \frac{1}{3}}{2} = \frac{2}{3} < 1.$$

Portanto, o critério de Sassenfeld é satisfeito.

3.4 COMPARAÇÃO ENTRE OS MÉTODOS

a) Convergência

Conforme vimos, os métodos diretos são processos finitos e, portanto, teoricamente, obtêm a solução de qualquer sistema não singular de equações. Já os métodos iterativos têm convergência assegurada apenas sob determinadas condições.

b) Esparsidade da matriz A

Inúmeros sistemas lineares, que surgem de problemas práticos como discretização de equações diferenciais por método dos elementos finitos ou método de diferenças finitas e descrição de redes de potência, são de grande porte com matriz dos coeficientes esparsa. Para estes casos, são adotados esquemas especiais para armazenamento da matriz A, que tiram proveito de sua esparsidade.

Os métodos diretos quando aplicados a sistemas esparsos provocam preenchimentos na matriz A, isto é, durante o processo de eliminação poderão surgir elementos não nulos em posições a_{ij} que originalmente eram nulas. Para exemplificar, considere a matriz A representada simbolicamente, sendo x a representação de um elemento não nulo:

$$\begin{pmatrix} x & x & 0 & x & x & 0 & x & x \\ x & 0 & x & 0 & 0 & x & 0 & x \\ 0 & x & x & x & 0 & x & x & 0 \\ 0 & 0 & x & x & x & 0 & x & 0 \\ x & 0 & 0 & 0 & x & x & 0 & 0 \\ 0 & x & 0 & 0 & 0 & x & x & 0 \\ x & 0 & x & 0 & 0 & x & x & x \\ x & 0 & 0 & x & 0 & 0 & x & 0 \end{pmatrix}.$$

Após a 1ª etapa do processo de eliminação teremos:

$$\begin{pmatrix} x & x & 0 & x & x & 0 & x & x \\ x & \bullet & x & \bullet & \bullet & x & \bullet & x \\ 0 & x & x & x & 0 & x & x & 0 \\ 0 & 0 & x & x & x & 0 & x & 0 \\ x & \bullet & 0 & \bullet & x & x & \bullet & \bullet \\ 0 & x & 0 & 0 & 0 & x & x & 0 \\ x & \bullet & x & \bullet & \bullet & x & x & x \\ x & \bullet & 0 & x & \bullet & 0 & x & \bullet \end{pmatrix}$$ onde • representa o elemento não nulo que preencheu uma posição originalmente nula.

Portanto, se a matriz A for esparsa e de grande porte, uma desvantagem dos métodos diretos para a resolução do sistema linear Ax = b é o preenchimento na matriz, exigindo técnicas especiais para escolha do pivô para reduzir este preenchimento. Pode-se conseguir boas implementações para a fatoração LU, empregando-se técnicas de esparsidade, contudo existem situações nas quais pode ser impossível aplicar um método direto, daí a alternativa são os métodos iterativos que têm como principal vantagem não alterar a estrutura da matriz A dos coeficientes.

c) Erros de arredondamento

Vimos que os método diretos apresentam sérios problemas com erros de arredondamento. Uma forma de amenizar esses problemas é adotar técnicas de pivoteamento. Os métodos iterativos têm menos erros de arredondamento, visto que a convergência, uma vez assegurada, independe da aproximação inicial. Desta forma, somente os erros cometidos na última iteração afetam a solução, pois os erros cometidos nas iterações anteriores não levarão à divergência do processo nem à convergência a um outro vetor que não a solução.

3.5 EXEMPLOS FINAIS

Exemplo 17

Retomando o Exemplo 1 da Introdução, com $\alpha = \text{sen}(45°) = \sqrt{2}/2$, resolvemos o sistema linear resultante pelo método da Eliminação de Gauss com pivoteamento parcial. Obtivemos o vetor solução:

$(-29.247105, 19, 10, -28, 13.853892, 19, 0, -28, 9.235928, 22, 0, -16, -9.235928, 22, 16, -24.629141, 16)^T$.

Permutando algumas linhas de forma que os elementos da diagonal principal fossem não nulos, conseguimos o esquema iterativo do método de Gauss-Seidel. No entanto, a seqüência gerada divergiu da solução.

Exemplo 18

Seja o sistema linear

$$\begin{bmatrix} 2 & 1 & 7 & 4 & -3 & -1 & 4 & 4 & 7 & 0 \\ 4 & 2 & 2 & 3 & -2 & 0 & 3 & 3 & 4 & 1 \\ 3 & 4 & 4 & 2 & 1 & -2 & 2 & 1 & 9 & -3 \\ 9 & 3 & 5 & 1 & 0 & 5 & 6 & -5 & -3 & 4 \\ 2 & 0 & 7 & 0 & -5 & 7 & 1 & 0 & 1 & 6 \\ 1 & 9 & 8 & 0 & 3 & 9 & 9 & 0 & 0 & 5 \\ 4 & 1 & 9 & 0 & 4 & 3 & 7 & -4 & 1 & 3 \\ 6 & 3 & 1 & 1 & 6 & 8 & 3 & 3 & 0 & 2 \\ 6 & 5 & 0 & -7 & 7 & -7 & 6 & 2 & -6 & 1 \\ 1 & 6 & 3 & 4 & 8 & 3 & -5 & 0 & -6 & 0 \end{bmatrix} \begin{bmatrix} x_1 \\ x_2 \\ x_3 \\ x_4 \\ x_5 \\ x_6 \\ x_7 \\ x_8 \\ x_9 \\ x_{10} \end{bmatrix} = \begin{bmatrix} 86 \\ 45 \\ 52.5 \\ 108 \\ 66.5 \\ 90.5 \\ 139 \\ 61 \\ -43.5 \\ 31 \end{bmatrix}$$

A solução obtida pelo método da Eliminação de Gauss com pivoteamento parcial foi:

$$\bar{x} = (3, -4.5, 7, 8, 3.5, 2, 4, -3.5, 2, 1.5)^T.$$

Também para este exemplo, trocando apenas a nona equação com a décima, não conseguimos uma seqüência convergente para o método de Gauss-Seidel.

Exemplo 19

Seja o sistema linear

$$\begin{bmatrix} 4 & -1 & 0 & -1 & 0 & 0 & 0 & 0 & 0 & 0 \\ -1 & 4 & -1 & 0 & -1 & 0 & 0 & 0 & 0 & 0 \\ 0 & -1 & 4 & 0 & 0 & -1 & 0 & 0 & 0 & 0 \\ -1 & 0 & 0 & 4 & -1 & 0 & 0 & 0 & 0 & 0 \\ 0 & -1 & 0 & -1 & 4 & -1 & -1 & 0 & 0 & 0 \\ 0 & 0 & -1 & 0 & -1 & 4 & 0 & -1 & 0 & 0 \\ 0 & 0 & 0 & 0 & -1 & 0 & 4 & -1 & 0 & 0 \\ 0 & 0 & 0 & 0 & 0 & -1 & -1 & 4 & -1 & 0 \\ 0 & 0 & 0 & 0 & 0 & 0 & 0 & -1 & 4 & -1 \\ 0 & 0 & 0 & 0 & 0 & 0 & 0 & 0 & -1 & 4 \end{bmatrix} \begin{bmatrix} x_1 \\ x_2 \\ x_3 \\ x_4 \\ x_5 \\ x_6 \\ x_7 \\ x_8 \\ x_9 \\ x_{10} \end{bmatrix} = \begin{bmatrix} -110 \\ -30 \\ -40 \\ -110 \\ 0 \\ -15 \\ -90 \\ -25 \\ -55 \\ -65 \end{bmatrix}$$

Resolvendo pelo método da Eliminação de Gauss, com estratégia de pivoteamento parcial, obtivemos o seguinte vetor solução:

$\bar{x}$ = (−48.646412, −35.4947917, −25.6157408, −49.0908565, −37.7170139, −26.9681713, −39.3142361, −29.5399306, −26.8773148, −22.9693287)^T.

Aplicando o método de Gauss-Seidel com o esquema iterativo montado a partir da disposição original das equações, com $x^{(0)} = (20, ..., 20)^T$ e $\varepsilon = 10^{-7}$, obtivemos o mesmo vetor $\bar{x}$ após 28 iterações.

EXERCÍCIOS

1. Escreva um algoritmo para a resolução de um sistema linear triangular inferior.

2. Verifique que o "custo" ≡ número de operações efetuadas para resolver um sistema linear triangular inferior é o mesmo que para multiplicar uma matriz triangular por um vetor.

3. Verifique que o número de operações necessárias no método da Eliminação de Gauss, sem pivoteamento parcial, é $\dfrac{2n^3}{3} + \dfrac{n^2}{2} - \dfrac{7n}{6}$, na fase de triangularização da matriz A, e n^2, na fase da resolução do sistema triangular superior. Estão sendo contadas as operações de divisão, multiplicação e soma.

   (Lembramos que $\sum_{k=1}^{n-1} k^2 = \dfrac{(n-1)\,n(2n-1)}{6}$.)

4. Seja Ax = b um sistema n × n com matriz tridiagonal ($a_{ij} = 0$ se $|i-j| > 1$).

   a) Escreva um algoritmo para resolver Ax = b através da Eliminação de Gauss com estratégia de pivoteamento parcial de modo que a estrutura especial da matriz A seja explorada.

   b) Compare o "custo" de resolvê-lo por Eliminação de Gauss via algoritmo tradicional, com o de resolvê-lo pelo algoritmo do item (a).

   c) Teste seus resultados com o sistema:

   $$\begin{cases} 2x_1 - x_2 = 1 \\ -x_{i-1} + 2x_i - x_{i+1} = 0, \quad 2 \leq i \leq (n-1) \\ -x_{n-1} + 2x_n = 0 \end{cases}$$

   para n = 10.

5. Resolva o sistema linear abaixo utilizando o método da Eliminação de Gauss:

   $$\begin{cases} 2x_1 + 2x_2 + x_3 + x_4 = 7 \\ x_1 - x_2 + 2x_3 - x_4 = 1 \\ 3x_1 + 2x_2 - 3x_3 - 2x_4 = 4 \\ 4x_1 + 3x_2 + 2x_3 + x_4 = 12 \end{cases}$$

6. Analise os sistemas lineares abaixo com relação ao número de soluções, usando o método da Eliminação de Gauss (trabalhe com três casas decimais):

a) $\begin{cases} 3x_1 - 2x_2 + 5x_3 + x_4 = 7 \\ -6x_1 + 4x_2 - 8x_3 + x_4 = -9 \\ 9x_1 - 6x_2 + 19x_3 + x_4 = 23 \\ 6x_1 - 4x_2 - 6x_3 + 15x_4 = 11 \end{cases}$

b) $\begin{cases} 0.252x_1 + 0.36x_2 + 0.12x_3 = 7 \\ 0.112x_1 + 0.16x_2 + 0.24x_3 = 8 \\ 0.147x_1 + 0.21x_2 + 0.25x_3 = 9 \end{cases}$

7. O cálculo do determinante de matrizes quadradas pode ser feito usando o método da Eliminação de Gauss.

   a) Deduza o método.

   b) Aplique-o no cálculo do determinante das matrizes dos sistemas dos Exercícios 5 e 6.

   c) Inclua o cálculo do determinante da matriz A do sistema linear Ax = b no algoritmo do método da Eliminação de Gauss.

8. Demonstre que, se no início da etapa k do método da Eliminação de Gauss tivermos $a_{kk}^{(k-1)} = a_{(k+1)k}^{(k-1)} = \ldots = a_{nk}^{(k-1)} = 0$, então det(A) = 0 e conseqüentemente A não é inversível. ($a_{ij}^{(k-1)}$ é o elemento da posição ij no início da etapa k.)

9. Podemos encontrar a fatoração LU de A diretamente, usando simplesmente a definição de produto de matrizes. Esquemas deste tipo são conhecidos como esquemas compactos, e o equivalente à fatoração A = LU com L triangular inferior com diagonal unitária e U triangular superior é chamado de *redução de Doolittle*.

   Supondo que a fatoração LU de A seja possível, de uma forma única,

   a) multiplique a primeira linha de L pela j-ésima coluna de U e iguale a a_{1j}. Verifique que desta forma obtém-se o elemento u_{1j};

   b) repita o item (a), multiplicando agora a i-ésima linha de L pela primeira coluna de U, e igualando a a_{i1} será possível obter l_{i1};

c) use o mesmo raciocínio de (a) e (b) para deduzir que, se as (k − 1) primeiras linhas de U e colunas de L já foram determinadas, então

$$u_{kj} = a_{kj} - \sum_{m=1}^{k-1} l_{km} u_{mj}, \quad j = k, (k+1), \ldots, n$$

e

$$l_{ik} = \left(a_{ik} - \sum_{m=1}^{k-1} l_{im} u_{mk} \right) / u_{kk}, \quad i = (k+1), \ldots, n;$$

d) explique por que, se A é não singular, então U também o será, donde $u_{kk} \neq 0$, $k = 1, \ldots, n$;

e) escreva um algoritmo para a fatoração LU de A usando a redução de Doolittle;

f) teste seu algoritmo, fatorando A e então resolvendo o sistema abaixo, sendo

$$A = \begin{pmatrix} 2 & 3 & 1 & 5 \\ 1 & 3.5 & 1 & 7.5 \\ 1.4 & 2.7 & 5.5 & 12 \\ -2 & 1 & 3 & 28 \end{pmatrix} \text{ e } b = \begin{pmatrix} 11 \\ 13 \\ 21.6 \\ 30 \end{pmatrix}$$

10. Calcule a fatoração LU de A, se possível:

$$A = \begin{pmatrix} 1 & 1 & 1 \\ 2 & 1 & -1 \\ 3 & 2 & 0 \end{pmatrix}$$

11. a) Mostre que resolver AX = B, onde A é matriz n × n, X e B são matrizes n × m, é o mesmo que resolver m sistemas do tipo Ax = b, onde A é matriz n × n, x e b, vetores n × 1.

b) Usando o item (a), verifique que A^{-1} pode ser obtida através de resolução de n sistemas lineares.

c) Entre o método da Eliminação de Gauss e a fatoração LU, qual o mais indicado para o cálculo de A^{-1}?

d) Aplique o método escolhido no item (c) para obter a inversa da matriz

$$A = \begin{pmatrix} 4 & -1 & 0 & -1 & 0 & 0 \\ -1 & 4 & -1 & 0 & -1 & 0 \\ 0 & -1 & 4 & 0 & 0 & -1 \\ -1 & 0 & 0 & 4 & -1 & 0 \\ 0 & -1 & 0 & -1 & 4 & -1 \\ 0 & 0 & -1 & 0 & -1 & 4 \end{pmatrix}$$

12. Mostre que, se A é matriz não singular e A = LU, então A = LD$\overline{U}$, onde D é matriz diagonal e $\overline{U}$ matriz triangular superior com diagonal unitária.

13. Se A = LDU, como fica a resolução de Ax = b?

14. Escreva um algoritmo para o método da Eliminação de Gauss, usando estratégia de pivoteamento parcial.

15. Seja resolver o sistema linear Ax = b pelo método da Eliminação de Gauss, com estratégia de pivoteamento parcial:

    se M = máx$_{i,j}$ {| a_{ij}| } $1 \leq i, j \leq n$, prove que, após o primeiro estágio, | $a_{ij}^{(1)}$ | $\leq$ 2M.

16. a) Resolva os itens (b) e (c) do Exercício 11, considerando a estratégia de pivoteamento parcial.

    b) Use os resultados de (a) para encontrar a inversa da matriz

    $$A = \begin{pmatrix} 1 & 12 & 3 \\ 2 & 4 & 16 \\ 3 & 15 & 7 \end{pmatrix}$$

17. Trabalhando com arredondamento para dois dígitos significativos em todas as operações, resolva o sistema linear abaixo pelo método da Eliminação de Gauss, sem e com pivoteamento parcial. Discuta seus resultados:

    $$\begin{cases} 16x_1 + 5x_2 = 21 \\ 3x_1 + 2.5x_2 = 5.5 \end{cases}$$

    Refaça o exercício usando truncamento para dois dígitos significativos.

18. Trabalhando com quatro dígitos significativos, resolva os sistemas lineares a seguir (ou detecte que não há solução). Use pivoteamento parcial. Estabeleça um critério para decidir se números pequenos em lugares importantes são considerados como zero ou não. Confira a solução obtida:

a) $\begin{cases} 1.12a + 6b = 1.3 \\ 2.21a + 12b = 2.6 \end{cases}$

b) $\begin{cases} 1.12a + 6b = 1.3 \\ 2.24a + 12b = 3 \end{cases}$.

19. Justifique se for verdadeira ou dê contra-exemplo se for falsa a afirmação:

    "Dada uma matriz A, n × n, sua fatoração LU, obtida com estratégia de pivoteamento parcial, é tal que todos os elementos da matriz L têm módulo menor ou igual a 1".

20. O vetor p que armazena a informação sobre as permutações realizadas durante a fatoração LU pode ser construído como p(k) = i, se na etapa k a linha i da matriz $A^{(k-1)}$ for escolhida como a linha pivotal. Desta forma, o vetor terá dimensão (n −1) × 1. Para o Exemplo 7, teríamos p = $(3, 3)^T$; a dimensão de p é (n − 1) × 1, uma vez que são realizados (n − 1) etapas. Esta forma para o vetor p é mais eficiente em implementações computacionais porque na fase da resolução dos sistemas triangulares o vetor Pb pode ser armazenado sobre o vetor b original.

    Reescreva o algoritmo para a resolução de Ax = b através da fatoração LU com estratégia de pivoteamento parcial, usando o vetor p conforme descrito acima.

21. Prove que se B é matriz m × n, m ⩾ n com posto completo, então a matriz C= B^TB é simétrica, definida positiva.

22. Em cada caso:

    a) verifique se o critério de Sassenfeld é satisfeito;

    b) resolva por Gauss-Seidel, se possível:

    $$A = \begin{pmatrix} 10 & 1 & 1 \\ 1 & 10 & 1 \\ 1 & 1 & 10 \end{pmatrix} ; \quad b = \begin{pmatrix} 12 \\ 12 \\ 12 \end{pmatrix}$$

    e

    $$A = \begin{pmatrix} 4 & -1 & 0 & 0 \\ -1 & 4 & -1 & 0 \\ 0 & -1 & 4 & -1 \\ 0 & 0 & -1 & 4 \end{pmatrix} ; \quad b = \begin{pmatrix} 1 \\ 1 \\ 1 \\ 1 \end{pmatrix}.$$

23. *a*) Usando o critério de Sassenfeld, verifique para que valores positivos de k se tem garantia de que o método de Gauss-Seidel vai gerar uma seqüência convergente para a solução do sistema:

$$\begin{cases} kx_1 + 3x_2 + x_3 = 1 \\ kx_1 + 6x_2 + x_3 = 2 \\ x_1 + 6x_2 + 7x_3 = 3 \end{cases}$$

b) Escolha o menor valor inteiro e positivo para k e faça duas iterações do método de Gauss-Seidel para o sistema obtido.

c) Comente o erro cometido no item (*b*).

24. *a*) Considere o sistema linear

$$\begin{pmatrix} 1 & 2 & 1 \\ 2 & 3 & 1 \\ 3 & 5 & 2 \end{pmatrix} \begin{pmatrix} x_1 \\ x_2 \\ x_3 \end{pmatrix} = \begin{pmatrix} 3 \\ 5 \\ 1 \end{pmatrix}$$

Verifique, usando eliminação gaussiana, que este sistema não tem solução. Qual será o comportamento do método de Gauss-Seidel?

b) Através de um sistema 2×2, dê uma interpretação geométrica do que ocorre com Gauss-Seidel quando o sistema não tem solução e quando existem infinitas soluções.

25. *a*) Aplique analítica e graficamente os métodos de Gauss-Jacobi e Gauss-Seidel no sistema:

$$\begin{cases} 2x_1 + 5x_2 = -3 \\ 3x_1 + x_2 = 2 \end{cases}$$

b) Repita o item (*a*) para o sistema obtido permutando as equações.

c) Analise seus resultados.

26. Verifique que, se $\lim_{k \to \infty} x^{(k)} = \alpha$, onde $x^{(j+1)} = Cx^{(j)} + g$, então α é solução de $x = Cx + g$.

27. Prove que, no método de Gauss-Seidel, vale a relação:

$$\begin{cases} e_1^{(k+1)} = \dfrac{-1}{a_{11}} \left(a_{12} e_2^{(k)} + a_{13} e_3^{(k)} + \ldots + a_{1n} e_n^{(k)} \right) \\[2ex] e_2^{(k+1)} = \dfrac{-1}{a_{22}} \left(a_{21} e_1^{(k+1)} + a_{23} e_3^{(k)} + \ldots + a_{2n} e_n^{(k)} \right) \\[1ex] \vdots \\[1ex] e_n^{(k+1)} = \dfrac{-1}{a_{nn}} \left(a_{n1} e_1^{(k+1)} + a_{n2} e_2^{(k+1)} + \ldots + a_{n(n-1)} e_{n-1}^{(k+1)} \right) \end{cases}$$

28. *a)* Um possível teste de parada para um método iterativo é testar se $Ax^{(k)} - b$ está próximo de zero, quando então $x^{(k)}$ será escolhido como aproximação da solução x^* do sistema. Como realizar computacionalmente este teste?

   b) Compare o "custo" computacional de usar o teste acima com o "custo" do teste $(x^{(k+1)} - x^{(k)})$ estar próximo de zero.

29. Considere o sistema linear cuja matriz dos coeficientes é a matriz esparsa

$$A = \begin{pmatrix} 1 & 1 & -1 & 2 & -1 \\ 2 & 0 & 0 & 0 & 0 \\ 0 & 2 & 0 & 0 & 0 \\ 4 & 0 & 0 & 16 & 0 \\ 0 & 0 & 4 & 0 & 0 \end{pmatrix} \quad \text{e} \quad b = \begin{pmatrix} 2 \\ 2 \\ 2 \\ 20 \\ 4 \end{pmatrix}.$$

   a) Ache a solução por inspeção.

   b) Faça mudanças de linhas na matriz original para facilitar a aplicação do método da Eliminação de Gauss. O que você pode concluir, de uma maneira geral?

   c) Aplique o método de Gauss-Seidel ao sistema. Comente seu desempenho.

   d) Faça uma comparação da utilização de métodos diretos e iterativos na resolução de sistemas lineares esparsos.

30. Ao resolver um sistema linear $Ax = b$ por um método direto, vários problemas podem implicar a obtenção de uma solução, x_0, apenas aproximada, para $\bar{x}$. Chamamos $r_0 = Ax_0 - b$ o resíduo associado a x_0. Note que $r_0 = Ax_0 - b = Ax_0 - A\bar{x} = A(x_0 - \bar{x}) = Az$. Se $Az = r_0$ fosse resolvido sem erro, então $\bar{x} = x_0 - z$ seria a solução do sistema: este não é o caso, mas esta observação pode ser usada como base para um esquema iterativo para "refinamento" de soluções aproximadas.

É razoável supormos que $x_1 = x_0 - \tilde{z}$ ($\tilde{z}$, solução aproximada de $Az = r_0$) seja uma "solução" de $Ax = b$, melhor do que x_0. Com x_1 construímos um novo resíduo $r_1 = Ax_1 - b$ e continuamos o processo. Na realidade, podemos continuá-lo tantas vezes quanto quisermos, o que nos fornece o seguinte

Algoritmo: (*Refinamento Iterativo*)

Seja r uma solução (aproximada) para $Ax = b$, obtida por algum método direto, $\varepsilon > 0$ e itmax o número máximo de iterações permitido.

Para i = 1, 2, ..., itmax

$r = Ax - b$

z : solução de $Az = r$

$x = x - z$

se $\max_{1 \leq i \leq n} |z_i| / \max_{1 \leq i \leq n} |x_i| < \varepsilon$, fim. A solução é x. Se i > itmax, envie mensagem de não convergência em itmax iterações.

   a) Justifique por que devemos usar fatoração LU neste caso para resolver os sistemas envolvidos.

   b) Neste caso, não devemos sobrepor L e U em A. Justifique.

31. Para cada um dos sistemas lineares a seguir, analise a existência ou não de solução, bem como unicidade de solução, no caso de haver existência.

   a) $3x + 2y = 7$ *b)* $\begin{cases} 4m - 2k = 8 \\ 5m + k = 20 \end{cases}$

c) $\begin{cases} 4x_1 + 2x_2 - 3x_3 = 4 \\ 6x_1 + 3x_2 - 4x_3 = 6 \end{cases}$

d) $6x + 4y - 3z + w = 10$

e) $\begin{cases} 3x_1 - x_2 + 4x_3 = 6 \\ 6x_1 - 2x_2 + 5x_3 = 8 \end{cases}$

f) $\begin{cases} 3x - 2y + z = 8 \\ x - 3y + 4z = 6 \\ 9x + 4y - 5z = 11 \end{cases}$

g) $\begin{cases} 2x - y + 3z = 8 \\ x - 5y + z = -1 \\ 4x - 11y + 5z = 6 \end{cases}$

h) $\begin{cases} x - 3y + z = 1 \\ 6x - 18y + 4z = 2 \\ 7x - 21y + 5z = 3 \end{cases}$

i) $\begin{cases} x - 3y + z = 1 \\ 6x - 18y + 4z = 2 \\ -x + 3y - z = 4 \end{cases}$

j) $\begin{cases} 6u - 3v = 6 \\ 3u - 1.5v = 3 \\ 2u - v = 8 \\ 8u - 4v = 1.7 \end{cases}$

k) $\begin{cases} 4a + 5b + 7c = 1 \\ -a - b - c = 2 \\ 3a + 4b + 6c = 3 \\ -a + b + 7c = -11 \\ 2a + 5b + 13c = -8 \end{cases}$

32. Invente um sistema linear com 6 equações e 4 variáveis sem solução, outro com solução única e outro com infinitas soluções. Justifique cada caso.

33. Resolva os sistemas lineares abaixo usando a fatoração de Cholesky:

a) $\begin{cases} 16x_1 + 4x_2 + 8x_3 + 4x_4 = 32 \\ 4x_1 + 10x_2 + 8x_3 + 4x_4 = 26 \\ 8x_1 + 8x_2 + 12x_3 + 10x_4 = 38 \\ 4x_1 + 4x_2 + 10x_3 + 12x_4 = 30 \end{cases}$

b) $\begin{cases} 20x_1 + 7x_2 + 9x_3 = 16 \\ 7x_1 + 30x_2 + 8x_3 = 38 \\ 9x_1 + 8x_2 + 30x_3 = 38 \end{cases}$

34. Seja $A = \begin{pmatrix} 5 & 7 \\ 7 & 13 \end{pmatrix}$

   a) obtenha o fator de Cholesky de A;

   b) encontre 3 outras matrizes triangulares inferiores R, tais que $A = RR^T$.

35. Prove que se A: $n \times n$ é simétrica definida positiva então A^{-1} existe e é simétrica definida positiva.

36. Dizemos que A: $n \times n$ é uma matriz banda com amplitude q se $a_{ij} = 0$ quando $|i - j| > q$.

   Escreva um algoritmo para obter a fatoração de Cholesky de uma matriz banda q, simétrica, definida positiva, tirando proveito de sua estrutura.

PROJETO

a) Compare as soluções dos sistemas lineares

$$\begin{cases} x - y = 1 \\ x - 1.00001\, y = 0 \end{cases} \quad e \quad \begin{cases} x - y = 1 \\ x - 0.99999\, y = 0 \end{cases}$$

Fatos como este ocorrem quando a matriz A do sistema está próxima de uma matriz singular e então o sistema é *mal condicionado*.

Dizemos que um sistema linear é *bem condicionado* se pequenas mudanças nos coeficientes e/ou nos termos independentes acarretarem pequenas mudanças na solução do sistema. Caso contrário, o sistema é dito mal condicionado.

Embora saibamos que uma matriz A pertence ao conjunto das matrizes não inversíveis se, e somente se, $\det(A) = 0$, o fato de uma matriz A ter $\det(A) \approx 0$ não implica necessariamente que o sistema linear que tem A por matriz de coeficientes seja mal-condicionado.

O *número de condição de A*, $\text{cond}(A) = \|A\| \, \|A^{-1}\|$, onde $\| \cdot \|$ é uma norma de matrizes [14], é uma medida precisa do bom ou mau condicionamento do sistema que tem A por matriz de coeficientes, pois demonstra-se que

$$\frac{1}{\text{cond}(A)} = \min\left\{ \frac{\|A - B\|}{\|A\|} \text{ tais que B é não inversível} \right\}.$$

b) As matrizes de Hilbert, H_n, onde

$h_{ij} = \dfrac{1}{i + j - 1}$, $1 \leq i, j \leq n$ são exemplos clássicos de matrizes mal condicionadas.

(b.1) – Use pacotes computacionais, que estimam ou calculam cond(A), para verificar que quanto maior for n, mais mal condicionada é H_n.

(b.2) – Resolva os sistemas $H_n x = b_n$, n = 3, 4, 5, ..., 10, onde b_n é o vetor cuja i-ésima componente é

$$\sum_{j=1}^{n} \dfrac{1}{i + j - 1}$$

Desta forma a solução exata será: $x^* = (1\ 1\ \ldots\ 1)^T$.

(b.3) – Analise seus resultados.

CAPÍTULO **4**

INTRODUÇÃO À RESOLUÇÃO DE SISTEMAS NÃO LINEARES

4.1 INTRODUÇÃO

No processo de resolução de um problema prático, é freqüente a necessidade de se obter a solução de um sistema de equações não lineares.

Dada uma função não linear $F: D \subset \mathbb{R}^n \rightarrow \mathbb{R}^n$, $F = (f_1, ..., f_n)^T$, o objetivo é encontrar as soluções para:

$$F(x) = 0$$

ou, equivalentemente:

$$\begin{cases} f_1(x_1, x_2, \ldots, x_n) = 0 \\ f_2(x_1, x_2, \ldots, x_n) = 0 \\ \quad \vdots \\ f_n(x_1, x_2, \ldots, x_n) = 0 \end{cases} \quad (1)$$

Exemplo 1

$$\begin{cases} f_1(x_1, x_2) = x_1^2 + x_2^2 - 2 = 0 \\ f_2(x_1, x_2) = x_1^2 - \dfrac{x_2^2}{9} - 1 = 0 \end{cases}$$

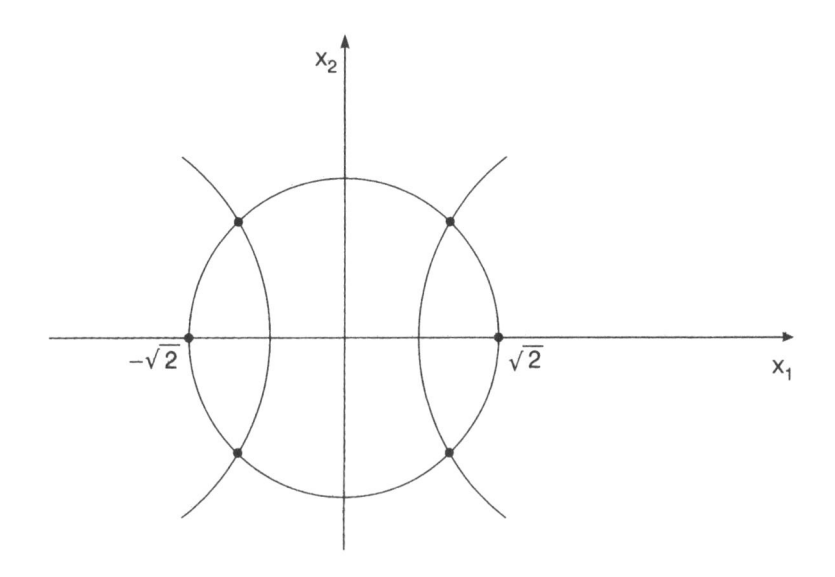

Figura 4.1

Este sistema não linear admite 4 soluções, que são os pontos onde as curvas $x_1^2 + x_2^2 = 2$ e $x_1^2 - \dfrac{x_2^2}{9} = 1$ se interceptam.

Exemplo 2

$$\begin{cases} f_1(x_1, x_2) = x_1^2 - x_2 - 0.2 = 0 \\ f_2(x_1, x_2) = x_2^2 - x_1 + 1 = 0 \end{cases}$$

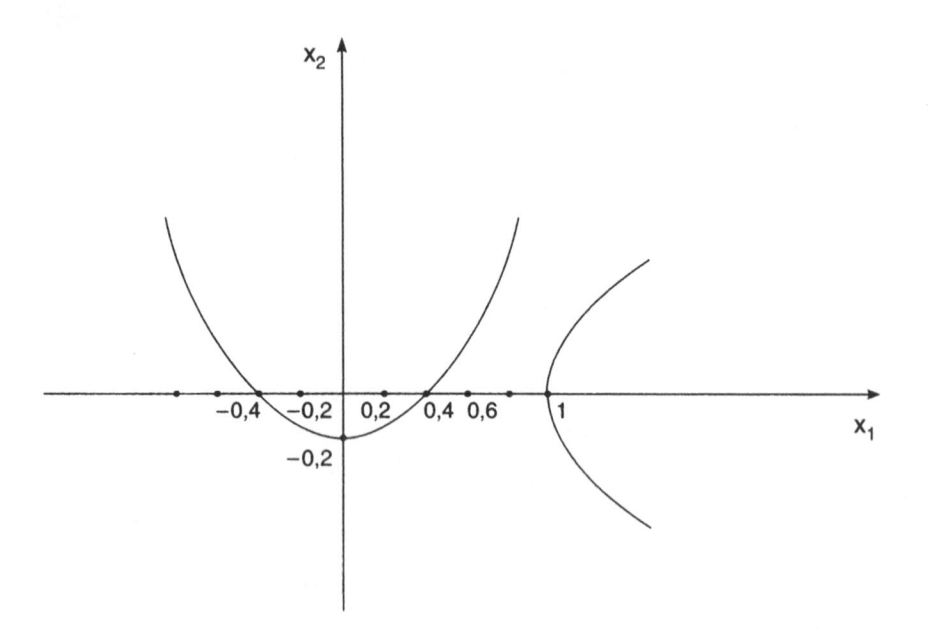

Figura 4.2

Este sistema não tem solução, ou seja, não existem pontos onde as curvas $x_1^2 - x_2 = 0.2$ e $x_2^2 - x_1 = -1$ se interceptem.

Usamos a seguinte notação:

$$x = \begin{pmatrix} x_1 \\ x_2 \\ \cdot \\ \cdot \\ \cdot \\ x_n \end{pmatrix} \quad e \quad F(x) = \begin{pmatrix} f_1(x) \\ f_2(x) \\ \cdot \\ \cdot \\ \cdot \\ f_n(x) \end{pmatrix} \qquad (2)$$

Cada função $f_i(x)$ é uma função não linear em x, $f_i: \mathbb{R}^n \to \mathbb{R}$, i = 1,..., n, e portanto F(x) é uma função não linear em x, $F: \mathbb{R}^n \to \mathbb{R}^n$.

No caso de sistemas lineares, $F(x) = Ax - b$, onde $A \in \mathbb{R}^{n \times n}$.

Estamos supondo que F(x) está definida num conjunto aberto $D \subset \mathbb{R}^n$ e que tem derivadas contínuas nesse conjunto. Ainda mais, supomos que existe pelo menos um ponto $x^* \in D$, tal que $F(x^*) = 0$.

O vetor das derivadas parciais da função $f_i(x_1, x_2, ..., x_n)$ é denominado *vetor gradiente* de $f_i(x)$ e será denotado por $\nabla f_i(x)$, $i = 1,..., n$:

$$\nabla f_i(x) = \left(\frac{\partial f_i(x)}{\partial x_1}, \frac{\partial f_i(x)}{\partial x_2}, ..., \frac{\partial f_i(x)}{\partial x_n} \right)^T \tag{3}$$

A matriz das derivadas parciais de $F(x)$ é chamada *matriz Jacobiana* e será denotada por $J(x)$:

$$J(x) = \begin{pmatrix} \nabla f_1(x)^T \\ \nabla f_2(x)^T \\ \vdots \\ \nabla f_n(x)^T \end{pmatrix} = \begin{pmatrix} \dfrac{\partial f_1(x)}{\partial x_1} & \dfrac{\partial f_1(x)}{\partial x_2} & \cdots & \dfrac{\partial f_1(x)}{\partial x_n} \\ \dfrac{\partial f_2(x)}{\partial x_1} & \dfrac{\partial f_2(x)}{\partial x_2} & \cdots & \dfrac{\partial f_2(x)}{\partial x_n} \\ & & \vdots & \\ \dfrac{\partial f_n(x)}{\partial x_1} & \dfrac{\partial f_n(x)}{\partial x_2} & \cdots & \dfrac{\partial f_n(x)}{\partial x_n} \end{pmatrix} \tag{4}$$

Exemplo 3

Para o sistema não linear

$$F(x) = \begin{cases} x_1^3 - 3x_1 x_2^2 + 1 = 0 \\ 3x_1^2 x_2 - x_2^3 = 0 \end{cases}$$

a matriz Jacobiana correspondente será:

$$J(x) = \begin{pmatrix} 3x_1^2 - 3x_2^2 & -6x_1 x_2 \\ 6x_1 x_2 & -3x_2^2 \end{pmatrix}$$

Exemplo 4 (Tridiagonal de Broyden (24))

$$F(x) = \begin{cases} f_1(x) = -2x_1^2 + 3x_1 - 2x_2 + 1 \\ f_i(x) = -2x_i^2 + 3x_i - x_{i-1} - 2x_{i+1} + 1, \qquad 2 \le i \le (n-1) \\ f_n(x) = -2x_n^2 + 3x_n - x_{n-1} \end{cases}$$

e a matriz Jacobiana correspondente é:

$$J(x) = \begin{pmatrix} -4x_1+3 & -2 & 0 & \cdots & 0 & 0 \\ -1 & -4x_2+3 & -2 & \cdots & 0 & 0 \\ \cdot & \cdot & \cdot & & \cdot & \cdot \\ \cdot & \cdot & \cdot & & \cdot & \cdot \\ \cdot & \cdot & \cdot & & \cdot & \cdot \\ 0 & 0 & 0 & \cdots & -1 & -4x_n+3 \end{pmatrix}$$

Os métodos para resolução de sistemas não lineares são iterativos, isto é, a partir de um ponto inicial $x^{(0)}$, geram uma seqüência $\{x^{(k)}\}$ de vetores e, na situação de convergência:

$$\lim_{k \to \infty} x^{(k)} = x^*$$

onde x^* é uma das soluções do sistema não linear.

Em qualquer método iterativo, é preciso estabelecer critérios de parada para se aceitar um ponto $x^{(k)}$ como aproximação para a solução exata x^* ou para se detectar a divergência do processo.

Uma vez que na solução exata x^* temos $F(x^*) = 0$, um critério de parada consiste em verificar se todas as componentes de $F(x^{(k)})$ tem módulo pequeno.

Como $F(x^{(k)})$ é um vetor do $\mathbf{R}^n$, verificamos se $\| F(x^k) \| < \varepsilon$ onde $\| . \|$ é uma norma de vetores [14].

Em testes computacionais, é comum usarmos a *norma infinito*:

para $v \in \mathbb{R}^n$,

$$\|v\|_\infty = \max_{1 \leq i \leq n} |v_i|$$

Outro critério de parada é verificar se $\|x^{(k+1)} - x^{(k)}\|$ está próximo de zero, isto é, $x^{(k+1)}$ é escolhido como aproximação para x^* se, por exemplo:

$$\|x^{(k+1)} - x^{(k)}\|_\infty < \varepsilon.$$

Para se detectar a divergência e interromper o processo de cálculos, usamos o teste com um número máximo de iterações. Pode-se também interromper o processo se, para algum k, $\|F(x^{(k)})\|$ for maior que uma tolerância, por exemplo, se $\|F(x^{(k)})\|_\infty > 10^{20}$.

4.2. MÉTODO DE NEWTON

O método mais amplamente estudado e conhecido para resolver sistemas de equação não lineares é o método de Newton.

No caso de uma equação não linear a uma variável, vimos no Capítulo 2 que, geometricamente, o método de Newton consiste em se tomar um modelo local linear da função $f(x)$ em torno x_k, e este modelo é a reta tangente à função em x_k.

Ampliando a motivação de se construir um modelo local linear para o caso de um sistema de equações não lineares, teremos: conhecida a aproximação $x^{(k)} \in D$, para qualquer $x \in D$, existe $c_i \in D$, tal que:

$$f_i(x) = f_i(x^{(k)}) + \nabla f_i(c_i)^T (x - x^{(k)}) \quad i = 1, \ldots, n \tag{5}$$

Aproximando $\nabla f_i(c_i)$ por $\nabla f_i(x^{(k)})$, $i = 1,\ldots, n$ temos um modelo local linear para $f_i(x)$ em torno de $x^{(k)}$:

$$f_i(x) \approx f_i(x^{(k)}) + \nabla f_i(x^{(k)})^T (x - x^{(k)}) \quad i = 1,\ldots, n \tag{6}$$

E, portanto, o modelo local linear para $F(x)$ em torno de $x^{(k)}$ fica:

$$F(x) \approx L_k(x) = F(x^{(k)}) + J(x^{(k)})(x - x^{(k)}) \tag{7}$$

A nova aproximação $x^{(k+1)}$ será o zero do modelo local linear $L_k(x)$.

Agora,

$$L_k(x) = 0 \Leftrightarrow J(x^{(k)}) (x - x^{(k)}) = - F(x^{(k)}). \tag{8}$$

Se denotamos $(x - x^{(k)})$ por $s^{(k)}$ temos que $x^{(k+1)} = x^{(k)} + s^{(k)}$, onde $s^{(k)}$ é solução do sistema linear:

$$J(x^{(k)}) s = - F(x^{(k)}). \tag{9}$$

Observe que dado o ponto $x^{(k)}$, a matriz $J(x^{(k)})$ é obtida avaliando-se $J(x)$ em $x^{(k)}$ e, em seguida, o passo de Newton, $s^{(k)}$, é obtido a partir da resolução do sistema linear (9).

Portanto, uma iteração de Newton requer basicamente:

i) a avaliação da matriz Jacobiana em $x^{(k)}$;

ii) a resolução do sistema linear $J(x^{(k)})s = -F(x^{(k)})$ e, por este motivo, cada iteração é considerada computacionalmente cara.

Em relação ao item (*ii*) pode-se empregar métodos baseados em fatoração da matriz Jacobiana. Métodos iterativos podem ser também aplicados; por serem iterativos, obtêm uma aproximação para a solução exata do sistema linear e, conseqüentemente, o passo de Newton, $s^{(k)}$, não é calculado exatamente. Por esta razão, o método de Newton com a resolução do sistema linear através de um método iterativo é denominado *método de Newton inexato*.

ALGORITMO:

Dados x_0, $\varepsilon_1 > 0$ e $\varepsilon_2 > 0$, faça:

Passo 1: calcule $F(x^{(k)})$ e $J(x^{(k)})$;

Passo 2: se $\| F(x^{(k)}) \| < \varepsilon_1$, faça $\bar{x} = x^{(k)}$ e pare;
caso contrário:

Passo 3: obtenha $s^{(k)}$, solução do sistema linear: $J(x^{(k)}) s = - F(x^{(k)})$;

Passo 4: faça: $x^{(k+1)} = x^{(k)} + s^{(k)}$;

Passo 5: se $\|x^{(k+1)} - x^{(k)}\| < \varepsilon_2$, faça $\bar{x} = x^{(k+1)}$ e pare;
caso contrário:

Passo 6: $k = k + 1$;
volte ao passo 1.

Exemplo 5

Aplicar o método de Newton à resolução do sistema não linear $F(x) = 0$ onde $F(x)$ é dada por:

$$F(x) = \begin{pmatrix} x_1 + x_2 - 3 \\ x_1^2 + x_2^2 - 9 \end{pmatrix}, \text{ cujas soluções são } x^* = \begin{pmatrix} 3 \\ 0 \end{pmatrix} \text{ e } x^{**} = \begin{pmatrix} 0 \\ 3 \end{pmatrix},$$

usando $\varepsilon = \varepsilon_1 = \varepsilon_2 = 10^{-4}$,

$$J(x) = \begin{pmatrix} 1 & 1 \\ 2x_1 & 2x_2 \end{pmatrix}.$$

Comecemos com $x^{(0)} = \begin{pmatrix} 1 \\ 5 \end{pmatrix}$.

$k = 0$:

$F(x^{(0)}) = \begin{pmatrix} 3 \\ 17 \end{pmatrix};$ $\|F(x^{(0)})\|_\infty = 17 >> \varepsilon$

$J(x^{(0)}) = \begin{pmatrix} 1 & 1 \\ 2 & 10 \end{pmatrix}$

$\begin{pmatrix} 1 & 1 \\ 2 & 10 \end{pmatrix} s = \begin{pmatrix} -3 \\ -17 \end{pmatrix} \Rightarrow s = \begin{pmatrix} -13/8 \\ -11/8 \end{pmatrix} = \begin{pmatrix} -1.625 \\ -1.375 \end{pmatrix}$

$\Rightarrow x^{(1)} = x^{(0)} + s = \begin{pmatrix} 1 \\ 5 \end{pmatrix} - \begin{pmatrix} 13/8 \\ 11/8 \end{pmatrix} = \begin{pmatrix} -0.625 \\ 3.625 \end{pmatrix} = \begin{pmatrix} -5/8 \\ 29/8 \end{pmatrix}$

$\|x^{(1)} - x^{(0)}\|_\infty = \max\{1.625, 1.375\} = 1.625 >> \varepsilon$

k = 1:

$$F(x^{(1)}) = \begin{pmatrix} 0 \\ 145/32 \end{pmatrix} = \begin{pmatrix} 0 \\ 4.53125 \end{pmatrix} ; \| F(x^{(1)}) \|_\infty = 4.53125 \gg \varepsilon_1$$

$$J(x^{(1)}) = \begin{pmatrix} 1 & 1 \\ -5/4 & 29/4 \end{pmatrix}$$

$$\begin{pmatrix} 1 & 1 \\ -5/4 & 29/4 \end{pmatrix} s = \begin{pmatrix} 0 \\ -4.531 \end{pmatrix} \Rightarrow s = \begin{pmatrix} +0.533 \\ -0.533 \end{pmatrix}$$

$$\Rightarrow x^{(2)} = x^{(1)} + s = \begin{pmatrix} -0.625 \\ 3.625 \end{pmatrix} + \begin{pmatrix} +0.533 \\ -0.533 \end{pmatrix} = \begin{pmatrix} -0.092 \\ 3.0917 \end{pmatrix}$$

$$\| x^{(2)} - x^{(1)} \|_\infty = 0.533 \gg \varepsilon_2$$

Prosseguir as iterações até que $\| F(x^{(k)}) \|_\infty < 10^{-4}$ ou $\| x^{(k+1)} - x^{(k)} \|_\infty < 10^{-4}$.

A característica mais atraente do método de Newton é que sob condições adequadas envolvendo o ponto inicial $x^{(0)}$, a função $F(x)$ e a matriz Jacobiana $J(x)$, a seqüência gerada $\{x^{(k)}\}$ converge a x^* com taxa quadrática. É importante observar que os resultados de convergência obtidos são locais no sentido de que a aproximação inicial $x^{(0)}$ deve estar suficientemente próxima de x^*.

Ao leitor interessado em mais detalhes sobre o teorema de convergência e o resultado de taxa quadrática, indicamos a referência [8].

4.3 MÉTODO DE NEWTON MODIFICADO

De maneira análoga ao caso de uma equação não linear (Exercício 14, Capítulo 2), a modificação sobre o método de Newton consiste em se tomar a cada iteração k a matriz $J(x^{(0)})$, em vez de $J(x^{(k)})$: a partir de uma aproximação inicial $x^{(0)}$, a seqüência $\{x^{(k)}\}$ é gerada através de $x^{(k+1)} = x^{(k)} + s^{(k)}$, onde $s^{(k)}$ é solução do sistema linear:

$$J(x^{(0)}) s = - F(x^{(k)}) \tag{10}$$

Desta forma, a matriz Jacobiana é avaliada apenas uma vez e, para todo k, o sistema linear a ser resolvido a cada iteração terá a mesma matriz de coeficientes: $J(x^{(0)})$.

Se usarmos a fatoração LU para resolvê-lo, os fatores L e U serão calculados apenas uma vez e, a partir da 2ª iteração, será necessário resolver apenas dois sistemas triangulares para obter o vetor $s^{(k)}$.

Exemplo 6

Vamos usar aqui o método de Newton Modificado para o sistema não linear do Exemplo 5:

$$\begin{cases} x_1 + x_2 - 3 = 0 \\ x_1^2 + x_2^2 - 9 = 0 \end{cases}, \quad \text{começando com } x^{(0)} = \begin{pmatrix} 1 \\ 5 \end{pmatrix}.$$

Temos $J(x) = \begin{pmatrix} 1 & 1 \\ 2x_1 & 2x_2 \end{pmatrix}$.

Assim,

$$F(x^{(0)}) = \begin{pmatrix} 3 \\ 17 \end{pmatrix} \quad \text{e} \quad J(x^{(0)}) = \begin{pmatrix} 1 & 1 \\ 2 & 10 \end{pmatrix}.$$

Então:

$$J(x^{(0)})s = \begin{pmatrix} -3 \\ -17 \end{pmatrix}$$

$$\begin{cases} s_1 + s_2 = -3 \\ 2s_1 + 10s_2 = -17 \end{cases} \Rightarrow s = \begin{pmatrix} -13/8 \\ -11/8 \end{pmatrix} = \begin{pmatrix} -1.625 \\ -1.375 \end{pmatrix}$$

$$\Rightarrow x^{(1)} = x^{(0)} + s = \begin{pmatrix} 1 \\ 5 \end{pmatrix} + \begin{pmatrix} -13/8 \\ -11/8 \end{pmatrix} = \begin{pmatrix} -0.625 \\ 3.625 \end{pmatrix}$$

Agora, para calcular $x^{(2)}$, resolvemos

$$J(x^{(0)}) \ s = - F(x^{(1)}) = - \begin{pmatrix} 0 \\ 4.53125 \end{pmatrix}$$

$$\begin{cases} s_1 + s_2 = 0 \\ 2s_1 + 10s_2 = -4.53125 \end{cases} \Rightarrow s = \begin{pmatrix} +0.56640625 \\ -0.56640625 \end{pmatrix}$$

Assim, $x^{(2)} = x^{(1)} + s = \begin{pmatrix} -0.625 \\ 3.625 \end{pmatrix} + \begin{pmatrix} 0.56640625 \\ -0.56640625 \end{pmatrix}$

$$\Rightarrow x^{(2)} = \begin{pmatrix} -0.05859375 \\ 3.05859375 \end{pmatrix}.$$

Prosseguir as iterações até obter convergência.

Deixamos, como exercício, escrever formalmente um algoritmo para este método.

4.4 MÉTODOS QUASE-NEWTON

A motivação central dos métodos quase-Newton é gerar uma seqüência $\{x^{(k)}\}$ com boas propriedades de convergência, sem no entanto avaliar a matriz Jacobiana a cada iteração, como é necessário no método de Newton.

Um exemplo é o método de Newton Modificado que requer o cálculo da matriz Jacobiana apenas na iteração inicial, porém a propriedade de taxa quadrática é perdida e em seu lugar consegue-se apenas taxa linear.

A seqüência $\{x^{(k)}\}$, nos métodos quase-Newton, é gerada através da fórmula:

$$x^{(k+1)} = x^{(k)} + s^{(k)} \tag{11}$$

onde $s^{(k)}$ é a solução do sistema linear:

$$B^{(k)} s^{(k)} = - F(x^{(k)}). \tag{12}$$

Nos métodos quase-Newton que estudaremos nesta seção, as matrizes $B^{(k)}$ são atualizadas a cada iteração e é imposta a condição de que tais matrizes satisfaçam a seguinte equação:

$$B^{(k+1)} (x^{(k+1)} - x^{(k)}) = F(x^{(k+1)}) - F(x^{(k)}) \tag{13}$$

devido à seguinte motivação:

conhecidos $x^{(k)}$, $F(x^{(k)})$, $x^{(k+1)}$, $F(x^{(k+1)})$, o modelo linear:

$$L_{k+1}(x) = F(x^{(k+1)}) + B^{(k+1)} (x - x^{(k+1)}) \tag{14}$$

pode ser considerado uma aproximação para $F(x)$ em torno de $x^{(k+1)}$, e a igualdade $L_{k+1}(x^{(k+1)}) = F(x^{(k+1)})$ é satisfeita para qualquer escolha para $B^{(k+1)}$.

Colocando ainda a condição:

$$L_{k+1}(x^{(k)}) = F(x^{(k)}) \tag{15}$$

teremos:

$$L_{k+1}(x^{(k)}) = F(x^{(k+1)}) + B^{(k+1)} (x^{(k)} - x^{(k+1)}) = F(x^{(k)}) \tag{16}$$

e, portanto,

$$B^{(k+1)} (x^{(k+1)} - x^{(k)}) = F(x^{(k+1)}) - F(x^{(k)}). \tag{17}$$

Se $s^{(k)} = x^{(k+1)} - x^{(k)}$ e $y^{(k)} = F(x^{(k+1)}) - F(x^{(k)})$, a equação (17) fica:

$$B^{(k+1)} s^{(k)} = y^{(k)} \tag{18}$$

que é conhecida como *equação secante* e, por esta razão tais métodos são também chamados de *métodos secantes*.

É importante observar que o método da secante estudado no Capítulo 2 consiste em se tomar como aproximação da função $f(x)$, na iteração k, a reta $r(x)$ que passa pelos pontos $(x_k, f(x_k))$ e $(x_{k+1}, f(x_{k+1}))$:

$$r(x) = f(x_{k+1}) + b(x - x_{k+1}) \tag{19}$$

e, impondo as condições:

$$r(x_k) = f(x_k) \text{ e } r(x_{k+1}) = f(x_{k+1}) \tag{20}$$

obtemos:

$$b = \frac{f(x_{k+1}) - f(x_k)}{x_{k+1} - x_k} \Rightarrow bs_k = y_k \tag{21}$$

e b satisfaz a equação secante.

   Neste caso, existe uma única escolha para b de forma que as condições (20) sejam satisfeitas.

   Mas, para n > 1, a equação secante não é suficiente para determinar uma única matriz, uma vez que são n equações e n^2 variáveis (os elementos da matriz $B^{(k+1)}$).

   Os métodos quase-Newton diferem entre si pelas condições adicionais impostas sobre $B^{(k+1)}$, tais como:

- obedecer a algum princípio de variação mínima em relação a $B^{(k)}$;

- preservar alguma estrutura especial da matriz Jacobiana, como simetria e esparsidade.

   A fórmula para $B^{(k+1)}$, proposta por Broyden [8] em 1965, é a seguinte:

$$B^{(k+1)} = B^{(k)} + u^{(k)}(s^{(k)})^T \tag{22}$$

onde

$$u^{(k)} = \frac{(y^{(k)} - B^{(k)}s^{(k)})}{(s^{(k)})^T s^{(k)}}. \tag{23}$$

   Existem vários outros métodos quase-Newton (ver [8], [15]); e é importante ressaltar que em vários deles, além de se evitar o cálculo da matriz Jacobiana, o esforço computacional necessário para a resolução do sistema linear é reduzido em relação ao esforço realizado no método de Newton [22].

EXERCÍCIOS

1. Usando alguma linguagem de programação, escreva um programa para o método de Newton e para o método de Newton Modificado.

2. Resolva os sistemas não lineares abaixo usando seus programas para os métodos de Newton e Newton Modificado com $\varepsilon = 10^{-4}$:

   a) $\begin{cases} x_1^2 + x_2^2 - 2 = 0 \\ e^{x_1 - 1} + x_2^3 - 2 = 0 \end{cases}$ $\qquad x^{(0)} = (1.5,\ 2.0)^T$

   b) $\begin{cases} 4x_1 - x_1^3 + x_2 = 0 \\ \dfrac{-x_1^2}{9} + \dfrac{4x_2 - x_2^2}{4} = -1 \end{cases}$ $\qquad x^{(0)} = (-1,\ -2)^T$

   c) $\begin{cases} \dfrac{2x_1 - x_1^2 + 8}{9} + \dfrac{4x_2 - x_2^2}{4} = 0 \\ 8x_1 - 4x_1^2 + x_2^2 + 1 = 0 \end{cases}$ $\qquad x^{(0)} = (-1,\ -1)^T$

   d) (Função de Rosenbrock) [24]

   $\begin{cases} 10(x_2 - x_1^2) = 0 \\ 1 - x_1 = 0 \end{cases}$ $\qquad x^{(0)} = (-1.2,\ 1)^T$

   e) (Broyden Tridiagonal) [24]

   $\begin{cases} f_1(x) = (3 - 2x_1)x_1 - 2x_2 + 1 = 0 \\ f_i(x) = (3 - 2x_i)x_i - x_{i-1} - 2x_{i+1} + 1 = 0, \quad i = 2, \ldots, 9 \\ f_{10}(x) = (3 - 2x_{10})x_{10} - x_9 + 1 = 0 \end{cases}$

   $$x^{(0)} = (-1, -1, \ldots, -1)^T$$

f) (Função Trigexp de Toint) [29]

$$\begin{cases} f_1(x) = 3x_1^3 + 2x_2 - 5 + \text{sen}(x_1 - x_2)\,\text{sen}(x_1 + x_2) = 0 \\ f_i(x) = -x_{i-1}\,e^{(x_{i-1} - x_i)} + x_i(4 + 3x_i^2) + 2x_{i+1} + \\ \qquad + \text{sen}(x_i - x_{i+1})\,\text{sen}(x_i + x_{i+1}) - 8 = 0, \quad i = 2, \ldots, 9 \\ f_{10}(x) = -x_9\,e^{(x_9 - x_{10})} + 4x_{10} - 3 = 0 \end{cases}$$

$$x^{(0)} = (0, 0, \ldots, 0)^T$$

3. O método de Newton pode ser aplicado para a resolução de um sistema linear $Ax = b$. Neste caso, quantas iterações serão realizadas? Por quê?

PROJETOS

1. MÉTODO DE NEWTON DISCRETO

Uma das dificuldades do método de Newton está na necessidade de se obter as derivadas parciais: $\dfrac{\partial f_i(x)}{\partial x_j}$.

Ainda que se tenha um programa disponível para o método de Newton, cabe ao usuário programar as rotinas de avaliação da função $F(x)$ e da matriz Jacobiana. A função $F(x)$ pode ser difícil de ser derivada e, nestes casos, uma alternativa é usar aproximações por diferenças para as derivadas parciais.

Para uma função $f(x)$ de uma variável, temos que:

$$f'(x) \approx \frac{f(x + h) - f(x)}{h}, \quad h \approx 0.$$

Para o caso de uma função de $\mathbb{R}^n$ em $\mathbb{R}^n$: $F(x) = (f_1(x), \ldots, f_n(x))^T$, $f_i(x_1, \ldots, x_n)$, $f_i : \mathbb{R}^n \to \mathbb{R}$, cada derivada parcial será aproximada por:

$$\frac{\partial f_i(x)}{\partial x_j} \approx \frac{f_i(x + he_j) - f_i(x)}{h}$$

sendo $e_j = (0, 0, \ldots 1, 0, \ldots 0)^T$ onde o elemento igual a 1 ocupa a posição j.

Com esta aproximação, a matriz $J(x^{(k)})$ será trocada por $\bar{J}(x^{(k)})$, onde cada elemento (i, j) de $\bar{J}(x^{(k)})$ é obtido por:

$$\frac{f_i(x^{(k)} + he_j) - f_i(x^{(k)})}{h}, \quad h \approx 0$$

ou seja, a coluna j de $J(x^{(k)})$ será aproximada por:

$$\frac{F(x + he_j) - F(x)}{h}$$

e, desta relação, concluímos que a aproximação para $J(x^{(k)})$ evita o cálculo das derivadas, mas requer n avaliações adicionais para a função F(x).

A escolha do passo h deve ser bastante cuidadosa. Em [8] há uma boa orientação sobre este assunto.

Escreva um programa para o método de Newton trocando as derivadas parciais pela aproximação por diferenças, usando $h = 10^{-2}$. Resolva os sistemas não lineares propostos no Exercício 2 e compare os resultados.

2. NEWTON E OS FRACTAIS

Todos os que trabalham com métodos iterativos para resolver sistemas de equações não lineares deparam-se, em algum momento, com teoremas de convergência local do tipo: "Se o ponto inicial é tomado suficientemente próximo de uma solução, então o método converge para essa solução". Assim, pensando em duas dimensões, ao redor de cada solução do sistema existe uma região que "atrai" a seqüência gerada pelo método iterativo se o ponto inicial estiver nessa região.

Porém, o que acontece se o ponto inicial não for tomado em nenhuma dessas regiões? O teorema de convergência local não garante nada e, portanto, o método pode convergir ou não. Se houver convergência, para qual solução a seqüência gerada será atraída? Mais ainda, como geralmente (e por que não dizer, nunca) não temos nenhum conhecimento *a priori* das soluções, e muito menos de quão próximo estamos de uma, não podemos sequer afirmar se o ponto inicial está ou não em uma dessas regiões. Claramente, se algum termo da seqüência gerada pertencer a uma dessas regiões, a solução correspondente irá atrair o resto da seqüência, fazendo com que o método convirja. A partir desta observação, podemos afirmar que a "região de convergência" do método iterativo é maior do que a prevista pelo teorema de convergência local.

No início deste século, Gaston Julia [19] e Pierre Fatou [10] publicaram uma série de artigos sobre o estudo de propriedades iterativas, tendo como um dos objetivos o método de Newton para o cálculo de zeros de funções complexas (equivalente a encontrar a solução de um sistema de equações reais de dimensão dois). Eles provaram que, aplicando o método a uma dada função, é possível que haja seqüências que convirjam, que sejam periódicas ou ainda que divirjam. Observaram ainda que as fronteiras entre as regiões de convergência eram curvas extremamente complicadas.

Na década de 1960, Benoit Mandelbrot [21] começou a estudar alguns conjuntos irregulares da natureza, altamente interessantes, tais como as galáxias e os flocos de neve. Ele conseguiu perceber certos padrões nas irregularidades apresentadas por essas formas e assim definiu a noção de *conjunto fractal*. Essencialmente, um conjunto fractal é um conjunto que possui a propriedade de *auto-similaridade*, isto é, um número finito de translações de qualquer subconjunto, não importa o quão pequeno, recria o conjunto inteiro. Posteriormente, Mandelbrot retomou os trabalhos de Fatou e Julia, utilizando computadores para desenhar as regiões estudadas por eles, de maneira a observar o comportamento caótico que produz a estrutura fractal.

Seja $F : \mathbb{R}^2 \to \mathbb{R}^2$ e $F(x, y) = 0$ o sistema não linear a ser analisado. Para cada solução (x_r^*, y_r^*), $r = 1, \dots L$, desse sistema, associamos uma cor diferente C_r e seja C_0 uma cor distinta de todas as outras. Seja K o número máximo de iterações permitidas do método de Newton e $\varepsilon > 0$ a precisão desejada.

Considere agora que a tela do computador representa uma região discretizada do plano euclidiano, $T = \{(x_i, y_j) \mid i = 0, \dots, N, j = 0, \dots, M\}$. Para cada $(x_i, y_j) \in T$ aplicamos o método de Newton a partir desse ponto. Se para algum $k \leq K$ e $r \leq L$, $\| (x^k, y^k) - (x_r^*, y_r^*) \| < \varepsilon$, associamos a cor C_r ao ponto (x_i, y_j), isto é, fazemos COR(i, j) = C_r; caso contrário, COR (i, j) = C_0. O resultado, devido à computação numérica e a erros de arredondamento, é uma aproximação da região de convergência em T.

Podemos também construir uma cópia dessas regiões, onde a cor associada a cada ponto (x_i, y_j) está relacionada ao número de iterações. Para isto, escolhemos as cores C_k, $k = 1, \dots, K$ e associamos COR(i, j) = C_k, se $k \leq K$ e COR(i, j) = C_0, caso contrário.

Temos, assim, dois mapas para cada sistema: "Para onde convergiu" e "Como convergiu".

Utilizando $\varepsilon = 10^{-6}$ e $K = 20$, construa os mapas descritos para os sistemas:

Sistema I

$$\begin{cases} x^2 - y^2 - 1 = 0 \\ 2xy = 0 \end{cases}$$

Soluções: $(x_1^*, y_1^*) = (1, 0)$, $(x_1^*, y_2^*) = (-1, 0)$

$$T = \left\{ \left(-1 + \frac{2i}{N}, -1 + \frac{2j}{M} \right) \right\} \text{ com } M, N \geq 100, \quad 0 \leq i \leq N, \quad 0 \leq j \leq M$$

Sistema II

$$\begin{cases} x^3 - 3xy^2 - 1 = 0 \\ 3x^2y - y^3 = 0 \end{cases}$$

Soluções: $(x_1^*, y_1^*) = (1, 0)$, $(x_2^*, y_2^*) = \left(-\frac{1}{2}, \frac{-\sqrt{3}}{2} \right)$, $(x_3^*, y_3^*) = \left(-\frac{1}{2}, \frac{\sqrt{3}}{2} \right)$

$$T = \left\{ \left(-1.5 + \frac{3i}{N}, -1.5 + \frac{3j}{M} \right) \right\} \text{ com } M, N \geq 100, \quad 0 \leq i \leq N, \quad 0 \leq j \leq M$$

Sistema III

$$\begin{cases} x^2 - y^2 - 1 = 0 \\ (x^2 + y^2 - 1)(x^2 + y^2 - 4) = 0 \end{cases}$$

Soluções: $(x_1^*, y_1^*) = (1,0)$, $(x_2^*, y_2^*) = (-1,0)$,

$(x_3^*, y_3^*) = (-1.58, -1.22)$, $(x_4^*, y_4^*) = (-1.58, 1.22)$,

$(x_5^*, y_5^*) = (1.58, -1.22)$, $(x_6^*, y_6^*) = (1.58, 1.22)$

$$T = \left\{ \left(-2 + \frac{4i}{N}, -2 + \frac{4j}{M} \right) \right\} \text{ com } M, N \geq 100, \quad 0 \leq i \leq N, \quad 0 \leq j \leq M$$

Para maiores detalhes sobre este assunto, sugerimos a referência [28].

CAPÍTULO 5

INTERPOLAÇÃO

5.1 INTRODUÇÃO

A seguinte tabela relaciona calor específico da água e temperatura:

temperatura (ºC)	20	25	30	35	40
calor específico	0.99907	0.99852	0.99826	0.99818	0.99828

temperatura (ºC)	45	50
calor específico	0.99849	0.99878

Suponhamos que se queira calcular:

i) o calor específico da água a 32.5ºC;

ii) a temperatura para a qual o calor específico é 0.99837.

A interpolação nos ajuda a resolver este tipo de problema.

Interpolar uma função f(x) consiste em aproximar essa função por uma outra função g(x), escolhida entre uma classe de funções definida *a priori* e que satisfaça algumas propriedades. A função g(x) é então usada em substituição à função f(x).

A necessidade de se efetuar esta substituição surge em várias situações, como por exemplo:

a) quando são conhecidos somente os valores numéricos da função para um conjunto de pontos e é necessário calcular o valor da função em um ponto não tabelado (como é o caso do exemplo anterior);

b) quando a função em estudo tem uma expressão tal que operações como a diferenciação e a integração são difíceis (ou mesmo impossíveis) de serem realizadas.

5.1.1 UM CONCEITO DE INTERPOLAÇÃO

Consideremos (n + 1) pontos distintos: $x_0, x_1,..., x_n$, chamados *nós da interpolação*, e os valores de f(x) nesses pontos: $f(x_0), f(x_1),..., f(x_n)$.

A forma de interpolação de f(x) que veremos a seguir consiste em se obter uma determinada função g(x) tal que:

$$\begin{cases} g(x_0) = f(x_0) \\ g(x_1) = f(x_1) \\ g(x_2) = f(x_2) \\ \quad \vdots \qquad \vdots \\ g(x_n) = f(x_n) \end{cases} \qquad (1)$$

GRAFICAMENTE

Se n = 5

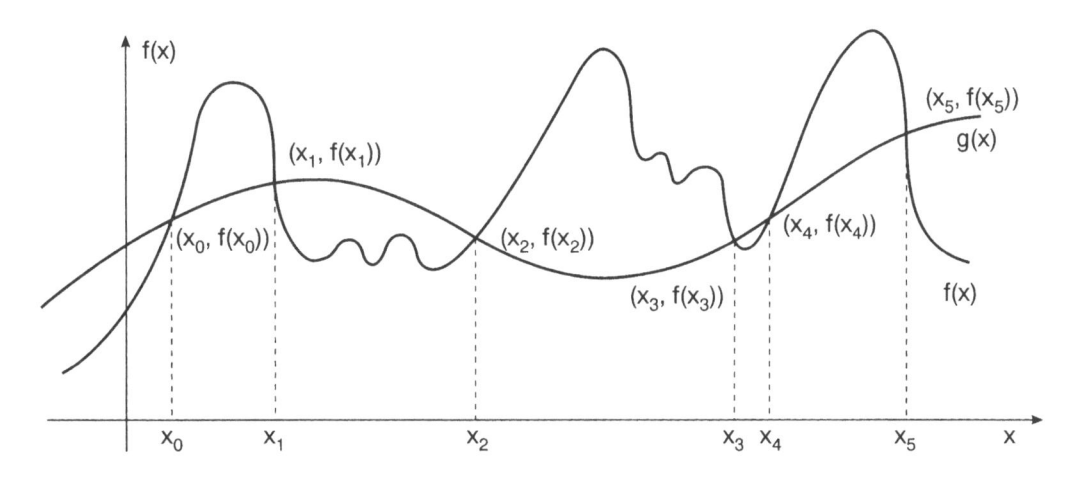

Figura 5.1

Neste texto consideraremos que g(x) pertence à classe das funções polinomiais.

Observamos que:

i) existem outras formas de interpolação polinomial como, por exemplo, a fórmula de Taylor e a interpolação por polinômios de Hermite, para as quais as condições de interpolação (1) são outras.

ii) assim como g(x) foi escolhida entre as funções polinomiais, poderíamos ter escolhido g(x) como função racional, função trigonométrica etc.

5.2 INTERPOLAÇÃO POLINOMIAL

Dados os pontos $(x_0, f(x_0))$, $(x_1, f(x_1))$,..., $(x_n, f(x_n))$, portanto (n+1) pontos, queremos aproximar f(x) por um polinômio $p_n(x)$, de grau menor ou igual a n, tal que:

$$f(x_k) = p_n(x_k) \quad k = 0,1,2,..., n$$

Surgem aqui as perguntas: existe sempre um polinômio $p_n(x)$ que satisfaça estas condições? Caso exista, ele é único?

Representaremos $p_n(x)$ por:

$$p_n(x) = a_0 + a_1x + a_2x^2 + \ldots + a_nx^n.$$

Portanto, obter $p_n(x)$ significa obter os coeficientes $a_0, a_1, \ldots, a_n$.

Da condição $p_n(x_k) = f(x_k)$, $\forall$ $k = 0, 1, 2, \ldots, n$, montamos o seguinte sistema linear:

$$\begin{cases} a_0 + a_1x_0 + a_2x_0^2 + \ldots + a_nx_0^n = f(x_0) \\ a_0 + a_1x_1 + a_2x_1^2 + \ldots + a_nx_1^n = f(x_1) \\ \vdots \\ a_0 + a_1x_n + a_2x_n^2 + \ldots + a_nx_n^n = f(x_n) \end{cases}$$

com $n + 1$ equações e $n + 1$ variáveis: $a_0, a_1, \ldots, a_n$.

A matriz A dos coeficientes é

$$A = \begin{pmatrix} 1 & x_0 & x_0^2 & \ldots & x_0^n \\ 1 & x_1 & x_1^2 & \ldots & x_1^n \\ \vdots & \vdots & \vdots & & \vdots \\ 1 & x_n & x_n^2 & \ldots & x_n^n \end{pmatrix}$$

que é uma matriz de Vandermonde e, portanto, desde que $x_0, x_1, \ldots, x_n$ sejam pontos distintos, temos $\det(A) \neq 0$ e, então, o sistema linear admite solução única.

Demonstramos, assim, o seguinte teorema:

TEOREMA 1

Existe um único polinômio $p_n(x)$, de grau $\leq n$, tal que: $p_n(x_k) = f(x_k)$, $k = 0, 1, 2, \ldots, n$ desde que $x_k \neq x_j$, $j \neq k$.

5.3 FORMAS DE SE OBTER $p_n(x)$

Conforme acabamos de ver, o polinômio $p_n(x)$ que interpola $f(x)$ em $x_0, x_1,..., x_n$ é único. No entanto, existem várias formas para se obter tal polinômio. Uma das formas é a resolução do sistema linear obtido anteriormente. Estudaremos ainda as formas de Lagrange e de Newton.

Teoricamente as três formas conduzem ao mesmo polinômio. A escolha entre elas depende de condições como estabilidade do sistema linear, tempo computacional etc.

5.3.1 RESOLUÇÃO DO SISTEMA LINEAR

Exemplo 1

Vamos encontrar o polinômio de grau ≤ 2 que interpola os pontos da tabela:

x	-1	0	2
f(x)	4	1	-1

Temos que $p_2(x) = a_0 + a_1 x + a_2 x^2$;

$p_2(x_0) = f(x_0) \Leftrightarrow a_0 - a_1 + a_2 = 4$
$p_2(x_1) = f(x_1) \Leftrightarrow a_0 = 1$
$p_2(x_2) = f(x_2) \Leftrightarrow a_0 + 2a_1 + 4a_2 = -1$.

Resolvendo o sistema linear, obtemos:

$a_0 = 1$, $a_1 = -7/3$ e $a_2 = 2/3$.

Assim, $p_2(x) = 1 - \frac{7}{3}x + \frac{2}{3}x^2$ é o polinômio que interpola $f(x)$ em $x_0 = -1$, $x_1 = 0$ e $x_2 = 2$.

Embora a resolução do sistema linear neste exemplo tenha sido um processo simples e exato na obtenção de $p_2(x)$, não podemos esperar que isto ocorra para qualquer problema de interpolação, uma vez que, como vimos, a matriz A dos coeficientes do sistema linear é uma matriz de Vandermonde, podendo ser mal condicionada (ver Projeto 1, item (*a*) do Capítulo 3).

Por exemplo, seja obter $p_3(x)$ que interpola $f(x)$ nos pontos x_0, x_1, x_2, x_3, de acordo com a tabela abaixo:

x	0.1	0.2	0.3	0.4
f(x)	5	13	−4	−8

Impondo a condição $p_3(x_k) = f(x_k)$ para $k = 0, 1, 2, 3$, temos o sistema linear:

$$\begin{cases} a_0 + 0.1a_1 + 0.01a_2 + 0.001a_3 = 5 \\ a_0 + 0.2a_1 + 0.04a_2 + 0.008a_3 = 13 \\ a_0 + 0.3a_1 + 0.09a_2 + 0.027a_3 = -4 \\ a_0 + 0.4a_1 + 0.16a_2 + 0.064a_3 = -8 \end{cases}$$

Usando aritmética de ponto flutuante com três dígitos e o método da eliminação de Gauss, temos como resultado:

$$p_3(x) = -0.66 \times 10^2 + (0.115 \times 10^4)x - (0.505 \times 10^4)x^2 + (0.633 \times 10^4)x^3$$

e, para $x = 0.4$, obtemos:

$$p_3(0.4) = -10 \neq -8 = f(0.4).$$

5.3.2 FORMA DE LAGRANGE

Sejam $x_0, x_1, ..., x_n$, $(n+1)$ pontos distintos e $y_i = f(x_i)$, $i = 0, ..., n$.

Seja $p_n(x)$ o polinômio de grau $\leq n$ que interpola f em $x_0, ..., x_n$. Podemos representar $p_n(x)$ na forma $p_n(x) = y_0 L_0(x) + y_1 L_1(x) + ... + y_n L_n(x)$, onde os polinômios $L_k(x)$ são de grau n. Para cada i, queremos que a condição $p_n(x_i) = y_i$ seja satisfeita, ou seja:

$$p_n(x_i) = y_0 L_0(x_i) + y_1 L_1(x_i) + ... + y_n L_n(x_i) = y_i. \tag{2}$$

A forma mais simples de se satisfazer esta condição é impor:

$$L_k(x_i) = \begin{cases} 0 \text{ se } k \neq i \\ 1 \text{ se } k = i \end{cases} \text{ e, para isso, definimos } L_k(x) \text{ por}$$

$$L_k(x) = \frac{(x-x_0)(x-x_1) \ldots (x-x_{k-1})(x-x_{k+1}) \ldots (x-x_n)}{(x_k-x_0)(x_k-x_1) \ldots (x_k-x_{k-1})(x_k-x_{k+1}) \ldots (x_k-x_n)}.$$

É fácil verificar que realmente

$L_k(x_k) = 1$ e
$L_k(x_i) = 0$ se $i \neq k$.

Como o numerador de $L_k(x)$ é um produto de n fatores da forma:

$(x - x_i), \quad i = 0, \ldots, n, i \neq k,$

então $L_k(x)$ é um polinômio de grau n e, assim, $p_n(x)$ é um polinômio de grau menor ou igual a n.

Além disso, para $x = x_i$, $i = 0, \ldots, n$ temos:

$$p_n(x_i) = \sum_{k=0}^{n} y_k L_k(x_i) = y_i L_i(x_i) = y_i$$

Então, a forma de Lagrange para o polinômio interpolador é:

$$p_n(x) = \sum_{k=0}^{n} y_k L_k(x)$$

onde

$$L_k(x) = \frac{\prod_{\substack{j=0 \\ j \neq k}}^{n} (x - x_j)}{\prod_{\substack{j=0 \\ j \neq k}}^{n} (x_k - x_j)}.$$

Exemplo 2 (Interpolação Linear)

Faremos aqui um exemplo teórico para interpolação em dois pontos distintos: $(x_0, f(x_0))$ e $(x_1, f(x_1))$.

Assim, n é igual a 1 e, por isto, a interpolação por dois pontos é chamada *interpolação linear*.

Usando a forma de Lagrange, teremos:

$p_1(x) = y_0 L_0(x) + y_1 L_1(x)$, onde

$$L_0(x) = \frac{(x - x_1)}{(x_0 - x_1)}, \quad L_1(x) = \frac{(x - x_0)}{(x_1 - x_0)}.$$

Assim, $p_1(x) = y_0 \frac{(x - x_1)}{(x_0 - x_1)} + y_1 \frac{(x - x_0)}{(x_1 - x_0)}$, ou seja,

$$p_1(x) = \frac{(x_1 - x)y_0 + (x - x_0)y_1}{(x_1 - x_0)}$$

que é exatamente a equação da reta que passa por $(x_0, f(x_0))$ e $(x_1, f(x_1))$.

Exemplo 3

Seja a tabela:

x	-1	0	2
f(x)	4	1	-1

Pela forma de Lagrange, temos que:

$p_2(x) = y_0 L_0(x) + y_1 L_1(x) + y_2 L_2(x)$, onde:

$$L_0(x) = \frac{(x-x_1)(x-x_2)}{(x_0-x_1)(x_0-x_2)} = \frac{(x-0)(x-2)}{(-1-0)(-1-2)} = \frac{x^2-2x}{3}$$

$$L_1(x) = \frac{(x-x_0)(x-x_2)}{(x_1-x_0)(x_1-x_2)} = \frac{(x+1)(x-2)}{(0+1)(0-2)} = \frac{x^2-x-2}{-2}$$

$$L_2(x) = \frac{(x-x_0)(x-x_1)}{(x_2-x_0)(x_2-x_1)} = \frac{(x+1)(x-0)}{(2+1)(2-0)} = \frac{x^2+x}{6}.$$

Assim, na forma de Lagrange,

$$p_2(x) = 4\left(\frac{x^2-2x}{3}\right) + 1\left(\frac{x^2-x-2}{-2}\right) + (-1)\left(\frac{x^2+x}{6}\right).$$

Agrupando os termos semelhantes, obtemos que $p_2(x) = 1 - \frac{7}{3}x + \frac{2}{3}x^2$, que é a mesma expressão obtida no Exemplo 1.

5.3.3 FORMA DE NEWTON

A forma de Newton para o polinômio $p_n(x)$ que interpola $f(x)$ em $x_0, x_1,..., x_n$, $(n + 1)$ pontos distintos é a seguinte:

$$p_n(x) = d_0 + d_1(x-x_0) + d_2(x-x_0)(x-x_1) + ... + d_n(x-x_0)(x-x_1) ... (x-x_{n-1}). \quad (3)$$

No que segue, estudaremos:

i) o operador diferenças divididas, uma vez que os coeficientes d_k, $k = 0, 1,..., n$ acima são diferenças divididas de ordem k entre os pontos $(x_j, f(x_j))$, $j = 0, 1,..., k$.

ii) a dedução da expressão de $p_n(x)$ dada por (3).

OPERADOR DIFERENÇAS DIVIDIDAS

Seja $f(x)$ uma função tabelada em $n + 1$ pontos distintos: $x_0, x_1,..., x_n$.

Definimos o *operador diferenças divididas* por:

$$f[x_0] = f(x_0) \quad \text{(Ordem Zero)}$$

$$f[x_0, x_1] = \frac{f[x_1] - f[x_0]}{x_1 - x_0} = \frac{f(x_1) - f(x_0)}{x_1 - x_0} \quad \text{(Ordem 1)}$$

$$f[x_0, x_1, x_2] = \frac{f[x_1, x_2] - f[x_0, x_1]}{x_2 - x_0} \quad \text{(Ordem 2)}$$

$$f[x_0, x_1, x_2, x_3] = \frac{f[x_1, x_2, x_3] - f[x_0, x_1, x_2]}{x_3 - x_0} \quad \text{(Ordem 3)}$$

$$\vdots$$

$$f[x_0, x_1, x_2, ..., x_n] = \frac{f[x_1, x_2, ..., x_n] - f[x_0, x_1, x_2, ..., x_{n-1}]}{x_n - x_0} \quad \text{(Ordem n)}$$

Dizemos que $f[x_0, x_1, ..., x_k]$ é a diferença dividida de ordem k da função $f(x)$ sobre os k + 1 pontos: $x_0, x_1, ..., x_k$.

Dada uma função $f(x)$ e conhecidos os valores que $f(x)$ assume nos pontos distintos $x_0, x_1, ..., x_n$, podemos construir a tabela:

x	Ordem 0	Ordem 1	Ordem 2	Ordem 3	...	Ordem n
x_0	$f[x_0]$					
		$f[x_0, x_1]$				
x_1	$f[x_1]$		$f[x_0, x_1, x_2]$			
		$f[x_1, x_2]$		$f[x_0, x_1, x_2, x_3]$		
x_2	$f[x_2]$		$f[x_1, x_2, x_3]$		.	
		$f[x_2, x_3]$		$f[x_1, x_2, x_3, x_4]$	.	
x_3	$f[x_3]$		$f[x_2, x_3, x_4]$		.	$f[x_0, x_1, x_2, ..., x_n]$
		$f[x_3, x_4]$	.	.	.	
x_4	$f[x_4]$	.	.	$f[x_{n-3}, x_{n-2}, x_{n-1}, x_n]$		
.	.	.	$f[x_{n-2}, x_{n-1}, x_n]$			
.	.	$f[x_{n-1}, x_n]$				
x_n	$f[x_n]$					

Exemplo 4

Seja $f(x)$ tabelada abaixo

x	−1	0	1	2	3
f(x)	1	1	0	−1	−2

Sua tabela de diferenças divididas é:

x	Ordem 0	Ordem 1	Ordem 2	Ordem 3	Ordem 4
−1	1				
		0			
0	1		$-\frac{1}{2}$		
		−1		$\frac{1}{6}$	
1	0		0		$-\frac{1}{24}$
		−1		0	
2	−1		0		
		−1			
3	−2				

Onde

$$f[x_0, x_1] = \frac{f[x_1] - f[x_0]}{x_1 - x_0} = \frac{1 - 1}{1} = 0$$

$$f[x_1, x_2] = \frac{f[x_2] - f[x_1]}{x_2 - x_1} = \frac{0 - 1}{1 - 0} = -1$$

$$\vdots$$

$$f[x_0, x_1, x_2] = \frac{f[x_1, x_2] - f[x_0, x_1]}{x_2 - x_0} = \frac{-1 - 0}{1 + 1} = \frac{-1}{2}$$

$$f[x_1, x_2, x_3] = \frac{f[x_2, x_3] - f[x_1, x_2]}{x_3 - x_1} = \frac{-1 + 1}{2 - 0} = 0$$

.
.
.

$$f[x_0, x_1, x_2, x_3] = \frac{f[x_1, x_2, x_3] - f[x_0, x_1, x_2]}{x_3 - x_0} = \frac{0 + 1/2}{2 + 1} = \frac{1}{6}$$

.
.
.

Prova–se que as diferenças divididas satisfazem a propriedade a seguir:

$f[x_0, x_1, ..., x_k]$ é simétrica nos argumentos, ou seja, $f[x_0, x_1,..., x_k] = f[x_{j_0}, x_{j_1},..., x_{j_k}]$ onde $j_0, j_1, ... j_k$ é qualquer permutação de 0, 1, ..., k.

Por exemplo,

$$f[x_0, x_1] = \frac{f[x_1] - f[x_0]}{x_1 - x_0} = \frac{f[x_0] - f[x_1]}{x_0 - x_1} = f[x_1, x_0].$$

Para k = 2 teremos

$$f[x_0, x_1, x_2] = f[x_0, x_2, x_1] = f[x_1, x_0, x_2] = f[x_1, x_2, x_0] = f[x_2, x_0, x_1] = f[x_2, x_1, x_0].$$

FORMA DE NEWTON PARA O POLINÔMIO INTERPOLADOR

Seja f(x) contínua e com tantas derivadas contínuas quantas necessárias num intervalo [a, b].

Sejam $a = x_0 < x_1 < x_2 < ... < x_n = b$, (n + 1) pontos.

Construiremos o polinômio $p_n(x)$ que interpola f(x) em x_0, x_1,..., x_n. Iniciaremos a construção obtendo $p_0(x)$ que interpola f(x) em $x = x_0$. E assim, sucessivamente, construiremos $p_k(x)$ que interpola f(x) em $x_0, x_1,..., x_k$, k = 0, 1,..., n.

Seja $p_0(x)$ o polinômio de grau 0 que interpola f(x) em $x = x_0$. Então, $p_0(x) = f(x_0) = f[x_0]$.

Temos que, para todo $x \in [a, b]$, $x \neq x_0$

$$f[x_0, x] = \frac{f[x] - f[x_0]}{x - x_0} = \frac{f(x) - f(x_0)}{x - x_0} \Rightarrow$$

$$\Rightarrow (x - x_0)f[x_0, x] = f(x) - f(x_0) \Rightarrow$$

$$\Rightarrow f(x) = \underbrace{f(x_0)}_{p_0(x)} + \underbrace{(x - x_0)\, f[x_0, x]}_{E_0(x)}$$

$$\Rightarrow E_0(x) = f(x) - p_0(x) = (x - x_0)f[x_0, x].$$

Note que $E_0(x) = f(x) - p_0(x)$ é o erro cometido ao se aproximar $f(x)$ por $p_0(x)$. Na Seção 5.4, o erro na interpolação será estudado com detalhes.

Seja agora construir $p_1(x)$, o polinômio de grau ≤ 1 que interpola $f(x)$ em x_0 e x_1.

Temos que

$$f[x_0, x_1, x] = f[x_1, x_0, x] = \frac{f[x_0, x] - f[x_1, x_0]}{x - x_1} =$$

$$= \frac{\frac{f(x) - f(x_0)}{x - x_0} - f[x_1, x_0]}{(x - x_1)} = \frac{f(x) - f(x_0) - (x - x_0)f[x_1, x_0]}{(x - x_1)(x - x_0)}$$

$$\Rightarrow f[x_0, x_1, x] = \frac{f(x) - f(x_0) - (x - x_0)\, f[x_1, x_0]}{(x - x_0)(x - x_1)} \Rightarrow$$

$$\Rightarrow f(x) = \underbrace{f(x_0) + (x - x_0)\, f[x_1, x_0]}_{p_1(x)} + \underbrace{(x - x_0)(x - x_1)\, f[x_0, x_1, x]}_{E_1(x)}.$$

Assim,

$$p_1(x) = \underbrace{f(x_0)}_{p_0(x)} + \underbrace{(x - x_0) f[x_0, x_1]}_{q_1(x)} \text{ e}$$

$$E_1(x) = (x - x_0)(x - x_1) f[x_0, x_1, x].$$

Verificação:

$p_1(x)$ interpola $f(x)$ em x_0 e em x_1?

$$p_1(x_0) = f(x_0)$$

$$p_1(x_1) = f(x_0) + (x_1 - x_0) \frac{f(x_1) - f(x_0)}{x_1 - x_0} = f(x_1).$$

Seja agora construir $p_2(x)$, o polinômio de grau ≤ 2 que interpola $f(x)$ em x_0, x_1, x_2.

Temos que:

$$f[x_0, x_1, x_2, x] = f[x_2, x_1, x_0, x] = \frac{f[x_1, x_0, x] - f[x_2, x_1, x_0]}{x - x_2} =$$

$$= \frac{\dfrac{f[x_0, x] - f[x_1, x_0]}{x - x_1} - f[x_2, x_1, x_0]}{x - x_2} =$$

$$= \frac{\dfrac{\dfrac{f(x) - f(x_0)}{(x - x_0)} - f[x_1, x_0]}{(x - x_1)} - f[x_2, x_1, x_0]}{(x - x_2)} =$$

$$= \frac{f(x) - f(x_0) - (x - x_0)f[x_1, x_0] - (x - x_0)(x - x_1)f[x_2, x_1, x_0]}{(x - x_0)(x - x_1)(x - x_2)} \Rightarrow$$

$$\Rightarrow f(x) = f(x_0) + (x - x_0)f[x_0, x_1] + (x - x_0)(x - x_1) f[x_0, x_1, x_2] +$$
$$+ (x - x_0)(x - x_1)(x - x_2) f[x_0, x_1, x_2, x].$$

Então,

$$p_2(x) = \underbrace{f(x_0) + (x - x_0)f[x_0, x_1]}_{p_1(x)} + \underbrace{(x - x_0)(x - x_1)f[x_0, x_1, x_2]}_{q_2(x)} \text{ e}$$

$$E_2(x) = (x - x_0)(x - x_1)(x - x_2)f[x_0, x_1, x_2, x].$$

Observamos que, assim como para $p_1(x)$ e $p_2(x)$, $p_k(x) = p_{k-1}(x) + q_k(x)$, onde $q_k(x)$ é um polinômio de grau k.

Aplicando sucessivamente o mesmo raciocínio para

$x_0, x_1, x_2, x_3;$
$x_0, x_1, x_2, x_3, x_4;$

.

.

.

$x_0, x_1, x_2, ..., x_n,$

teremos a forma de Newton para o polinômio de grau $\leq$ n que interpola f(x) em $x_0, ..., x_n$:

$$p_n(x) = f(x_0) + (x - x_0)f[x_0, x_1] + (x - x_0)(x - x_1)f[x_0, x_1, x_2] + ...$$
$$+ ... + (x - x_0)(x - x_1) ... (x - x_{n-1})f[x_0, x_1, ..., x_n]$$

e o erro é dado por

$$E_n(x) = (x - x_0)(x - x_1) ... (x - x_n) f[x_0, x_1, ..., x_n, x]$$

De fato, $p_n(x)$ interpola f(x) em $x_0, x_1, ..., x_n$, pois sendo

$f(x) = p_n(x) + E_n(x)$, então, para todo nó x_k, k = 0,..., n, temos

$$f(x_k) = p_n(x_k) + \underbrace{E_n(x_k)}_{=0} = p_n(x_k).$$

Exemplo 5

Usando a forma de Newton, o polinômio $p_2(x)$, que interpola $f(x)$ nos pontos dados abaixo

x	-1	0	2
f(x)	4	1	-1

, é:

$p_2(x) = f(x_0) + (x - x_0) f[x_0, x_1] + (x - x_0)(x - x_1) f[x_0, x_1, x_2]$.

x	Ordem 0	Ordem 1	Ordem 2
-1	4		
		-3	
0	1		$\frac{2}{3}$
		-1	
2	-1		

$p_2(x) = 4 + (x + 1)(-3) + (x + 1)(x - 0)\frac{2}{3}$.

Observamos que, agrupando os termos semelhantes, obtemos $p_2(x) = \frac{2}{3}x^2 - \frac{7}{3}x + 1$, que é a mesma expressão obtida nos Exemplos 1 e 3.

Observamos ainda que é conveniente deixar o polinômio na forma de Newton, sem agrupar os termos semelhantes, pois, quando calcularmos o valor numérico de $p_n(x)$, para $x = \alpha$, evitaremos o cálculo de potências. O número de operações pode ainda ser reduzido se usarmos a forma dos *parênteses encaixados* descrita a seguir:

dado

$p_n(x) = f(x_0) + (x - x_0) f[x_0, x_1] + (x - x_0)(x - x_1) f[x_0, x_1, x_2] +$
$+ (x - x_0)(x - x_1)(x - x_2) f[x_0, x_1, x_2, x_3] + ... +$
$+ (x - x_0)(x - x_1) ... (x - x_{n-1}) f[x_0, x_1, x_2, ..., x_n]$

temos

$$p_n(x) = f(x_0) + (x - x_0) \{f[x_0, x_1] + (x - x_1) \{f[x_0, x_1, x_2] + \\ + (x - x_2) \{f[x_0, x_1, x_2, x_3] +... + (x - x_{n-1}) f[x_0, x_1, ..., x_n]...\}\}\}.$$

Um algoritmo para se calcular $p_n(\alpha)$ usando esta forma de parênteses encaixados será visto na lista de exercícios, no final deste capítulo.

5.4 ESTUDO DO ERRO NA INTERPOLAÇÃO

Como já observamos, ao se aproximar uma função $f(x)$ por um polinômio interpolador de grau $\leq n$, comete-se um erro, ou seja

$$E_n(x) = f(x) - p_n(x) \text{ para todo x no intervalo } [x_0, x_n].$$

O estudo do erro é importante para sabermos quão próximo $f(x)$ está de $p_n(x)$.

Exemplo 6

Este exemplo ilustra este fato no caso da interpolação linear.

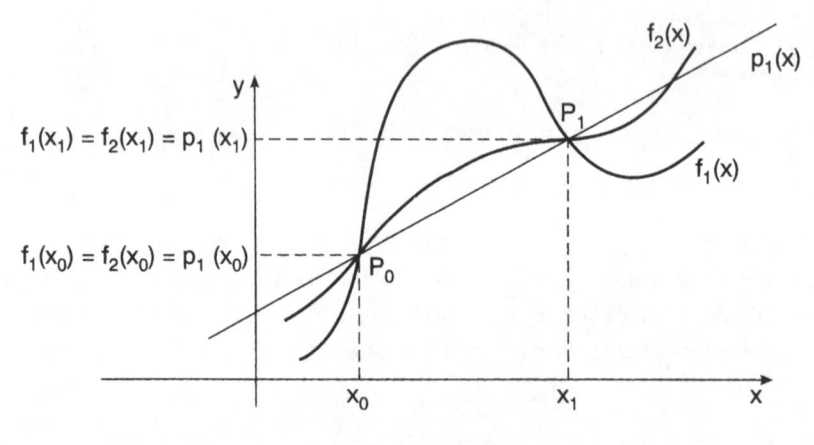

Figura 5.2

O mesmo polinômio $p_1(x)$ interpola $f_1(x)$ e $f_2(x)$ em x_0 e x_1.

Contudo, o erro $E_1^1(x) = f_1(x) - p_1(x)$ é maior que $E_1^2(x) = f_2(x) - p_1(x)$, $\forall\ x \in (x_0, x_1)$.

Observamos ainda que o erro, neste caso, depende da concavidade das curvas, ou seja, de $f_1''(x)$ e $f_2''(x)$.

Veremos no Teorema 2 a expressão exata do erro quando aproximamos $f(x)$ por $p_n(x)$, para n qualquer.

TEOREMA 2

Sejam $x_0 < x_1 < x_2 < ... < x_n$, (n + 1) pontos.

Seja $f(x)$ com derivadas até ordem (n+1) para todo x pertencente ao intervalo $[x_0, x_n]$.

Seja $p_n(x)$ o polinômio interpolador de $f(x)$ nos pontos $x_0, x_1, ..., x_n$.

Então, em qualquer ponto x pertencente ao intervalo $[x_0, x_n]$, o erro é dado por

$$E_n(x) = f(x) - p_n(x) = (x - x_0)(x - x_1)(x - x_2)...(x - x_n)\frac{f^{(n+1)}(\xi_x)}{(n+1)!}$$

onde $\xi_x \in (x_0, x_n)$.

DEMONSTRAÇÃO

Seja $G(x) = (x-x_0)(x-x_1)...(x-x_n)$, $\forall\ x \in [x_0, x_n]$. Então, para $x = x_i$ temos $f(x_i) = p_n(x_i)$, pois $G(x_i) = 0 \Rightarrow E_n(x_i) = 0$, donde a fórmula do erro está correta para $x = x_i$, $i = 0, ... n$.

Para cada $x \in (x_0, x_n)$, $x \neq x_i$, $i = 0,..., n$, seja $H(t)$ uma função auxiliar, definida por

$H(t) = E_n(x)G(t) - E_n(t) G(x)$, $t \in [x_0, x_n]$.

$H(t)$ possui derivadas até ordem n + 1, pois:

$f(t)$ possui derivada até ordem n+1, por hipótese e

$p_n(t)$ possui derivadas até ordem n + 1; então

$E_n(t) = f(t) - p_n(t)$ possui derivadas até ordem n +1.

G(t) possui derivadas até ordem n + 1, pois é polinômio de grau n + 1.

Assim, $E_n(x)G(t) - E_n(t)G(x) = H(t)$ possui derivadas até ordem n + 1.

Verificaremos, a seguir, que H(t) possui pelo menos (n + 2) zeros no intervalo $[x_0, x_n]$.

Para $t = x_i$, $i = 0,...,$ n temos que $E_n(t) = 0$ e $G(t) = 0$, donde $H(x_i) = E_n(x)G(x_i) - E_n(x_i)G(x) = 0$, $i = 0, 1,...,$ n e, para $t = x$, $H(x) = E_n(x)G(x) - E_n(x)G(x) = 0$

Assim, $x_0, x_1,..., x_n$, x são zeros de H(t).

Concluindo, temos que a função H(t):

i) está definida no intervalo $[x_0, x_n]$;

ii) possui derivadas até ordem n + 1 nesse intervalo;

iii) possui pelo menos n + 2 zeros nesse intervalo.

Portanto, podemos aplicar sucessivamente o Teorema de Rolle a H(t), H'(t),..., $H^{(n)}(t)$, a saber:

H'(t) possui pelo menos n + 1 zeros em (x_0, x_n);
H''(t) possui pelo menos n zeros em (x_0, x_n);

.
.
.

$H^{(n+1)}(t)$ possui pelo menos um zero em (x_0, x_n).

Mas, $H(t) = E_n(x)G(t) - E(t)G(x) \Rightarrow$

$\Rightarrow H^{(n+1)}(t) = E_n(x)G^{(n+1)}(t) - E_n^{(n+1)}(t)G(x)$.

Agora, $E_n^{(n+1)}(t) = f^{(n+1)}(t) - p_n^{(n+1)}(t) = f^{(n+1)}(t)$ ($p_n(t)$ tem grau n)

$G(t) = (t - x_0)(t - x_1)...(t - x_n)$

$\Rightarrow G^{(n+1)}(t) = (n + 1)!$

Assim, $H^{(n+1)}(t) = E_n(x)(n+1)! - f^{(n+1)}(t)G(x)$. Sendo ξ_x um zero de $H^{(n+1)}(t)$,

$$H^{(n+1)}(\xi_x) = (n+1)! \, E_n(x) - f^{(n+1)}(\xi_x) G(x) = 0$$

$$\Rightarrow E_n(x) = G(x) \frac{f^{(n+1)}(\xi_x)}{(n+1)!}$$

$$\Rightarrow E_n(x) = (x-x_0)(x-x_1)\ldots(x-x_n) \frac{f^{(n+1)}(\xi_x)}{(n+1)!}, \quad \xi_x \in (x_0, x_n).$$

Observamos que, ao aproximarmos $f(x)$ por um polinômio de interpolação de grau $\leq n$, o erro cometido está relacionado com a derivada de ordem $(n+1)$ de $f(x)$, o que confirma a observação feita no Exemplo 6.

Exemplo 7

Seja o problema de se obter $\ln(3.7)$ por interpolação linear, onde $\ln(x)$ está tabelada abaixo:

x	1	2	3	4
ln(x)	0	0.6931	1.0986	1.3863

Como $x = 3.7 \in (3, 4)$, escolheremos $x_0 = 3$ e $x_1 = 4$.

Pela forma de Newton, temos

$$p_1(x) = f(x_0) + (x-x_0)f[x_0, x_1] = 1.0986 + (x-3)\frac{(1.3863 - 1.0986)}{4-3}$$

$$p_1(x) = 1.0986 + (x-3)(0.2877) \Rightarrow p_1(3.7) = 1.300.$$

Dado que, com quatro casas decimais $\ln(3.7) = 1.3083$, o erro cometido é $E_1(3.7) = \ln(3.7) - p_1(3.7) = 1.3083 - 1.3 = 0.0083 = 8.3 \times 10^{-3}$.

Queremos, neste exemplo, mostrar que ξ_x que aparece na expressão do erro do Teorema 2 é realmente uma função de x.

$$E_1(x) = (x - x_0)(x - x_1)\frac{f''(\xi_x)}{2}, \quad \xi_x \in (x_0, x_1).$$

Para x = 3.7,

$$E_1(3.7) = (3.7 - 3)(3.7 - 4)\frac{f''(\xi_x)}{2} = 8.3 \times 10^{-3}.$$

Agora, $f''(x) = \dfrac{-1}{x^2}$.

Então, $(0.7)(-0.3)\left(-\dfrac{1}{2\xi_x^2}\right) = 8.3 \times 10^{-3}$ e, como $\xi_x \in (3, 4)$,

teremos $\xi_x = 3.5578$.

É natural que, se $x \neq 3.7$, $\xi_x \neq 3.5578$.

TEOREMA 3

$$f[x_0, x_1, \ldots, x_n, x] = \frac{f^{(n+1)}(\xi_x)}{(n+1)!}, \quad x \in (x_0, x_n) \text{ e } \xi_x \in (x_0, x_n).$$

DEMONSTRAÇÃO

Seja $p_n(x)$ o único polinômio que interpola f(x) em $x_0, x_1, \ldots, x_n$. Do Teorema 2, temos que

$$E_n(x) = f(x) - p_n(x) = (x - x_0)(x - x_1) \ldots (x - x_n)\frac{f^{(n+1)}(\xi_x)}{(n+1)!}, \xi_x \in (x_0, x_n). \quad (4)$$

Da dedução da forma de Newton para $p_n(x)$,

$$E_n(x) = f(x) - p_n(x) = (x - x_0)(x - x_1) \ldots (x - x_n) f[x_0, x_1, \ldots, x_n, x], \quad (5)$$

$$x \in (x_0, x_n).$$

Assim, (4) = (5) implica que

$$\frac{f^{(n+1)}(\xi_x)}{(n+1)!} = f[x_0, x_1, \ldots, x_n, x].$$

Este teorema mostra claramente a relação entre a diferença dividida de ordem (n+1) e a derivada de ordem (n+1) da função f(x).

LIMITANTE PARA O ERRO

A fórmula para o erro

$$E_n(x) = (x - x_0)(x - x_1) \ldots (x - x_n) \frac{f^{(n+1)}(\xi_x)}{(n+1)!}, \quad \xi_x \in (x_0, x_n)$$

tem uso limitado na prática, dado que serão raras as situações em que conheceremos $f^{(n+1)}(x)$, e o ponto ξ_x nunca é conhecido.

A importância da fórmula exata para $E_n(x)$ é teórica, uma vez que é usada na obtenção das estimativas de erro para as fórmulas de interpolação, diferenciação e integração numérica.

Estudaremos a seguir dois corolários do Teorema 2, que relacionam o erro com um limitante de $f^{(n+1)}(x)$.

COROLÁRIO 1

Sob as hipóteses do Teorema 2, se $f^{(n+1)}(x)$ for contínua em $I = [x_0, x_n]$, podemos escrever a seguinte relação:

$$|E_n(x)| = |f(x) - p_n(x)| \leq |(x - x_0)(x - x_1) \ldots (x - x_n)| \frac{M_{n+1}}{(n+1)!}$$

onde $M_{n+1} = \max_{x \in I} |f^{(n+1)}(x)|$.

DEMONSTRAÇÃO

M_{n+1} existe pois, por hipótese, $f^{(n+1)}(x)$ é contínua em $[x_0, x_n]$ e então,

$$|E_n(x)| \leq |(x - x_0)(x - x_1) \ldots (x - x_n)| \frac{M_{n+1}}{(n + 1)!}.$$

COROLÁRIO 2

Se além das hipóteses anteriores os pontos forem igualmente espaçados, ou seja,

$$x_1 - x_0 = x_2 - x_1 = \ldots = x_n - x_{n-1} = h,$$

então

$$|f(x) - p_n(x)| < \frac{h^{n+1} M_{n+1}}{4(n + 1)}.$$

Observe que o majorante acima independe do ponto x considerado, $x \in [x_0, x_n]$.

Exemplo 8

Seja $f(x) = e^x + x - 1$ tabelada abaixo. Obter $f(0.7)$ por interpolação linear e fazer uma análise do erro cometido.

x	0	0.5	1	1.5	2.0
f(x)	0.0	1.1487	2.7183	4.9811	8.3890

$p_1(x) = f(x_0) + (x - x_0)f[x_0, x_1]$.

$x = 0.7 \in (0.5, 1)$, então $x_0 = 0.5$ e $x_1 = 1$

$$p_1(x) = 1.1487 + (x - 0.5)\left(\frac{2.7183 - 1.1487}{1 - 0.5}\right) = 1.1487 + (x-0.5)3.1392$$

$p_1(0.7) = 1.7765$.

Neste caso, temos condição de calcular o verdadeiro erro, dado por

$|E_1(0.7)| = |f(0.7) - p_1(0.7)| = |1.7137 - 1.7765| = |-0.0628| = 0.0628$.

Os Corolários 1 e 2 nos fornecem as seguintes majorações para o erro:

a) Corolário 1 (em $x = 0.7$)

$$|E_1(0.7)| \leq |(0.7 - 0.5)(0.7 - 1)| \frac{M_2}{2}$$

onde $M_2 = \max_{x \in [0.5, 1]} |f''(x)| = e^1 = 2.7183$.

Então, $|E_1(0.7)| \leq 0.0815$ (realmente, $|E_1(0.7)| = 0.0628 < 0.0815$).

b) Corolário 2: para todo $x \in (0.5, 1)$, temos:

$$|E_1(x)| < \frac{h^2}{8} M_2 = \frac{(0.5)^2}{8}(2.7183) = 0.0850$$

que também confirma o resultado obtido para o erro exato.

ESTIMATIVA PARA O ERRO

Se a função $f(x)$ é dada na forma de tabela, o valor absoluto do erro $|E_n(x)|$ só pode ser estimado. Isto porque, neste caso, não é possível calcular M_{n+1}; mas, se construirmos a tabela de diferenças divididas até ordem $n + 1$, podemos usar o maior valor (em módulo) destas diferenças como uma aproximação para $\dfrac{M_{n+1}}{(n+1)!}$ no intervalo $[x_0, x_n]$.

Neste caso, dizemos que

$|E_n(x)| \approx |(x - x_0)(x - x_1) \ldots (x - x_n)|$ (máx $|$diferenças divididas de ordem $n + 1|$).

Exemplo 9

Seja f(x) dada na forma:

x	0.2	0.34	0.4	0.52	0.6	0.72
f(x)	0.16	0.22	0.27	0.29	0.32	0.37

a) Obter f(0.47) usando um polinômio de grau 2.

b) Dar uma estimativa para o erro.

TABELA DE DIFERENÇAS

x	Ordem 0	Ordem 1	Ordem 2	Ordem 3
0.2	0.16			
		0.4286		
0.34	0.22		2.0235	
		0.8333		−17.8963
$x_0 = 0.4$	0.27		−3.7033	
		0.1667		18.2494
$x_1 = 0.52$	0.29		1.0415	
		0.375		−2.6031
$x_2 = 0.6$	0.32		0.2085	
		0.4167		
0.72	0.37			

Deve-se escolher três pontos de interpolação. Como $0.47 \in (0.4, 0.52)$, dois pontos deverão ser 0.4 e 0.52. O outro tanto pode ser 0.34 como 0.6. Escolheremos $x_0 = 0.4$, $x_1 = 0.52$ e $x_2 = 0.6$.

$$p_2(x) = f(x_0) + (x - x_0)f[x_0, x_1] + (x - x_0)(x - x_1) f[x_0, x_1, x_2]$$
$$= 0.27 + (x - 0.4)0.1667 + (x - 0.4)(x - 0.52)(1.0415).$$

a) $p_2(0.47) = 0.2780 \approx f(0.47)$

b) $|E(0.47)| \approx |(0.47 - 0.4)(0.47 - 0.52)(0.47 - 0.6)| \, |18.2492|$

$\approx 8.303 \times 10^{-3}$.

5.5 INTERPOLAÇÃO INVERSA

Dada a tabela

x	x_0	x_1	x_2	...	x_n
f(x)	$f(x_0)$	$f(x_1)$	$f(x_2)$	...	$f(x_n)$

O problema da interpolação inversa consiste em: dado $\bar{y} \in (f(x_0), f(x_n))$, obter $\bar{x}$, tal que $f(\bar{x}) = \bar{y}$.

Formas de se resolver este problema:

i) obter $p_n(x)$ que interpola $f(x)$ em $x_0, x_1, ..., x_n$ e em seguida encontrar $\bar{x}$ tal que $p_n(\bar{x}) = \bar{y}$ (como mostra o exemplo que segue).

Exemplo 10

Dada a tabela abaixo, encontrar $\bar{x}$ tal que $f(\bar{x}) = 2$:

x	0.5	0.6	0.7	0.8	0.9	1.0
f(x)	1.65	1.82	2.01	2.23	2.46	2.72

Como $2 \in (1.82, 2.01)$, usaremos interpolação linear sobre $x_0 = 0.6$ e $x_1 = 0.7$.
Assim,

$$p_1(x) = f(x_0) \frac{x - x_0}{x_0 - x_1} + f(x_1) \frac{x - x_0}{x_1 - x_0}$$

$$= 1.82 \frac{x - 0.7}{-0.1} + 2.01 \frac{x - 0.6}{0.1}$$

$$= -18.2x + 12.74 + 20.1x - 12.06$$

$$= 1.9x + 0.68.$$

Então $p_1(\bar{x}) = 2 \Leftrightarrow 1.9\bar{x} + 0.68 = 2 \Leftrightarrow \bar{x} = \dfrac{2 - 0.68}{1.9} = 0.6947368$.

Neste caso, não conseguimos nem mesmo fazer uma estimativa do erro cometido, pois o que sabemos é medir o erro em se aproximar $f(x)$ por $p_n(x)$, e aqui queremos medir o erro cometido sobre x e não sobre $f(x)$.

ii) interpolação inversa:

Se $f(x)$ for inversível num intervalo contendo $\bar{y}$, então faremos a interpolação de $x = f^{-1}(y) = g(y)$.

Uma condição para que uma função contínua num intervalo [a, b] seja inversível é que seja monótona crescente (ou decrescente) neste intervalo.

Se $f(x)$ for dada na forma de tabela, supondo que $f(x)$ é contínua em (x_0, x_n), então $f(x)$ será admitida como monótona crescente se $f(x_0) < f(x_1) < ... < f(x_n)$ e decrescente se $f(x_0) > f(x_1) > ... > f(x_n)$.

Conforme dissemos acima, se a condição anterior for satisfeita, o problema de se obter $\bar{x}$ tal que $f(\bar{x}) = \bar{y}$ será facilmente resolvido, se for obtido o polinômio $p_n(y)$ que interpola $g(y) = f^{-1}(x)$ sobre $[y_0, y_n]$.

Para isto, basta considerar x como função de y e aplicar um método de interpolação: $x = f^{-1}(y) = g(y) \approx p_n(y)$.

Exemplo 11

Dada a tabela

x	0	0.1	0.2	0.3	0.4	0.5
y = e^x	1	1.1052	1.2214	1.3499	1.4918	1.6487

Obter x, tal que $e^x = 1.3165$, usando um processo de interpolação quadrática.

Usaremos a forma de Newton para obter $p_2(y)$ que interpola $f^{-1}(y)$.

Assim, vamos construir a tabela de diferenças divididas

y	Ordem 0	Ordem 1	Ordem 2	Ordem 3
1	0			
		0.9506		
1.1052	0.1		-0.4065	
		0.8606		0.1994
(1.2214)	(0.2)		–0.3367	
		(0.7782)		0.1679
(1.3499)	0.3		(–0.2718)	
		0.7047		0.1081
(1.4918)	0.4		–0.2256	
		0.6373		
1.6487	0.5			

$p_2(y) = g(y_0) + (y - y_0)g[y_0, y_1] + (y - y_0)(y - y_1) g[y_0, y_1, y_2]$

$p_2(y) = 0.2 + (y - 1.2214) 0.7782 + (y - 1.2214)(y - 1.3499) (-0.2718)$

$p_2(1.3165) = 0.27487$.

Assim, $e^{0.27487} \approx 1.3165$ (na calculadora, $e^{0.27487} = 1.31659$).

Neste caso, podemos medir o erro seguindo os teoremas dados anteriormente. O erro cometido é definido por

$E(y) = f^{-1}(y) - p_n(y) = g(y) - p_n(y)$

No exemplo, temos que n = 2, então,

$|E_2(y)| \leq |(y - y_0)(y - y_1)(y - y_2)| \dfrac{M_3}{3!}$

$M_3 = \max|g'''(y)|$, $y \in [y_0, y_2]$. Como $f(x) = e^x \Rightarrow g(y) = f^{-1}(y) = \ln(y) \Rightarrow$

$\Rightarrow g'(y) = \dfrac{1}{y} \Rightarrow g''(y) = \dfrac{-1}{y^2} \Rightarrow g'''(y) = \dfrac{2}{y^3} \Rightarrow$

$\Rightarrow M_3 = \dfrac{2}{(1.2214)^3} \Rightarrow (M_3 = \dfrac{2}{(1.2214)^3} = 1.0976.)$

$|E(1.3165)| \leq 1.0186 \times 10^{-4}$, que é um limitante superior para o erro.

Da mesma forma, uma estimativa para o erro é dada por

$|E(y)| \approx |(y - y_0)(y - y_1)(y - y_2)|$ (|máx| diferenças divididas de ordem 3 |)

$|E(y)| \approx 1.11028 \times 10^{-4}$.

5.6 SOBRE O GRAU DO POLINÔMIO INTERPOLADOR

5.6.1 ESCOLHA DO GRAU

A tabela de diferenças divididas junto com a relação entre diferença dividida de ordem k e derivada de ordem k podem nos auxiliar na escolha do grau do polinômio que usaremos para interpolar uma função f(x) dada.

Deve-se, em primeiro lugar, construir a tabela de diferenças divididas. Em seguida, examinar as diferenças divididas da função na vizinhança do ponto de interesse. Se nesta vizinhança as diferenças divididas de ordem k são praticamente constantes (ou se as diferenças de ordem (k + 1) variarem em torno de zero), poderemos concluir que um polinômio interpolador de grau k será o que melhor aproximará a função na região considerada na tabela.

Por exemplo, consideremos $f(x) = \sqrt{x}$ tabelada abaixo com quatro casas decimais:

x	1	1.01	1.02	1.03	1.04	1.05
$\sqrt{x}$	1	1.005	1.01	1.0149	1.0198	1.0247

x	Ordem 0	Ordem 1	Ordem 2
1	1		
		0.5	
1.01	1.005		0
		0.5	
1.02	1.01		−0.5
		0.49	
1.03	1.0149		0
		0.49	
1.04	1.0198		0
		0.49	
1.05	1.0247		

↑
constantes

Assim, no intervalo [1, 1.05] dizemos que um polinômio de grau 1 é uma boa aproximação para $f(x) = \sqrt{x}$.

5.6.2 FENÔMENO DE RUNGE

Uma pergunta que surge é se a seqüência de polinômios de interpolação $\{p_n(x)\}$ converge para $f(x)$ em $[x_0, x_1]$ se $\{(x_0, ..., x_n)\}$ cobre o intervalo $[a, b]$ (ou seja, se $n \to \infty$).

No caso em que $x_{i+1} - x_i = h$, $i = 0, 1, ..., n - 1$, ou seja, em que os pontos x_i são igualmente espaçados, o exemplo abaixo, conhecido como "fenômeno de Runge", ilustra o fato de que é de se esperar divergências neste caso.

Exemplo 12

Considere $f(x) = \dfrac{1}{1 + 25x^2}$ tabelada no intervalo $[-1, 1]$ nos pontos $x_i = -1 + \dfrac{2i}{n}$, $i = 0, 1, ..., n$.

O gráfico a seguir apresenta a curva $f(x)$, o polinômio de grau $n = 10$ que interpola $f(x)$ em x_i, $i = 0, ..., 10$ e o polinômio de Chebyshev que a interpola em $\bar{x}_i = \cos\left(\dfrac{2i + 1}{n + 1} \dfrac{\pi}{2}\right)$.

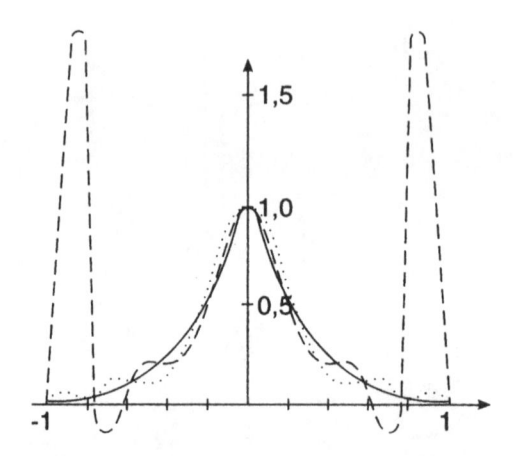

———— : $f(x) = 1/(1 + 25x^2)$

— — — : polinômio que interpola f nos pontos x_i, $i = 0, ...$ 10

············ : polinômio interpolador de Chebyshev nos pontos $\bar{x}_i$ acima

Figura 5.3

Mostra-se que $|f(x) - p_n(x)|$ se torna arbitrariamente grande em pontos do intervalo [–5, 5], se n é suficientemente grande.

No Capítulo 6 de Isaacson & Keller [17], está demonstrado que, sendo

$$f(x) = \frac{1}{1 + x^2}, \quad x_j = -5 + j\Delta x, \quad j = 0, 1, ..., n \quad e$$

$$\Delta x = \frac{10}{n}, \text{ para } |x| > 3.63...(x \in [-5, 5]), \text{ quando } n \to \infty, p_n(x) \text{ diverge de } f(x).$$

Existem várias alternativas, entre as quais:

i) Não aproximar f(x) por polinômios; no caso, como $f(x) = \dfrac{1}{p_2(x)}$, seriam indicadas funções racionais, o que está fora do espírito deste capítulo.

ii) Trocar aproximação em pontos igualmente espaçados por aproximação em nós de Chebyshev : $x_i = \dfrac{x_0 + x_n}{2} + \dfrac{x_n - x_0}{2} \xi_i$, $i = 0, 1, \ldots, n$, onde

$$\xi_i = \cos\left(\frac{2i + 1}{2n + 2} \pi\right)$$

a qual distribui mais homogeneamente o erro.

iii) Usar funções spline (onde temos convergência garantida).

5.7 FUNÇÕES SPLINE EM INTERPOLAÇÃO

Se a função f(x) está tabelada em (n+1) pontos e a aproximarmos por um polinômio de grau n que a interpola sobre os pontos tabelados, o resultado dessa aproximação pode ser desastroso, conforme vimos no Exemplo 12.

Uma alternativa é interpolar f(x) em grupos de poucos pontos, obtendo-se polinômio de grau menor, e impor condições para que a função de aproximação seja contínua e tenha derivadas contínuas até uma certa ordem.

A Figura 5.4 mostra o caso em que aproximamos a função por uma função linear por partes, que denotaremos $S_1(x)$.

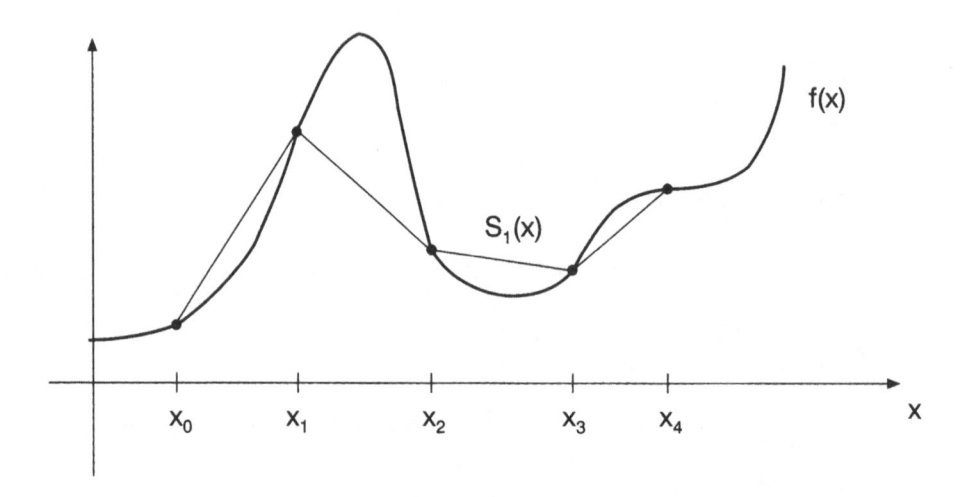

Figura 5.4

Observamos que a função $S_1(x)$ é contínua, mas não é derivável em todo o intervalo (x_0, x_4), uma vez que $S'_1(x)$ não existe para $x = x_i$, $1 \leq i \leq 3$.

Podemos optar também por, a cada 3 pontos: x_i, x_{i+1}, x_{i+2}, passar um polinômio de grau 2 e, neste caso, teremos também garantia só de continuidade da função que vai aproximar f(x).

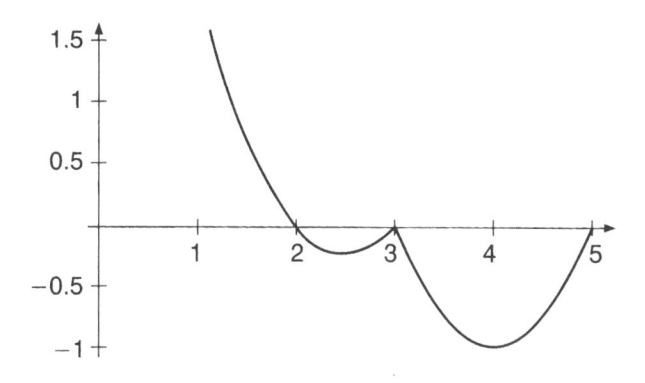

Figura 5.5

No caso das funções spline, a opção feita é aproximar a função tabelada, em cada subintervalo $[x_i, x_{i+1}]$, por um polinômio de grau p, com algumas imposições sobre a função conforme a definição a seguir.

DEFINIÇÃO:

Considere a função f(x) tabelada nos pontos $x_0 < x_1 < ... < x_n$.

Uma função $S_p(x)$ é denominada *spline de grau p* com nós nos pontos x_i, i = 0, 1, ..., n, se satisfaz as seguintes condições:

a) em cada subintervalo $[x_i, x_{i+1}]$, i = 0, 1,..., (n – 1), $S_p(x)$ é um polinômio de grau p: $s_p(x)$.

b) $S_p(x)$ é contínua e tem derivada contínua até ordem (p – 1) em [a, b].

Se, além disto, $S_p(x)$ também satisfaz a condição:

c) $S_p(x_i) = f(x_i)$, i = 0,1,...,n, então será denominada spline interpolante.

A origem do nome spline vem de uma régua elástica, usada em desenhos de engenharia, que pode ser curvada de forma a passar por um dado conjunto de pontos (x_i, y_i), que tem o nome de spline. Sob certas hipóteses (de acordo com a teoria da elasticidade) a curva definida pela régua pode ser descrita aproximadamente como sendo uma função por partes, cada qual um polinômio cúbico, de tal forma que ela e suas duas primeiras derivadas são contínuas sempre. A terceira derivada, entretanto, pode ter descontinuidades nos pontos x_i. Tal função é uma spline cúbica interpolante com nós nos pontos x_i, segundo a definição anterior.

5.7.1 SPLINE LINEAR INTERPOLANTE

A função spline linear interpolante de $f(x)$, $S_1(x)$, nos nós x_0, x_1,..., x_n pode ser escrita em cada subintervalo $[x_{i-1}, x_i]$, $i = 1, 2, ..., n$ como

$$s_i(x) = f(x_{i-1}) \frac{x_i - x}{x_i - x_{i-1}} + f(x_i) \frac{x - x_{i-1}}{x_i - x_{i-1}}, \quad \forall \ x \in [x_{i-1}, x_i].$$

Verificação:

a) $S_1(x)$ é polinômio de grau 1 em cada subintervalo $[x_{i-1}, x_i]$, por definição;

b) $S_1(x)$ é contínua em (x_{i-1}, x_i), por definição, e, nos nós x_i, realmente S_1 está bem definida, pois:

$s_i(x_i) = s_{i+1}(x_i) = f(x_i) \Rightarrow S_1(x)$ é contínua em $[a, b]$ e, portanto, $S_1(x)$ é spline linear;

c) $S_1(x_i) = s_i(x_i) = f(x_i) \Rightarrow S_1(x)$ é spline linear interpolante de $f(x)$ nos nós $x_0, x_1,..., x_n$.

Exemplo 13

Achar a função spline linear que interpola a função tabelada:

	x_0	x_1	x_2	x_3
x	1	2	5	7
f(x)	1	2	3	2.5

Cap. 5   Interpolação   247

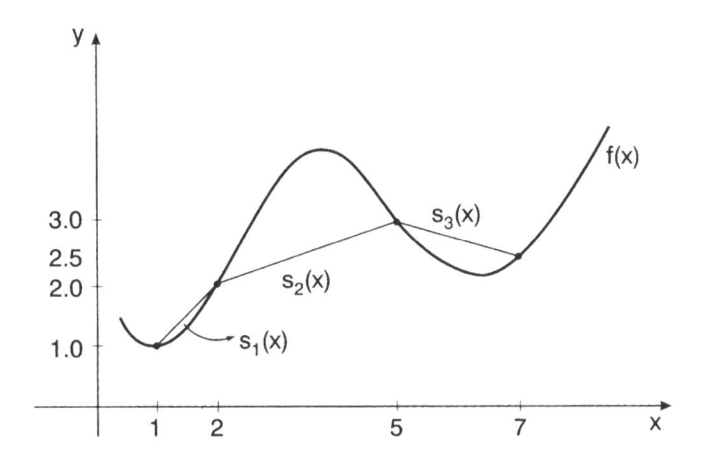

Figura 5.6

De acordo com a definição,

$$s_1(x) = f(x_0)\frac{x_1 - x}{x_1 - x_0} + f(x_1)\frac{x - x_0}{x_1 - x_0} =$$

$$= 1\frac{2 - x}{2 - 1} + 2\frac{x - 1}{2 - 1} = 2 - x + 2x - 2 = x, \; x \in [1, 2]$$

$$s_2(x) = f(x_1)\frac{x_2 - x}{x_2 - x_1} + f(x_2)\frac{x - x_1}{x_2 - x_1}$$

$$= 2\frac{5 - x}{5 - 2} + 3\frac{x - 2}{5 - 2} = \frac{2}{3}(5 - x) + x - 2 = \frac{1}{3}(x + 4), \; x \in [2, 5]$$

$$s_3(x) = f(x_2)\frac{x_3 - x}{x_3 - x_2} + f(x_3)\frac{x - x_2}{x_3 - x_2}$$

$$= 3\frac{7 - x}{7 - 5} + 2.5\frac{x - 5}{7 - 5} = \frac{1}{2}(-0.5x + 8.5), \; x \in [5, 7].$$

5.7.2 SPLINE CÚBICA INTERPOLANTE

A spline linear apresenta a desvantagem de ter derivada primeira descontínua nos nós.

Se usarmos splines quadráticas, teremos que $S_2(x)$ tem derivadas contínuas até ordem 1 apenas e, portanto, a curvatura de $S_2(x)$ pode trocar nos nós. Por esta razão, as splines cúbicas são mais usadas.

Uma spline cúbica, $S_3(x)$, é uma função polinomial por partes, contínua, onde cada parte, $s_k(x)$, é um polinômio de grau 3 no intervalo $[x_{k-1}, x_k]$, $k = 1, 2, ..., n$.

$S_3(x)$ tem a primeira e segunda derivadas contínuas, o que faz com que a curva $S_3(x)$ não tenha picos e nem troque abruptamente de curvatura nos nós.

Vamos reescrever a definição de spline cúbica interpolante:

Supondo que f(x) esteja tabelada nos pontos x_i, $i = 0, 1, 2,..., n$ a função $S_3(x)$ é chamada spline cúbica interpolante de f(x) nos nós x_i, $i = 0,..., n$ se existem n polinômios de grau 3, $s_k(x)$, $k = 1, ..., n$ tais que:

i) $S_3(x) = s_k(x)$ para $x \in [x_{k-1}, x_k]$, $k = 1, ..., n$

ii) $S_3(x_i) = f(x_i)$, $i = 0, 1, ..., n$

iii) $s_k(x_k) = s_{k+1}(x_k)$, $k = 1, 2, ..., (n-1)$

iv) $s'_k(x_k) = s'_{k+1}(x_k)$, $k = 1, 2, ..., (n-1)$

v) $s''_k(x_k) = s''_{k+1}(x_k)$, $k = 1, 2, ..., (n-1)$

Para simplicidade de notação, escreveremos $s_k(x) = a_k(x - x_k)^3 + b_k(x - x_k)^2 + c_k(x - x_k) + d_k$, $k = 1, 2, ..., n$.

Assim, o cálculo de $S_3(x)$ exige a determinação de 4 coeficientes para cada k, num total de 4n coeficientes: $a_1, b_1, c_1, d_1, a_2, b_2, ..., a_n, b_n, c_n, d_n$.

Impondo as condições para que $S_3(x)$ seja spline interpolante de f em $x_0,..., x_n$ teremos:

(n + 1) condições para que $S_3(x)$ interpole f(x) nos nós;

(n − 1) condições para que $S_3(x)$ esteja bem definida nos nós (continuidade de $S_3(x)$ em $[x_0, x_n]$);

(n − 1) condições para que $S_3'(x)$ seja contínua em $[x_0, x_n]$; e

(n − 1) condições para que $S_3''(x)$ seja contínua em $[x_0, x_n]$, num total de (n+1 + 3(n − 1)) = 4n − 2 condições. Portanto temos duas condições em aberto. Essas condições podem ser impostas de acordo com informações físicas que tenhamos sobre o problema etc; citaremos mais adiante algumas opções, dentre as mais usadas.

De acordo com a definição que demos para cada $s_k(x)$, a condição (*i*) da definição de $S_3(x)$ está automaticamente satisfeita.

Para impor a condição (*ii*) montamos, para k = 1, ..., n, as equações:

(1) $s_k(x_k) = d_k = f(x_k)$, às quais devemos acrescentar mais a equação:

(2) $s_1(x_0) = f(x_0) \Rightarrow -a_1 h_1^3 + b_1 h_1^2 - c_1 h_1 + d_1 = f(x_0)$ onde usamos a notação $h_k = x_k - x_{k-1}$, com k = 1.

A condição (*iii*) é satisfeita através das (n − 1) equações: para k = 1, ..., (n − 1), $s_{k+1}(x_k) = f(x_k)$, ou seja:

(3) $-a_{k+1} h_{k+1}^3 + b_{k+1} h_{k+1}^2 - c_{k+1} h_{k+1} + d_{k+1} = f(x_k)$.

Para impor as condições (*iv*) e (*v*), precisaremos das derivadas das $s_k(x)$:

(4) $s_k'(x) = 3a_k(x - x_k)^2 + 2b_k(x - x_k) + c_k$

(5) $s_k''(x) = 6a_k(x - x_k) + 2b_k$.

Observamos que $s_k''(x_k) = 2b_k$. Assim, cada coeficiente b_k pode ser escrito em função de $s_k''(x_k)$:

(6) $b_k = \dfrac{s_k''(x_k)}{2}$

Analogamente, como $s_k''(x_{k-1}) = -6a_k h_k + 2b_k$, podemos também escrever a_k em função das derivadas segundas nos nós pois

$$a_k = \frac{2b_k - s_k''(x_{k-1})}{6h_k} = \frac{s_k''(x_k) - s_k''(x_{k-1})}{6h_k}$$

e, impondo agora a condição (v), $(s_k''(x_{k-1}) = s_{k-1}''(x_{k-1}))$, obtemos:

(7) $a_k = \dfrac{s_k''(x_k) - s_{k-1}''(x_{k-1})}{6h_k}$. Observamos que, no caso $k = 1$, estamos introduzindo uma variável, $s_0''(x_0)$, arbitrária.

Uma vez que $d_k = f(x_k)$ e já expressamos a_k e b_k, podemos usar (2) e (3) para termos c_k também em função das derivadas segundas nos nós. Observamos que tirar c_1 da equação (2) e, para $k = 1,..., (n-1)$ usar (3) é o mesmo que, para $k = 1, 2, ..., n$, termos:

(8) $c_k = \dfrac{-f(x_{k-1}) - a_k h_k^3 + b_k h_k^2 + d_k}{h_k}$

$= \dfrac{f(x_k) - f(x_{k-1})}{h_k} - (a_k h_k^2 - b_k h_k)$

$= \dfrac{f(x_k) - f(x_{k-1})}{h_k} - \left\{ \dfrac{[s_k''(x_k) - s_k''(x_{k-1})]}{6} h_k - \dfrac{s_k''(x_k)}{2} h_k \right\}$

ou seja:

$c_k = \dfrac{f(x_k) - f(x_{k-1})}{h_k} - \dfrac{-2s_k''(x_k)h_k - s_{k-1}''(x_{k-1})h_k}{6}$.

Se usarmos mais as notações

$s_k''(x_k) = g_k$ e

$f(x_k) = y_k$, teremos:

(9) $a_k = \dfrac{g_k - g_{k-1}}{6h_k}$

(10) $b_k = \dfrac{g_k}{2}$

(11) $c_k = \left[\dfrac{y_k - y_{k-1}}{h_k} + \dfrac{2h_k g_k + g_{k-1} h_k}{6} \right]$ e

(12) $d_k = y_k$.

Assim, para $k = 1, 2, ..., n$, podemos calcular todos os coeficientes de $s_k(x)$ em função de $g_j = s_j''(x_j)$, $j = 0, 1, ..., n$.

Impondo agora a condição (iv) que ainda não foi utilizada, $s_k'(x_k) = s_{k+1}'(x_k)$, $k = 1, 2, ..., (n-1)$ teremos:

$$s_k'(x_k) = c_k = 3a_{k+1} h_{k+1}^2 - 2b_{k+1} h_{k+1} + c_{k+1}$$

donde $c_{k+1} = c_k - 3a_{k+1} h_{k+1}^2 + 2b_{k+1} h_{k+1}$

e, usando (9), (10) e (11)

$$\dfrac{y_{k+1} - y_k}{h_{k+1}} + \dfrac{2h_{k+1} g_{k+1} + g_k h_{k+1}}{6} =$$

$$= \dfrac{y_k - y_{k-1}}{h_k} + \dfrac{2h_k g_k + g_{k-1} h_k}{6} - 3\left(\dfrac{g_{k+1} - g_k}{6}\right) h_{k+1} +$$

$$+ 2 \left(\dfrac{g_{k+1} h_{k+1}}{2} \right).$$

Agrupando os termos semelhantes, para $k = 1, ..., n-1$,

$$\dfrac{1}{6} [h_k g_{k-1} + (2h_k + 3h_{k+1} - h_{k+1}) g_k +$$

$$+ (6h_{k+1} - 3h_{k+1} - 2h_{k+1}) g_{k+1}] =$$

$$= \frac{y_{k+1} - y_k}{h_{k+1}} - \frac{y_k - y_{k-1}}{h_k},$$

ou seja:

$$(13) \quad h_k g_{k-1} + 2(h_k + h_{k+1}) g_k + h_{k+1} g_{k+1} = 6 \left(\frac{y_{k+1} - y_k}{h_{k+1}} - \frac{y_k - y_{k-1}}{h_k} \right)$$

que é um sistema de equações lineares com $(n - 1)$ equações $(k = 1, ..., (n - 1))$ e $(n+1)$ incógnitas: $g_0, g_1,..., g_{n-1}, g_n$ e, portanto, indeterminado, $Ax = b$

onde $x = (g_0, g_1, ... g_n)^T$

$$A = \begin{pmatrix} h_1 & 2(h_1 + h_2) & h_2 & & & \\ & h_2 & 2(h_2 + h_3) & & h_4 & \\ & & \cdot & \cdot & & \cdot \\ & & & \cdot & \cdot & \\ & & h_{n-1} & & 2(h_{n-1} + h_n) & h_n \end{pmatrix}_{(n-1) \times (n+1)}$$

e

$$b = 6 \begin{pmatrix} \dfrac{y_2 - y_1}{h_2} - \dfrac{y_1 - y_0}{h_1} \\ \dfrac{y_3 - y_2}{h_3} - \dfrac{y_2 - y_1}{h_2} \\ \cdot \\ \cdot \\ \cdot \\ \dfrac{y_n - y_{n-1}}{h_n} - \dfrac{y_{n-1} - y_{n-2}}{h_{n-1}} \end{pmatrix}_{(n-1) \times 1}$$

Para podermos resolver esse sistema, de forma única, teremos de impor mais duas condições conforme já comentamos.

De posse da solução, aí então poderemos determinar a_k, b_k, c_k, e d_k, para cada $s_k(\bar{x})$.

ALGUMAS ALTERNATIVAS:

1) $S_3''(x_0) = g_0 = 0$ e $S_3''(x_n) = g_n = 0$, que é chamada spline natural.

Esta escolha é equivalente a supor que os polinômios cúbicos nos intervalos extremos ou são lineares ou próximos de funções lineares.

2) $g_0 = g_1$, $g_n = g_{n-1}$, que é equivalente a supor que as cúbicas são aproximadamente parábolas, nos extremos.

3) Impor valores para as inclinações em cada extremo, por exemplo $S_3'(x_0) = A$ e $S_3'(x_n) = B$, o que nos fornecerá as duas equações adicionais:

$s_1'(x_0) = 3a_1h^2 - 2b_1h + c_1 = A$

$s_n'(x_n) = c_n = B$.

Exemplo 14

Vamos encontrar uma aproximação para f(0.25) por spline cúbica natural, interpolante da tabela:

x	0	0.5	1.0	1.5	2.0
f(x)	3	1.8616	−0.5571	−4.1987	−9.0536

Temos 4 subdivisões do intervalo [0, 2.0], donde n = 4, e portanto temos de determinar $s_1(x)$, $s_2(x)$, $s_3(x)$ e $s_4(x)$ resolvendo, para $1 \leq k \leq 3$ (n − 1 = 3), o sistema:

(14) $h_k g_{k-1} + 2(h_k + h_{k+1})g_k + h_{k+1} g_{k+1} =$

$$= 6 \left(\frac{y_{k+1} - y_k}{h_{k+1}} - \frac{y_k - y_{k-1}}{h_k} \right).$$

No nosso exemplo, $h_k = h = 0.5$. Assim, (14) fica:

(15) $hg_{k-1} + 4hg_k + hg_{k+1} = \dfrac{6}{h} (y_{k+1} - 2y_k + y_{k-1})$

$$\begin{cases} hg_0 + 4hg_1 + hg_2 = \dfrac{6}{h}(y_2 - 2y_1 + y_0) \\ hg_1 + 4hg_2 + hg_3 = \dfrac{6}{h}(y_3 - 2y_2 + y_1) \\ hg_2 + 4hg_3 + hg_4 = \dfrac{6}{h}(y_4 - 2y_3 + y_2) \end{cases}$$

Como queremos a spline cúbica natural, $g_0 = g_4 = 0$, e então o sistema a ser resolvido será:

$$\begin{cases} 4hg_1 + hg_2 = (6/h)(y_2 - 2y_1 + y_0) \\ hg_1 + 4hg_2 + hg_3 = (6/h)(y_3 - 2y_2 + y_1) \\ hg_2 + 4hg_3 = (6/h)(y_4 - 2y_3 + y_2) \end{cases}$$

$$\begin{pmatrix} 4h & h & 0 \\ h & 4h & h \\ 0 & h & 4h \end{pmatrix} \begin{pmatrix} g_1 \\ g_2 \\ g_3 \end{pmatrix} = \frac{6}{h} \begin{pmatrix} y_2 - 2y_1 + y_0 \\ y_3 - 2y_2 + y_1 \\ y_4 - 2y_3 + y_2 \end{pmatrix}$$

e, substituindo os valores de h e de y_i, $0 \le i \le 4$,

$$\begin{pmatrix} 2 & 0.5 & 0 \\ 0.5 & 2 & 0.5 \\ 0 & 0.5 & 2 \end{pmatrix} \begin{pmatrix} g_1 \\ g_2 \\ g_3 \end{pmatrix} = \begin{pmatrix} -15.3636 \\ -14.6748 \\ -14.5598 \end{pmatrix}$$, cuja solução pelo método da Eliminação de Gauss nos fornece

$g_3 = -6.252$
$g_2 = -4.111$
$g_1 = -6.6541$, com 4 casas decimais.

Levando estes valores em a_k, b_k, c_k e d_k encontramos $s_1(x)$, $s_2(x)$, $s_3(x)$ e $s_4(x)$. Como queremos uma aproximação para $f(0.25)$, $f(0.25) \approx s_1(0.25)$ e $s_1(x) = a_1(x - x_1)^3 + b_1(x - x_1)^2 + c_1(x - x_1) + d_1$ onde, por (9), (10), (11) e (12),

$$a_1 = \frac{g_1 - g_0}{6h} = \frac{-6.6541}{3} = -2.2180$$

$$b_1 = \frac{g_1}{2} = -3.3270$$

$$c_1 = \frac{y_1 - y_0}{h} + \frac{2hg_1 + g_0 h}{6} = -3.3858$$

$$d_1 = y_1 = 1.8616$$

$s_1(0.25) = -2.2180\,(-0.25)^3 - 3.3270\,(0.25)^2 - 3.3858\,(-0.25) + 1.8616 = 2.5348$.

Assim, por spline cúbica natural interpolante,

$f(0.25) \approx s_1(0.25) = 2.5348$.

5.8 ALGUNS COMENTÁRIOS SOBRE INTERPOLAÇÃO

1. Sob o conceito de interpolação desenvolvido neste capítulo, ao interpolarmos um polinômio de grau n por um polinômio de grau $\geq$ n obteremos o polinômio original. Verifique!

2. Seja interpolar $f(x)$ sobre $x_0, x_1, ..., x_n$, $n + 1$ pontos distintos igualmente espaçados. Mostra-se que $G(x) = (x - x_0)(x - x_1) ... (x - x_n)$ assume seu módulo máximo num dos intervalos (x_0, x_1) ou (x_{n-1}, x_n), conforme a referência [17]. Assim, se formos usar $(k + 1)$ pontos de interpolação, $k \leq n$, (polinômio de grau $\leq k$) e se tivermos possibilidade de escolha destes pontos, dado $\bar{x}$, devemos escolher $x_0, x_1, ..., x_k$ de tal forma que $\bar{x}$ fique o mais central possível no intervalo $[x_0, x_k]$.

Por exemplo, seja aproximar f(0.37) por polinômio de interpolação de grau ≤ 4:

x	0	0.1	0.2	0.3	0.4	0.5	0.6	0.7	0.8
f(x)	f_0	f_1	f_2	f_3	f_4	f_5	f_6	f_7	f_8

Devemos escolher $\{x_0, x_1, x_2, x_3, x_4\} = \{0.2, 0.3, 0.4, 0.5, 0.6\}$, pois 0.37 está mais próximo de 0.6 que de 0.1.

3. O matemático russo P. L. Chebyshev provou que, entre todos os polinômios do tipo $G(x) = (x - x_0)(x - x_1)... (x - x_n)$, o que apresenta menor valor para $\max_{x \in [x_0, x_n]} |G(x)|$, conhecida como propriedade MIN MÁX, é o polinômio no qual os x_i, i = 0, 1, ..., n são os nós de Chebyshev.

Tendo a liberdade de tabelar f(x) no intervalo $[x_0, x_n]$, devemos escolher para x_0, x_1,..., x_n os nós de Chebyshev.

EXERCÍCIOS

1. Dada a tabela abaixo,

   a) Calcule $e^{3.1}$ usando um polinômio de interpolação sobre três pontos.

   b) Dê um limitante para o erro cometido.

x	2.4	2.6	2.8	3.0	3.2	3.4	3.6	3.8
e^x	11.02	13.46	16.44	20.08	24.53	29.96	36.59	44.70

2. Verifique que na interpolação linear

   $$|E(x)| \leq \frac{h^2 M_2}{8} \text{ onde } h = x_1 - x_0.$$

3. Resolva o exercício proposto na introdução deste capítulo. Verifique que um polinômio de grau 2 é uma boa escolha para obter f(32.5); use um processo de interpolação linear para obter o ponto x para o qual f(x) = 0.99837.

4. Dados:

w	0.1	0.2	0.4	0.6	0.8	0.9
f(w)	0.905	0.819	0.67	0.549	0.449	0.407

x	1	1.2	1.4	1.7	1.8
g(x)	0.210	0.320	0.480	0.560	0.780

Calcule o valor aproximado de x tal que f(g(x)) = 0.6, usando polinômios interpolantes de grau 2.

5. Queremos construir uma tabela que contenha valores de cos(x) para pontos igualmente espaçados no intervalo I = [1, 2].
Qual deve ser o menor número de pontos desta tabela para se obter, a partir dela, o cos(x), usando interpolação linear com erro menor que 10^{-6} para qualquer x no intervalo [1, 2]?

6. Consideremos o problema de interpolação para sen(x), numa tabela de pontos igualmente espaçados com intervalo h, usando um polinômio de $2^{\underline{o}}$ grau. Fazendo $x_0 = -h$, $x_1 = 0$, $x_2 = h$ mostre que:

$$|E(x)| \leq \frac{\sqrt{3}}{27} h^3.$$

7. Sabendo-se que a equação $x - e^{-x} = 0$ admite uma raiz no intervalo (0, 1), determine o valor desta raiz usando interpolação quadrática. Estime o erro cometido, se possível. Justifique!

8. Com que grau de precisão podemos calcular $\sqrt{115}$ usando interpolação sobre os pontos: $x_0 = 100$, $x_1 = 121$ e $x_2 = 144$?

9. Construa a tabela de diferenças divididas com os dados

x	0.0	0.5	1.0	1.5	2.0	2.5
f(x)	−2.78	−2.241	−1.65	−0.594	1.34	4.564

  a) Estime o valor de f(1.23) da melhor maneira possível, de forma que se possa estimar o erro cometido.

  b) Justifique o grau do polinômio que você escolheu para resolver o item (*a*).

10. Seja a tabela:

x	0.15	0.20	0.25	0.30	0.35	0.40
f(x)	0.12	0.16	0.19	0.22	0.25	0.27

Usando um polinômio interpolador de grau 2, trabalhe de dois modos diferentes para obter o valor estimado de x para o qual f(x) = 0.23. Dê uma estimativa do erro cometido em cada caso, se possível.

11. Construa uma tabela para a função f(x) = cos(x) usando os pontos: 0.8, 0.9, 1.0, 1.1, 1.2 e 1.3. Obtenha um polinômio de grau 3 para estimar cos(1.07) e forneça um limitante superior para o erro.

12. Seja a tabela

x	−1	0	1	3
f(x)	a	b	c	d

e seja $p_n(x)$ o polinômio que interpola f(x) em −1, 0, 1 e 3. Imponha condições sobre a, b, c, d para que se tenha n = 2.

13. Sendo $p_n(x) = \sum_{k=0}^{n} L_k(x)f(x_k)$ o polinômio que interpola f(x) em $x_0, x_1, ..., x_n$ na forma de Lagrange, mostre que

$$\sum_{k=0}^{n} L_k(x) = 1, \forall\ x.$$

(Sugestão: interpole a função $f(x) \equiv 1$.)

14. Seja $p_n(x)$ o polinômio de grau $\leq n$ que interpola f(x) em $x_0, x_1, ..., x_n$ escrito na forma de Newton.

    a) Escreva um algoritmo para avaliar $p_n(\bar{x})$, $\bar{x} \in [x_0, x_n]$ semelhante ao algoritmo dos parênteses encaixados descrito na Seção 2.5.3.

    b) Dada a tabela

x	0	0.2618	0.5234	0.7854	1.0472	1.309
f(x)	0	1.0353	2	2.8284	3.4641	3.8637

    Obtenha uma aproximação para f(0.6) usando polinômio de grau 4, avaliando $p_4(0.6)$ através do algoritmo obtido no item (*a*).

15. Um outro conceito de interpolação é o de aproximar uma função f(x), numa vizinhança de um ponto α, por um polinômio p(x) que interpole em α: f(x), f'(x), ..., $f^{(n)}(x)$, ou seja, $p(\alpha) = f(\alpha)$; $p'(\alpha) = f'(\alpha)$; ... $p^{(n)}(\alpha) = f^{(n)}(\alpha)$; (estamos supondo que nesta vizinhança a função f possua derivada até ordem n, pelo menos.).

    a) Verifique que existe um único polinômio $p_n(x)$, de grau $\leq n$, que satisfaz as condições acima.

(Sugestão: $p_n(x) = C_0 + C_1(x - \alpha) + ... + C_n(x - \alpha)^n$.)

(Observação: o polinômio $p_n(x)$ acima é conhecido como a fórmula de Taylor da função f(x) em torno de α.)

b) Seja $f(x) = \text{sen}(x)$ e $(-3, 4)$ uma vizinhança de $\alpha = 0$. Encontre p_1, p_2, p_3, p_4 e p_5 que interpolam f em $x = 0$, no sentido acima.

c) Faça uma comparação gráfica da função $\text{sen}(x)$ com $p_1(x)$, $p_3(x)$ e $p_5(x)$ desenhando as quatro funções num mesmo gráfico cartesiano.

16. Dados $a = x_0 < x_1 ... < x_n = b$ e $f(x_0),..., f(x_n)$, sejam $\varphi_0(x)$, $\varphi_1(x)$, ..., $\varphi_n(x)$ definidas por

$$\varphi_0(x) = \begin{cases} \dfrac{x_1 - x}{x_1 - x_0}, & x \in [x_0, x_1] \\ 0, & x \geq x_1 \end{cases}$$

$$\varphi_n(x) = \begin{cases} 0, & x \leq x_{n-1} \\ \dfrac{x - x_{n-1}}{x_n - x_{n-1}}, & x \in [x_{n-1}, x_n] \end{cases}$$

e, para $i = 1, 2,..., n-1$,

$$\varphi_i(x) = \begin{cases} 0, & x \leq x_{i-1} \\ \dfrac{x - x_{i-1}}{x_i - x_{i-1}}, & x \in [x_{i-1}, x_i] \\ \dfrac{x_{i+1} - x}{x_{i+1} - x_i}, & x \in [x_i, x_{i+1}] \\ 0, & x \geq x_{i+1} \end{cases}$$

a) Faça o gráfico de $\varphi_0(x)$, $\varphi_n(x)$ e $\varphi_i(x)$ genérica.

b) Verifique que $S_1(x) = \sum_{i=0}^{n} f(x_i)\varphi_i(x)$ é a spline linear que interpola $f(x)$ em $x_0,..., x_n$.

17. Considere a tabela abaixo. Usando um polinômio interpolador de grau 3 determine x tal que $f(x) = 2.3$. Justifique a escolha do processo.

x	0.0	0.2	0.4	0.6	0.8	1.0
f(x)	1.0	1.2408	1.5735	2.0333	2.6965	3.7183

18. Considere a tabela:

x	0	1.2	2.3	3.1	3.9
f(x)	0	1.5	5.3	9.5	10

Dê uma aproximação para a raiz da equação $f(x) = 2$ utilizando interpolação quadrática. Tente encontrar mais de uma maneira de resolver este problema.

PROJETOS

1. FORMA DE NEWTON-GREGORY PARA O POLINÔMIO INTERPOLADOR

No caso em que os nós da interpolação $x_0, x_1,..., x_n$ são igualmente espaçados, podemos usar a forma de Newton-Gregory para obter $p_n(x)$. Estudaremos inicialmente o *operador de diferenças ordinárias*:

Sejam $x_0, x_1, x_2,...$ pontos que se sucedem com passo h, isto é, $x_j = x_0 + jh$. Chamamos operador de diferenças ordinárias:

$$\Delta f(x) = f(x + h) - f(x)$$
$$\Delta^2 f(x) = \Delta f(x + h) - \Delta f(x)$$
.
.
.
$$\Delta^n f(x) = \Delta^{n-1} f(x + h) - \Delta^{n-1} f(x)$$

e naturalmente $\Delta^0 f(x) = f(x)$.

Da mesma maneira que com as diferenças divididas, conhecida f(x) ou conhecidos seus valores em $x_0, x_1,..., x_n$, podemos construir uma tabela de diferenças ordinárias:

x	f(x)	$\Delta f(x)$	$\Delta^2 f(x)$	
x_0	$f(x_0)$			
		$\Delta f(x_0)$		
x_1	$f(x_1)$		$\Delta^2 f(x_0)$	
		$\Delta f(x_1)$		
x_2	$f(x_2)$		$\Delta^2 f(x_1)$	etc.
		$\Delta f(x_2)$	.	
x_3	$f(x_3)$	.	.	
.	.	.		
.	.			
.	.			

Por exemplo:

Seja f(x) tabelada abaixo:

x	−1	0	1	2	3
f(x)	2	1	2	5	10

A tabela de diferenças ordinárias será:

x	f(x)	Δf(x)	Δ²f(x)	Δ³f(x)
−1	②			
		㋛		
0	1		②	
		1		⓪
1	2		2	
		3		0
2	5		2	
		5		
3	10			

TEOREMA

Se $x_j = x_0 + jh$, $j = 0, 1, 2,..., n$ então $f[x_0, x_1, ..., x_n] = \dfrac{\Delta^n f(x_0)}{h^n n!}$.

DEMONSTRAÇÃO (por indução)

n = 1

$$f[x_0, x_1] = \frac{f(x_1) - f(x_0)}{x_1 - x_0} = \frac{f(x_0 + h) - f(x_0)}{h} = \frac{\Delta f(x_0)}{h(1!)}$$

Supondo que $f[x_0, x_1, \ldots, x_{n-1}] = \dfrac{\Delta^{n-1} f(x_0)}{h^{(n-1)}(n-1)!}$, temos

$$f[x_0, x_1, \ldots, x_n] = \frac{f[x_1, x_2, \ldots, x_n] - f[x_0, x_1, \ldots, x_{n-1}]}{x_n - x_0} =$$

$$= \frac{\dfrac{\Delta^{n-1} f(x_1)}{h^{n-1}(n-1)!} - \dfrac{\Delta^{(n-1)} f(x_0)}{h^{n-1}(n-1)!}}{nh} =$$

$$= \frac{\Delta^{n-1} f(x_0 + h) - \Delta^{n-1} f(x_0)}{h^{n-1}(n-1)! \, nh} = \frac{\Delta^n f(x_0)}{h^n n!}.$$

Pede-se:

i) Considere a tabela:

x	x_0	x_1	...	x_n
f(x)	$f(x_0)$	$f(x_1)$	...	$f(x_n)$

onde os nós de interpolação são tais que: $x_{j+1} - x_j = h$, $j = 0, 1,..., (n-1)$.

Partindo da forma de Newton para $p_n(x)$ e usando o teorema anterior, verifique que:

$$p_n(x) = f(x_0) + (x - x_0)\frac{\Delta f(x_0)}{h} + (x - x_0)(x - x_1)\frac{\Delta^2 f(x_0)}{2h^2} + \ldots +$$

$$+ (x - x_0)(x - x_1) \ldots (x - x_{n-1})\frac{\Delta^n f(x_0)}{h^n n!}$$

que é a forma de Newton-Gregory para o polinômio interpolador.

ii) Usando a forma de Newton-Gregory para $p_3(x)$ obtenha uma aproximação para f(2.7), onde f(x) é a função tabelada a seguir:

x	1	2	3	4	5
f(x)	0	1.3863	2.1972	2.7726	3.2189

iii) A forma de Newton-Gregory para $p_n(x)$ pode ser simplificada, se usarmos uma mudança de variáveis:

$$s = \frac{x - x_0}{h} \Rightarrow x = sh - x_0$$

daí,

$(x - x_j) = sh + x_0 - (x_0 + jh) = (s - j)h.$

Usando esta troca de variáveis, escreva a forma geral para $p_n(x)$.

2. FENÔMENO DE RUNGE

Considere a função $f(x) = \dfrac{1}{1 + 25x^2}$ do Exemplo 12 e o intervalo $[a, b] = [-5, 5]$. O objetivo deste projeto é constatar o fenômeno de Runge e usar as alternativas: spline linear e spline cúbica interpolantes.

Considere:

$p_n(x)$: polinômio de grau k que interpola $f(x)$ em $x_0, x_1, ..., x_k$

$S_1(x)$: spline linear interpolante em $x_0, x_1, ..., x_k$

$S_3(x)$: spline cúbica interpolante em $x_0, x_1, ..., x_k$

onde $x_0, x_1, ..., x_n$ são (k+1) pontos igualmente espaçados no intervalo $[-5, 5]$.

Realize 3 conjuntos de testes, fazendo k assumir os valores 5, 10 e 20, e em cada teste, calcule:

$$\max_{1 \leq i \leq 50} |f(z_i) - p_k(z_i)|,$$

$$\max_{1 \leq i \leq 50} |f(x_i) - S_1(z_i)| \text{ e}$$

$$\max_{1 \leq i \leq 50} |f(z_i) - S_3(z_i)|$$

onde $z_i = -5 + 0.2i$, $i = 0, 1, 2, ..., 50$.

Compare os resultados obtidos.

CAPÍTULO 6

AJUSTE DE CURVAS PELO MÉTODO DOS QUADRADOS MÍNIMOS

6.1 INTRODUÇÃO

Vimos, no Capítulo 5, que uma forma de se trabalhar com uma função definida por uma tabela de valores é a interpolação polinomial.

Contudo a interpolação não é aconselhável quando:

a) é preciso obter um valor aproximado da função em algum ponto fora do intervalo de tabelamento, ou seja, quando se quer extrapolar;

b) os valores tabelados são resultados de algum experimento físico ou de alguma pesquisa, porque, nestes casos, estes valores poderão conter erros inerentes que, em geral, não são previsíveis.

Surge então a necessidade de se ajustar a estas funções tabeladas uma função que seja uma "boa aproximação" para os valores tabelados e que nos permita "extrapolar" com certa margem de segurança.

6.1.1 CASO DISCRETO

O problema do ajuste de curvas no caso em que temos uma tabela de pontos $(x_1, f(x_1))$, $(x_2, f(x_2))$, ..., $(x_m, f(x_m))$ com $x_1, x_2, ..., x_m$, pertencentes a um intervalo [a, b], consiste em: "escolhidas" n funções $g_1(x), g_2(x), ..., g_n(x)$, contínuas em [a, b], obter n constantes $\alpha_1, \alpha_2, ..., \alpha_n$ tais que a função $\varphi(x) = \alpha_1 g_1(x) + \alpha_2 g_2(x) + ... \alpha_n g_n(x)$ se aproxime ao máximo de f(x).

Dizemos que este é um modelo matemático linear porque os coeficientes a determinar, $\alpha_1, \alpha_2, ..., \alpha_n$, aparecem linearmente, embora as funções $g_1(x), g_2(x), ..., g_n(x)$ possam ser funções não lineares de x, como por exemplo, $g_1(x) = e^x$, $g_2(x) = (1 + x^2)$ etc.

Surge aqui a primeira pergunta: como escolher as funções contínuas $g_1(x), ..., g_n(x)$?

A escolha das funções pode ser feita observando o gráfico dos pontos tabelados ou baseando-se em fundamentos teóricos do experimento que nos forneceu a tabela.

Portanto, dada uma tabela de pontos $(x_1, f(x_1)), ..., (x_m, f(x_m))$, deve-se, em primeiro lugar, colocar estes pontos num gráfico cartesiano. O gráfico resultante é chamado *diagrama de dispersão*. Através deste diagrama pode-se visualizar a curva que melhor se ajusta aos dados.

Exemplo 1

a) Seja a tabela

x	−1.0	−0.75	−0.6	−0.5	−0.3	0	0.2	0.4	0.5	0.7	1.0
f(x)	2.05	1.153	0.45	0.4	0.5	0	0.2	0.6	0.512	1.2	2.05

O diagrama de dispersão é apresentado na Figura 6.1.

Portanto, é natural escolhermos apenas uma função $g_1(x) = x^2$ e procurarmos então $\varphi(x) = \alpha x^2$ (equação geral de uma parábola passando pela origem).

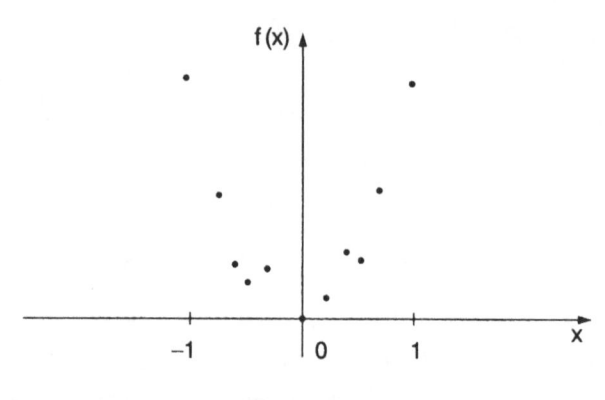

Figura 6.1

b) Se considerarmos uma experiência onde foram medidos vários valores de corrente elétrica que passa por uma resistência submetida a várias tensões, colocando os valores correspondentes de corrente e tensão em um gráfico, poderemos ter

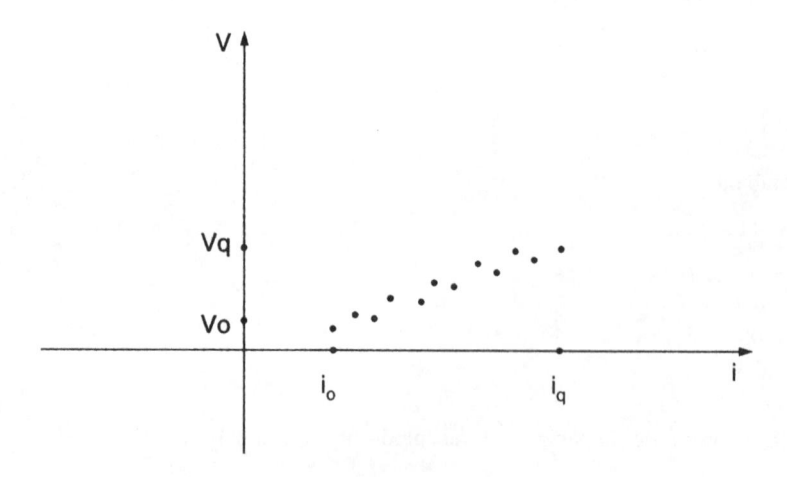

Figura 6.2

Neste caso, existe uma fundamentação teórica relacionando a corrente com a tensão V = Ri, isto é, V é uma função linear de i.

Assim, $g_1(i) = i$ e $\varphi(i) = \alpha g_1(i)$.

Surge agora a segunda pergunta: qual parábola com equação αx^2 se ajusta melhor ao diagrama do Exemplo 1*a*) e qual reta, passando pela origem, melhor se ajusta ao diagrama do Exemplo 1*b*)?

No caso geral, escolhidas as funções $g_1(x)$, $g_2(x)$, ..., $g_n(x)$ temos de estabelecer o conceito de proximidade entre as funções $\varphi(x)$ e $f(x)$ para obter as constantes $\alpha_1, \alpha_2, ..., \alpha_n$.

Uma idéia é impor que o *desvio* $(f(x_i) - \varphi(x_i))$ seja mínimo para i = 1, 2, ..., m. Existem várias formas de impor que os desvios sejam mínimos; o desenvolvimento que faremos, tanto no caso discreto como no caso contínuo, é conhecido como o *método dos quadrados mínimos*.

6.1.2 CASO CONTÍNUO

No caso contínuo, o problema de ajuste de curvas consiste em: dada uma função $f(x)$ contínua num intervalo [a, b] e escolhidas as funções $g_1(x)$, $g_2(x)$, ..., $g_n(x)$ todas contínuas em [a, b], determinar n constantes $\alpha_1, \alpha_2, ..., \alpha_n$ de modo que a função $\varphi(x) = \alpha_1 g_1(x) + \alpha_2 g_2(x) + ... + \alpha_n g_n(x)$ se aproxime "ao máximo" de $f(x)$ no intervalo [a, b].

Supondo, por exemplo, que se quer obter entre todas as retas aquela que fica "mais próxima" de $f(x) = 4x^3$, num intervalo [a, b] teremos, neste caso, $g_1(x) = 1$ e $g_2(x) = x$; assim, é preciso encontrar os coeficientes α_1 e α_2 tais que a função $\varphi(x) = \alpha_1 g_1(x) + \alpha_2 g_2(x)$ se "aproxime ao máximo" de $f(x)$.

Novamente o problema é: o que significa "ficar mais próxima"?

Uma idéia é escolher a função $\varphi(x)$ de tal forma que o módulo da área sob a curva $\varphi(x) - f(x)$ seja mínimo.

6.2 MÉTODO DOS QUADRADOS MÍNIMOS

6.2.1 CASO DISCRETO

Sejam dados os pontos $(x_1, f(x_1)), (x_2, f(x_2)), ..., (x_m, f(x_m))$ e as n funções $g_1(x), g_2(x), ..., g_n(x)$ escolhidas de alguma forma.

Consideraremos que o número de pontos m, tabelados, é sempre maior ou igual a n o número de funções escolhidas ou o número de coeficientes α_i a se determinar.

Nosso objetivo é encontrar os coeficientes $\alpha_1, \alpha_2, ..., \alpha_n$ tais que a função $\varphi(x) = \alpha_1 g_1(x) + \alpha_2 g_2(x) + ... + \alpha_n g_n(x)$ se aproxime ao máximo de f(x).

Seja $d_k = f(x_k) - \varphi(x_k)$ o desvio em x_k. Na Seção 6.1.1 observamos que um conceito de proximidade é que d_k seja mínimo para todo k = 1, 2, ..., m.

O método dos quadrados mínimos consiste em escolher os α_j's de tal forma que a soma dos quadrados dos desvios seja mínima. É claro que se a soma $\sum_{k=1}^{m} d_k^2 = \sum_{k=1}^{m} (f(x_k) - \varphi(x_k))^2$ é mínima, teremos que cada parcela $[f(x_k) - \varphi(x_k)]^2$ é pequena, donde cada desvio $[f(x_k) - \varphi(x_k)]$ é pequeno.

Portanto, dentro do critério dos quadrados mínimos, os coeficientes α_k, que fazem com que $\varphi(x)$ se aproxime ao máximo de f(x), são os que minimizam a função

$$F(\alpha_1, \alpha_2, ..., \alpha_n) = \sum_{k=1}^{m} [f(x_k) - \varphi(x_k)]^2 =$$

$$= \sum_{k=1}^{m} [f(x_k) - \alpha_1 g_1(x_k) - \alpha_2 g_2(x_k) - ... - \alpha_n g_n(x_k)]^2.$$

Observamos que, se o modelo ajustar exatamente os dados, o mínimo da função acima será zero e, portanto, a interpolação é um caso especial dentro do método dos quadrados mínimos.

Usando o Cálculo Diferencial, sabemos que, para obter um ponto de mínimo de $F(\alpha_1, \alpha_2, ..., \alpha_n)$, temos de, inicialmente, encontrar seus pontos críticos, ou seja, os $(\alpha_1, \alpha_2, ..., \alpha_n)$ tais que

$$\frac{\partial F}{\partial \alpha_j}\bigg|_{(\alpha_1, \alpha_2, ..., \alpha_n)} = 0, \ j = 1, 2, ..., n.$$

Calculando estas derivadas parciais para cada $j = 1, 2, ..., n$, temos

$$\frac{\partial F}{\partial \alpha_j}\bigg|_{(\alpha_1, \alpha_2, ..., \alpha_n)} = 2 \sum_{k=1}^{m} [f(x_k) - \alpha_1 g_1(x_k) - ... - \alpha_n g_n(x_k)] [-g_j(x_k)].$$

Impondo a condição

$$\frac{\partial F}{\partial \alpha_j}\bigg|_{(\alpha_1, \alpha_2, ..., \alpha_n)} = 0, \ j = 1, 2, ..., n$$

temos

$$\sum_{k=1}^{m} [f(x_k) - \alpha_1 g_1(x_k) - ... - \alpha_n g_n(x_k)] [g_j(x_k)] = 0, \ j = 1, 2, ..., n.$$

Assim,

$$\left.\begin{array}{l} \sum_{k=1}^{m} [f(x_k) - \alpha_1 g_1(x_k) - ... \alpha_n g_n(x_k)] g_1(x_k) = 0 \\ \sum_{k=1}^{m} [f(x_k) - \alpha_1 g_1(x_k) - ... \alpha_n g_n(x_k)] g_2(x_k) = 0 \\ \vdots \\ \sum_{k=1}^{m} [f(x_k) - \alpha_1 g_1(x_k) - ... \alpha_n g_n(x_k)] g_n(x_k) = 0 \end{array}\right\} \Rightarrow$$

$$\Rightarrow \begin{cases} [\sum_{k=1}^{m} g_1(x_k)g_1(x_k)]\alpha_1 + \ldots + [\sum_{k=1}^{m} g_n(x_k)g_1(x_k)]\alpha_n = \sum_{k=1}^{m} f(x_k)g_1(x_k) \\ [\sum_{k=1}^{m} g_1(x_k)g_2(x_k)]\alpha_1 + \ldots + [\sum_{k=1}^{m} g_n(x_k)g_2(x_k)]\alpha_n = \sum_{k=1}^{m} f(x_k)g_2(x_k) \\ \vdots \\ [\sum_{k=1}^{m} g_n(x_k)g_1(x_k)]\alpha_1 + \ldots + [\sum_{k=1}^{m} g_n(x_k)g_n(x_k)]\alpha_n = \sum_{k=1}^{m} f(x_k)g_n(x_k) \end{cases} \quad (1)$$

que é um sistema linear com n equações e n incógnitas: $\alpha_1, \alpha_2, \ldots, \alpha_n$.

As equações deste sistema linear são as chamadas *equações normais*.

O sistema linear (1) pode ser escrito na forma matricial $A\alpha = b$:

$$\begin{cases} a_{11}\alpha_1 + a_{12}\alpha_2 + \ldots + a_{1n}\alpha_n = b_1 \\ a_{21}\alpha_1 + a_{22}\alpha_2 + \ldots + a_{2n}\alpha_n = b_2 \\ \vdots \\ a_{n1}\alpha_1 + a_{n2}\alpha_2 + \ldots + a_{nn}\alpha_n = b_n \end{cases}$$

onde $A = (a_{ij})$ é tal que $a_{ij} = \sum_{k=1}^{m} g_j(x_k)g_i(x_k) = a_{ji}$ (ou seja, A é simétrica)

$\alpha = (\alpha_1, \alpha_2, \ldots, \alpha_n)^t$ e $b = (b_1, b_2, \ldots, b_n)^t$ é tal que

$$b_i = \sum_{k=1}^{m} f(x_k)g_i(x_k).$$

Lembramos que, dados os vetores x e y $\in \mathbb{R}^m$, o número real $\langle x, y \rangle = \sum_{i=1}^{m} x_i y_i$ é chamado de *produto escalar* de x por y.

Usando esta notação, o sistema normal $A\alpha = b$ ficará expresso por

$$A = (a_{ij}) = \langle \bar{g}_i, \bar{g}_j \rangle \text{ e } b = (b_i) = \langle \bar{f}, \bar{g}_i \rangle \text{ onde}$$

$\bar{g}_\ell$ é o vetor $(g_\ell(x_1) g_\ell(x_2) \ldots g_\ell(x_m))^T$ e f, o vetor $(f(x_1) f(x_2) \ldots f(x_m))^T$.

Demonstra-se que, se as funções $g_1(x), \ldots, g_n(x)$ forem tais que os vetores $\bar{g}_1, \bar{g}_2, \ldots, \bar{g}_n$ sejam linearmente independentes, então o determinante da matriz A é diferente de zero e, portanto, o sistema linear (1) admite solução única: $\bar{\alpha}_1, \ldots, \bar{\alpha}_n$. Ainda mais, demonstra-se também que esta solução $\bar{\alpha}_1, \ldots, \bar{\alpha}_n$ é o ponto em que a função $F(\alpha_1, \ldots, \alpha_n)$ atinge seu valor mínimo.

Observamos que, se os vetores $\bar{g}_1, \ldots, \bar{g}_n$ tiverem uma propriedade suplementar de serem tais que $\langle \bar{g}_i, \bar{g}_j \rangle: \begin{cases} = 0, & i \neq j \\ \neq 0, & i = j \end{cases}$, o que, em linguagem de álgebra linear se diz "se os vetores $\bar{g}_1, \ldots, \bar{g}_n$ forem ortogonais entre si", então a matriz A do sistema normal (1) será matriz diagonal, com $a_{ii} \neq 0$ e, portanto, o sistema (1), terá solução única, a qual será facilmente determinada.

Felizmente, dado um conjunto de pontos $\{x_1, x_2, \ldots, x_m\}$ é fácil construir polinômios de grau $0, 1, \ldots, n$ que são ortogonais, no sentido acima, em relação ao produto escalar

$$\langle \bar{g}_i, \bar{g}_j \rangle = \sum_{k=1}^{m} g_i(x_k) g_j(x_k). \tag{2}$$

Polinômios ortogonais constituem uma classe particular de funções ortogonais. Tais funções possuem várias propriedades muito interessantes e úteis. O leitor interessado em aprender sobre o assunto pode pesquisar, por exemplo, nos livros [5] e [27]. O estudo de funções ortogonais, em particular de polinômios ortogonais, merece um capítulo especial, o que não será feito neste livro.

Exemplo 2

Seja o conjunto de pontos $X_5 = \{-1, -1/2, 0, 1/2, 1\}$ e os polinômios

$$g_0(x) \equiv 1; \quad g_1(x) = x, \quad g_2(x) = x^2 - \frac{1}{2}.$$

Então, os polinômios $g_0(x)$, $g_1(x)$ e $g_2(x)$ são funções ortogonais em X_5 com relação ao produto escalar (2) pois os vetores

$$\bar{g}_0 = (g_0(x_i)) = (1 \quad 1 \quad 1 \quad 1 \quad 1)^T$$

$$\bar{g}_1 = (g_1(x_i)) = (-1 \quad -\frac{1}{2} \quad 0 \quad \frac{1}{2} \quad 1)^T \text{ e}$$

$$\bar{g}_2 = (g_2(x_i)) = (\frac{1}{2} \quad -\frac{1}{4} \quad -\frac{1}{2} \quad -\frac{1}{4} \quad \frac{1}{2})^T \text{ são ortogonais entre si, o que se verifica facilmente:}$$

$$\langle \bar{g}_0, \bar{g}_0 \rangle = 5 \neq 0$$

$$\langle \bar{g}_0, \bar{g}_1 \rangle = 1(-1) + 1(-\frac{1}{2}) + 1(0) + 1(\frac{1}{2}) + 1(1) = 0$$

$$\langle \bar{g}_0, \bar{g}_2 \rangle = 1(\frac{1}{2}) + 1(-\frac{1}{4}) + 1(-\frac{1}{2}) + 1(-\frac{1}{4}) + 1(\frac{1}{2}) = 0$$

Fica a cargo do leitor fazer as demais verificações.

Os polinômios citados são conhecidos como polinômios de Gram, $\{P_{i,m}\}_{i=0}^{m}$ ortogonais em conjuntos de pontos eqüidistantes, $x_i = -1 + \frac{2i}{m}$.

Assim, $\langle P_{i,m}, P_{j,m} \rangle \begin{cases} = 0 \text{ se } i \neq j \\ \neq 0 \text{ se } i \neq j \end{cases}$

Exemplo 3

Resolvemos aqui o exemplo da introdução, onde vimos que a função tabelada

x	−1.0	− 0.75	− 0.6	− 0.5	− 0.3	0	0.2	0.4	0.5	0.7	1
f(x)	2.05	1.153	0.45	0.4	0.5	0	0.2	0.6	0.512	1.2	2.05

feito o diagrama de dispersão, deve ser ajustada por uma parábola passando pela origem, ou seja, $f(x) \approx \varphi(x) = \alpha x^2$ (neste caso temos apenas uma função $g(x) = x^2$).

Temos, pois, de resolver apenas a equação

$$[\sum_{k=1}^{11} g(x_k)g(x_k)] \alpha = \sum_{k=1}^{11} f(x_k)g(x_k)$$

$$[\sum_{k=1}^{11} g(x_k)^2] \alpha = \sum_{k=1}^{11} f(x_k)g(x_k)$$

$$[\sum_{k=1}^{11} (x_k^2)^2] \alpha = \sum_{k=1}^{11} (x_k^2) f(x_k)$$

Continuando a tabela com $g(x_k)g(x_k)$ e $g(x_k)f(x_k)$, temos

x	−1.0	−0.75	−0.6	−0.5	−0.3	0	0.2	0.4	0.5	0.7	1	SOMAS
$(x^2).(x^2)$	1	0.3164	0.1296	0.0625	0.0081	0	0.0016	0.0256	0.0625	0.2401	1	2.8464
$f(x)x^2$	2.05	0.6486	0.162	0.1	0.045	0	0.008	0.096	0.128	0.588	2.05	5.8756

Assim, nossa equação é $2.8464\alpha = 5.8756 \Rightarrow \alpha = \dfrac{5.8756}{2.8464} \approx 2.0642$

Então $\varphi(x) = 2.0642x^2$ é a parábola que melhor se aproxima, no sentido dos quadrados mínimos, da função tabelada.

6.2.2 CASO CONTÍNUO

Para simplificar a notação, desenvolveremos aqui o caso em que "escolhemos" apenas duas funções.

Sejam então $f(x)$ contínua em um intervalo $[a, b]$ e $g_1(x)$ e $g_2(x)$ duas funções contínuas em $[a, b]$ que foram escolhidas de alguma forma. É preciso encontrar duas constantes reais α_1 e α_2 tais que $\varphi(x) = \alpha_1 g_1(x) + \alpha_2 g_2(x)$ esteja o "mais próximo possível" de f(x).

Seguindo o critério dos quadrados mínimos para o conceito de proximidade entre $\varphi(x)$ e f(x), os coeficientes α_1, α_2 a serem obtidos deverão ser tais que o valor de $\int_a^b [f(x) - \varphi(x)]^2 \, dx$ seja o menor possível.

Geometricamente, isto significa que a área entre as curvas f(x) e $\varphi(x)$ seja mínima.

Portanto, o problema consiste em obter o mínimo para

$$\int_a^b [f(x) - \varphi(x)]^2 \, dx = \int_a^b [f(x)^2 - 2f(x)\varphi(x) + \varphi(x)^2] \, dx =$$

$$= \int_a^b \{f(x)^2 - 2f(x)[\alpha_1 g_1(x) + \alpha_2 g_2(x)] + \alpha_1^2 g_1^2(x) +$$

$$+ 2\alpha_1 \alpha_2 g_1(x) g_2(x) + \alpha_2^2 g_2^2(x)\} \, dx$$

$$= \int_a^b f(x)^2 \, dx - [2 \int_a^b f(x) g_1(x) \, dx] \alpha_1 - [2 \int_a^b f(x) g_2(x) \, dx] \alpha_2 +$$

$$+ [\int_a^b g_1^2(x) \, dx] \alpha_1^2 + [2 \int_a^b g_1(x) g_2(x) \, dx] \alpha_1 \alpha_2 +$$

$$+ [\int_a^b g_2^2(x) \, dx] \alpha_2^2 = F(\alpha_1, \alpha_2)$$

$$\Rightarrow \int_a^b [f(x) - \varphi(x)]^2 \, dx = F(\alpha_1, \alpha_2)$$

Com o mesmo argumento do caso discreto, temos de achar os pontos críticos de F, ou seja, achar (α_1, α_2) tal que

$$\left. \frac{\partial F}{\partial \alpha_i} \right|_{(\alpha_1, \alpha_2)} = 0, \quad i = 1, 2.$$

$i = 1 \Rightarrow \left.\dfrac{\partial F}{\partial \alpha_1}\right|_{(\alpha_1,\ \alpha_2)} = -2\int_a^b f(x)g_1(x)\,dx + [2\int_a^b g_1^2(x)\,dx]\,\alpha_1 +$

$+ [2\int_a^b g_1(x)\,g_2(x)\,dx]\,\alpha_2$

$i = 2 \Rightarrow \left.\dfrac{\partial F}{\partial \alpha_2}\right|_{(\alpha_1,\ \alpha_2)} = -2\int_a^b f(x)g_2(x)\,dx + [2\int_a^b g_2^2(x)\,dx]\,\alpha_2 +$

$+ [2\int_a^b g_1(x)\,g_2(x)\,dx]\,\alpha_1$

Assim, $\left.\dfrac{\partial F}{\partial \alpha_1}\right|_{(\alpha_1,\ \alpha_2)} = \left.\dfrac{\partial F}{\partial \alpha_2}\right|_{(\alpha_1,\ \alpha_2)} = 0 \Rightarrow$

$$\begin{cases} [\int_a^b g_1^2(x)\,dx]\,\alpha_1 + [\int_a^b g_1(x)g_2(x)\,dx]\,\alpha_2 = \int_a^b f(x)g_1(x)\,dx \\ [\int_a^b g_1(x)g_2(x)\,dx]\,\alpha_1 + [\int_a^b g_2^2(x)\,dx]\,\alpha_2 = \int_a^b f(x)g_2(x)\,dx \end{cases} \quad (3)$$

Se $a_{11} = \int_a^b g_1^2(x)\,dx, \quad a_{12} = \int_a^b g_1(x)g_2(x)\,dx = \int_a^b g_2(x)g_1(x)\,dx = a_{21}$

$a_{22} = \int_a^b g_2^2(x)\,dx$

$b_1 = \int_a^b f(x)g_1(x)\,dx \quad e \quad b_2 = \int_a^b f(x)g_2(x)\,dx,$

podemos escrever o sistema linear (3) como

$$\begin{cases} a_{11}\alpha_1 + a_{12}\alpha_2 = b_1 \\ a_{21}\alpha_1 + a_{22}\alpha_2 = b_2 \end{cases} \text{ou } A\alpha = b, \text{ onde } A = \begin{pmatrix} a_{11} & a_{12} \\ a_{21} & a_{22} \end{pmatrix}$$

$\alpha = (\alpha_1\ \alpha_2)^T, \quad b = (b_1\ b_2)^T.$

Demonstra-se que, se as funções escolhidas $g_1(x)$ e $g_2(x)$ forem linearmente independentes, o determinante da matriz A é diferente de zero, o que implica que o sistema linear (3) admite única solução $(\bar{\alpha}_1, \bar{\alpha}_2)$. Ainda mais, demonstra-se também que esta solução é o ponto em que a função $F(\alpha_1, \alpha_2)$ atinge seu valor mínimo.

Usando aqui a definição de *produto escalar de duas funções* p(x) e q(x) no intervalo [a, b] por

$$\langle p, q \rangle = \int_a^b p(x)\, q(x)\, dx, \tag{4}$$

teremos que, no caso em que queremos aproximar

$f(x) \approx \alpha_1 g_1(x) + \ldots + \alpha_n g_n(x)$ o sistema normal $A\alpha = b$ fica

$$A = (a_{ij}) = \langle g_i, g_j \rangle = \int_a^b g_i(x)\, g_j(x)\, dx = \langle g_j, g_i \rangle$$

$$b = (b_i) = \langle f, g_i \rangle = \int_a^b f(x)\, g_i(x)\, dx.$$

Da mesma forma que no caso discreto, temos funções ortogonais com relação ao produto escalar (4), como mostra o Exemplo 4.

Exemplo 4

Os polinômios de Legendre, definidos por

$$P_0(x) \equiv 1, \quad P_k(x) = \frac{1}{2^k k!}\, \frac{d^{(k)}}{dx^{(k)}} [(x^2 - 1)]^k, \quad k = 1, 2, \ldots$$

são ortogonais em [−1, 1] com relação ao produto escalar (4).

Fica como exercício a verificação de que os três primeiros polinômios de Legendre $P_0(x) \equiv 1$, $P_1(x) = x$ e $P_2(x) = \frac{1}{2}(3x^2 - 1)$ são ortogonais entre si.

Uma observação interessante é que, em geral, polinômios ortogonais satisfazem uma fórmula de recorrência de 3 termos, ou seja, dados $P_0(x)$ e $P_1(x)$, conseguimos construir $P_k(x)$, $k = 2, 3, \ldots$

No caso dos polinômios de Legendre, a fórmula de recorrência é
$$P_{j+1}(x) = \left(\frac{2j+1}{j+1}\right) x P_j(x) - \left(\frac{j}{j+1}\right) P_{j-1}(x), \quad j = 1, 2, \ldots$$

Exemplo 5

Resolvemos o exemplo da introdução, ou seja, vamos aproximar $f(x) = 4x^3$ por um polinômio do primeiro grau, uma reta, no intervalo $[a, b] = [0, 1]$.

$$\varphi(x) = \alpha_1 g_1(x) + \alpha_2 g_2(x) = \alpha_1 + \alpha_2 x, \quad \alpha_1, \alpha_2 \in \mathbb{R}$$

$(g_1(x) \equiv 1 \quad g_2(x) = x)$.

Pelo que vimos, (α_1, α_2) é a única solução de $A\alpha = b$ onde

$$A = \begin{bmatrix} a_{11} & a_{12} \\ a_{21} & a_{22} \end{bmatrix} \quad \alpha = \begin{bmatrix} \alpha_1 \\ \alpha_2 \end{bmatrix} \quad b = \begin{bmatrix} b_1 \\ b_2 \end{bmatrix}, \quad \text{sendo}$$

$$a_{11} = \int_a^b g_1^2(x)dx = \int_0^1 1\,dx = 1$$

$$a_{12} = \int_a^b g_1(x)g_2(x)dx = \int_0^1 x\,dx = \frac{x^2}{2}\Big|_0^1 = \frac{1}{2} = a_{21}$$

$$a_{22} = \int_a^b g_2^2(x)dx = \int_0^1 x^2\,dx = \frac{x^3}{3}\Big|_0^1 = \frac{1}{3}$$

$$b_1 = \int_a^b f(x) g_1(x)dx = \int_0^1 4x^3 dx = \frac{4x^4}{4} \Big|_0^1 = 1$$

$$b_2 = \int_a^b f(x) g_2(x)dx = \int_0^1 4x^3 x\, dx = \frac{4x^5}{5} \Big|_0^1 = \frac{4}{5}$$

Temos então o sistema

$$\begin{cases} 1\alpha_1 + \frac{1}{2}\alpha_2 = 1 \\ \frac{1}{2}\alpha_1 + \frac{1}{3}\alpha_2 = \frac{4}{5} \end{cases} \Rightarrow \alpha_1 = -\frac{4}{5}, \ \alpha_2 = \frac{18}{5}.$$

Logo, a aproximação por quadrados mínimos de $f(x) = 4x^3$ no intervalo $[0, 1]$, por um polinômio de grau 1, é a reta $\varphi(x) = \frac{18}{5} x - \frac{4}{5}$.

6.3 CASO NÃO LINEAR

Em alguns casos, a família de funções escolhidas pode ser não linear nos parâmetros, como, por exemplo, se ao diagrama de dispersão de uma determinada função se ajustar uma exponencial do tipo $f(x) \approx \varphi(x) = \alpha_1 e^{-\alpha_2 x}$, α_1 e α_2 positivos.

Para se aplicar o método dos quadrados mínimos, com o que já estudamos neste capítulo, é necessário que se efetue uma linearização do problema através de alguma transformação conveniente.

Por exemplo:

$$y \approx \alpha_1 e^{-\alpha_2 x} \Rightarrow z = \ln(y) \approx \ln(\alpha_1) - \alpha_2 x.$$

Se $a_1 = \ln(\alpha_1)$ e $a_2 = -\alpha_2 \Rightarrow \ln(y) \approx a_1 - a_2 x = \phi(x)$ que é um problema linear nos parâmetros a_1 e a_2.

O método dos quadrados mínimos pode então ser aplicado na resolução do problema linearizado. Obtidos os parâmetros deste problema, usaremos estes valores para calcular os parâmetros originais.

É importante observar que os parâmetros assim obtidos não são ótimos dentro do critério dos quadrados mínimos, isto porque estamos ajustando o problema linearizado por quadrados mínimos e não o problema original.

Portanto, no exemplo, os parâmetros a_1 e a_2 são os que ajustam a função $\phi(x)$ à função $z(x)$ no sentido dos quadrados mínimos; não se pode afirmar que os parâmetros α_1 e α_2 (obtidos através de a_1 e a_2) são os que ajustam $\varphi(x)$ à $f(x)$ dentro do critério dos quadrados mínimos.

Exemplo 6

Suponhamos que num laboratório obtivemos experimentalmente os seguintes valores para $f(x)$ sobre os pontos x_i, $i = 1, 2, \ldots, 8$:

x	−1.0	−0.7	−0.4	−0.1	0.2	0.5	0.8	1.0
f(x)	36.547	17.264	8.155	3.852	1.820	0.860	0.406	0.246

Fazendo o diagrama de dispersão dos dados acima, obtemos

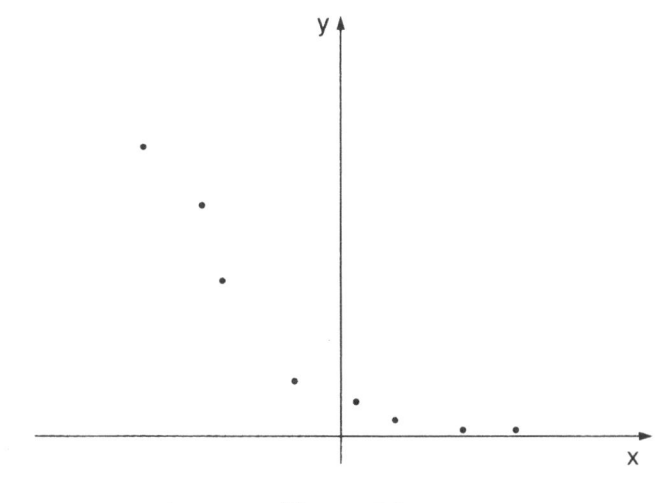

Figura 6.3

que nos sugere um ajuste $y \approx \varphi(x) = \alpha_1 e^{-\alpha_2 x}$.

Conforme vimos anteriormente, a "linearização" a ser feita é $z = \ln(y) \approx \ln(\alpha_1 e^{-\alpha_2 x}) = \ln(\alpha_1) - \alpha_2 x = \phi(x)$.

Assim, em vez de ajustarmos y por quadrados mínimos, ajustaremos $z = \ln(y)$ por quadrados mínimos, encontrando $\phi(x) = a_1 + a_2 x$, onde $a_1 = \ln(\alpha_1)$ e $a_2 = -\alpha_2$. (Aqui $g_1(x) = 1$ e $g_2(x) = x$.)

Temos pois:

x	−1	−0.7	−0.4	−0.1	0.2	0.5	0.8	1
$z = \ln(y)$	3.599	2.849	2.099	1.349	0.599	−0.151	−0.901	−1.402

e a_1 e a_2 serão a solução do sistema:

$$\begin{cases} [\sum_{k=1}^{8} g_1(x_k)g_1(x_k)]a_1 + [\sum_{k=1}^{8} g_2(x_k)g_1(x_k)]a_2 = \sum_{k=1}^{8} z(x_k)g_1(x_k) \\ [\sum_{k=1}^{8} g_1(x_k)g_2(x_k)]a_1 + [\sum_{k=1}^{8} g_2(x_k)g_2(x_k)]a_2 = \sum_{k=1}^{8} z(x_k)g_2(x_k) \end{cases}$$

$$g_1(x) = 1 \Rightarrow \sum_{k=1}^{8} g_1(x_k)g_1(x_k) = \sum_{k=1}^{8} 1 = a_{11} = 8$$

$$g_2(x) = x \Rightarrow \sum_{k=1}^{8} g_2(x_k)g_2(x_k) = \sum_{k=1}^{8} x_k^2 = a_{22} = 3.59$$

$$\sum_{k=1}^{8} g_1(x_k)g_2(x_k) = \sum_{k=1}^{8} 1 x_k = a_{12} = a_{21} = 0.3$$

$$b_1 = \sum_{k=1}^{8} z(x_k)g_1(x_k) = \sum_{k=1}^{8} z(x_k) = 8.041$$

$$b_2 = \sum_{k=1}^{8} z(x_k)g_2(x_k) = \sum_{k=1}^{8} z(x_k) x_k = -8.646$$

donde

$$A = \begin{bmatrix} 8 & 0.3 \\ 0.3 & 3.59 \end{bmatrix} \qquad b = \begin{bmatrix} 0.041 \\ -8.646 \end{bmatrix}$$

e o sistema fica

$$\begin{cases} 8.0a_1 + 0.3a_2 = 8.041 \\ 0.3a_1 + 3.59a_2 = -8.646 \end{cases} \Rightarrow a_1 = 1.099 \text{ e } a_2 = -2.5$$

Agora, $\alpha_1 = e^{a_1} \Rightarrow \alpha_1 = e^{1.099} = 3.001$

$\alpha_2 = -a_2 \Rightarrow \alpha_2 = 2.5$.

Assim, a função $\varphi(x) = \alpha_1 e^{-\alpha_2 x} = 3.001 e^{-2.5x}$.

Assim como no exemplo anterior, onde ajustamos aos dados a curva $y \approx \alpha_1 e^{-\alpha_2 x}$, é comum encontrarmos casos em que os dados tabelados, feito o diagrama de dispersão, devem ser ajustados por

1) Uma hipérbole: $y \approx \dfrac{1}{\alpha_1 + \alpha_2 x} = \varphi(x)$

$(z = \dfrac{1}{y} \approx \alpha_1 + \alpha_2 x)$.

2) Uma curva exponencial: $y \approx \alpha_1 \alpha_2^x = \varphi(x)$

(se $y > 0$, $z = \ln(y) \approx \underbrace{\ln(\alpha_1)}_{a_1} + x\underbrace{\ln(\alpha_2)}_{a_2} = a_1 + a_2 x = \phi(x)$).

3) Uma curva geométrica: $y \approx \alpha_1 x^{\alpha_2} = \varphi(x)$

(se $x > 0$ e $y > 0$, $z = \ln(y) \approx \underbrace{\ln(\alpha_1)}_{a_1} + \underbrace{\alpha_2}_{a_2}\ln(x) = a_1 + a_2\underbrace{\ln(x)}_{t}$

$\Rightarrow z = \ln(y) \approx a_1 + a_2 t = \phi(t))$. (Aqui minimizamos a soma dos quadrados dos desvios nos logaritmos de y, para os logaritmos de x.)

4) Uma curva trigonométrica: $y \approx \alpha_1 + \alpha_2 \cos(wx) = \varphi(x)$. ($t = \cos(wx) \Rightarrow \varphi(t) = \alpha_1 + \alpha_2 t$ e, neste caso, estamos minimizando a soma dos quadrados dos desvios em y.)

6.3.1 TESTE DE ALINHAMENTO

Uma vez escolhida uma função não linear em $\alpha_1, \alpha_2, \ldots, \alpha_n$ para ajustar uma função dada, uma forma de verificarmos se a escolha feita foi razoável é aplicarmos o *teste de alinhamento*, que consiste em:

i) fazer a "linearização" da função não linear escolhida;

ii) fazer o diagrama de dispersão dos novos dados;

iii) se os pontos do diagrama (*ii*) estiverem alinhados, isto significará que a função não linear escolhida foi uma "boa escolha".

Observamos que, devido aos erros de observação, e cálculos aproximados, consideramos satisfatório o diagrama de dispersão onde os pontos se distribuem aleatoriamente em torno de uma reta média.

No Exemplo 6, temos

x	−1	−0.7	−0.4	−0.1	0.2	0.5	0.8	1
y	36.547	17.264	8.155	3.852	1.820	0.860	0.406	0.246
$z = \ln(y)$	3.599	2.849	2.099	1.349	0.599	−0.151	−0.901	−1.402

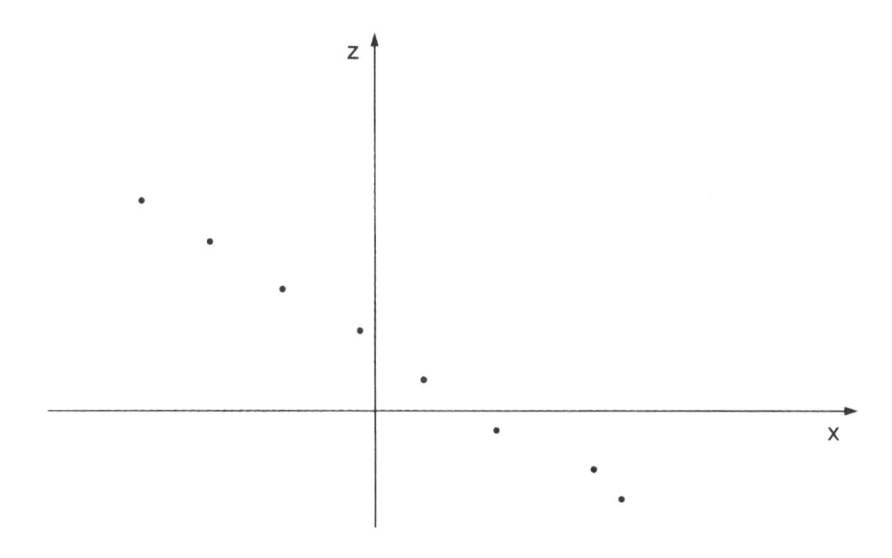

Figura 6.4

EXERCÍCIOS

1. Dado um conjunto de valores $(x_k, f(x_k))$, $k = 0, 1, 2, \ldots, m$, descreva situações em que você usaria um polinômio interpolador por estes pontos e situações em que você ajustaria uma curva a estes dados pelo método dos quadrados mínimos.

2. Ajuste os dados abaixo pelo método dos quadrados mínimos utilizando:

    a) uma reta

    b) uma parábola do tipo $ax^2 + bx + c$.

    Trace as duas curvas no gráfico de dispersão dos dados. Como você compararia as duas curvas com relação aos dados?

x	1	2	3	4	5	6	7	8
y	0.5	0.6	0.9	0.8	1.2	1.5	1.7	2.0

3. Dada a tabela abaixo, faça o gráfico de dispersão dos dados e ajuste uma curva da melhor maneira possível:

x	0.5	0.75	1	1.5	2.0	2.5	3.0
y	−2.8	−0.6	1	3.2	4.8	6.0	7.0

4. A tabela abaixo mostra as alturas e pesos de uma amostra de nove homens entre as idades de 25 a 29 anos, extraída ao acaso entre funcionários de uma grande indústria:

Altura	183	173	168	188	158	163	193	163	178	cm
Peso	79	69	70	81	61	63	79	71	73	kg

a) Faça o diagrama de dispersão dos dados e observe que parece existir uma relação linear entre a altura e o peso.

b) Ajuste uma reta que descreva o comportamento do peso em função da altura, isto é, peso = f(altura).

c) Estime o peso de um funcionário com 175 cm de altura; e estime a altura de um funcionário com 80 kg.

d) Ajuste agora a reta que descreve o comportamento da altura em função do peso, isto é, altura = g(peso).

e) Resolva o item (*c*) com essa nova função e compare os resultados obtidos. Tente encontrar uma explicação.

f) Coloque num gráfico as equações (*b*) e (*d*) e compare-as.

5. A tabela abaixo fornece o número de habitantes do Brasil (em milhões) desde 1872:

Ano	1872	1890	1900	1920	1940	1950	1960	1970	1980	1991
Habitantes	9.9	14.3	17.4	30.6	41.2	51.9	70.2	93.1	119.0	146.2

a) Obtenha uma estimativa para a população brasileira no ano 2000. Analise seu resultado.

b) Em que ano a população brasileira ultrapassou o índice de 100 milhões?

6. Ajuste os dados:

x	-8	-6	-4	-2	0	2	4
y	30	10	9	6	5	4	4

a) usando a aproximação $y \approx 1/(a_0 + a_1 x)$. Faça o gráfico para $1/y$ e verifique que esta aproximação é viável;

b) idem para $y \approx ab^x$;

c) compare os resultados (*a*) e (*b*).

7. O número de bactérias, por unidade de volume, existente em uma cultura após x horas é apresentado na tabela:

nº de horas (x)	0	1	2	3	4	5	6
nº de bactérias por volume unitário (y)	32	47	65	92	132	190	275

a) verifique que uma curva para se ajustar ao diagrama de dispersão é do tipo exponencial;

b) ajuste aos dados as curvas $y = ab^x$ e $y = ax^b$; compare os valores obtidos por meio destas equações com os dados experimentais;

c) avalie da melhor forma o valor de $y(x)$ para $x = 7$.

8. Considere:

x	x_0	x_1	...	x_n
f(x)	$f(x_0)$	$f(x_1)$	...	$f(x_n)$

Deseja-se estimar f(a), a ∈ (x_0, x_n). Compare os resultados que seriam obtidos quando aproximamos f(x) por

a) um polinômio que interpola f(x) nos n + 1 pontos.

b) $\phi(x) = a_0 + a_1 x + a_2 x^2 + \ldots + a_n x^n$, pelo método dos quadrados mínimos.

9. a) Considere:

x	2	5	8	10	14	17	27	31	35	44
y	94.8	98.7	81.3	74.9	68.7	64.0	49.3	44.0	39.1	31.6

Através do teste de alinhamento, escolha uma das famílias de funções abaixo que melhor ajusta estes dados: ae^{bx}, $1/(a + bx)$, $x/(a + bx)$.

b) Ajuste os dados do item acima à família de funções escolhida. Qual o resíduo minimizado?

10. Aproxime a tabela abaixo por uma função do tipo $g(x) = 1 + ae^{bx}$ usando quadrados mínimos. Discuta seus resultados.

x	0	0.5	1.0	2.5	3.0
y	2.0	2.6	3.7	13.2	21.0

11. Considere a tabela

t	-9	-6	-4	-2	0	2	4
u	30	10	9	6	5	4	4

Por qual das funções $x(t) = t/(at + b)$ ou $y(t) = ab^t$ você aproximaria a função u(t)? Justifique a sua resposta.

12. Considere a tabela

x	-2	-1	0	1	2
y	6	3	-1	2	4

    Deseja-se aproximar a função y(x) tabelada nos pontos distintos (x_i, y_i) para $i = 1, \ldots, m$. Podemos fazer a regressão linear de y por x obtendo $y = ax + b$. Podemos também fazer a regressão linear de x por y obtendo $x = cy + d$. Você espera que as retas coincidam ou não? Justifique.

13. Seja f(x) uma função real, de variável real, definida e contínua no intervalo $[0, 2\pi]$ e seja também n um número fixado.

    Ache os valores das constantes reais, $a_0, a_1, \ldots, a_n, b_1, b_2, \ldots, b_n$, tais que $f(x) = a_0 + a_1\cos(x) + b_1\text{sen}(x) + a_2\cos(2x) + b_2\text{sen}(2x) + \ldots + a_n\cos(nx) + b_n\text{sen}(nx)$, seja a melhor aproximação para f(x) em $[0, 2\pi]$, no sentido de quadrados mínimos.

PROJETO

SOLUÇÃO DE SISTEMAS LINEARES SOBREDETERMINADOS

Os sistemas lineares sobredeterminados $Ax = b$, A: matriz $m \times n$, x vetor $n \times 1$ e b vetor $m \times 1$, com $m > n$, ou seja, com mais equações que incógnitas, muito raramente possuem solução. Conforme observamos no Capítulo 3, mesmo se A for posto completo, as chances de b pertencer à imagem de A são muito pequenas. Assim, estaremos, na maioria dos casos, querendo resolver $Ax = b$, A matrix $m \times n$, posto(A) = n e $b \notin \text{Im}(A)$ e sabemos que este sistema não tem solução.

Nestes casos, o que fazemos é calcular $\bar{b}$ como sendo a projeção de b sobre Im(A) na norma 2 e aí então tomamos como solução do nosso sistema $Ax = b$, a solução única do sistema $Ax = \bar{b}$.

O vetor $\bar{b}$ projeção de b sobre Im(A) na norma 2 é o vetor $\bar{b} = A\bar{x}$ onde

$$\min_{x \in \mathbb{R}^n} \| Ax - b \|_2 = \| A\bar{x} - b \|_2.$$

Chamando $r(x) = Ax - b$ de resíduo em x, queremos então achar a solução $\bar{x}$ de resíduo mínimo. Note que achar esta solução é o mesmo que encontrar x que minimize

$$f(x) = \frac{1}{2} \| r(x) \|_2^2 = \frac{1}{2} \| Ax - b \|_2^2 = \frac{1}{2} \langle Ax - b, Ax - b \rangle.$$

Do Cálculo Diferencial e Integral, sabemos que, se $\min_{x \in \mathbf{R}^n} f(x) = f(\bar{x})$, então

$$\frac{\partial f}{\partial x_i}(\bar{x}) = 0, \ 1 \leq i \leq n.$$

Assim, após calcular a derivada do produto escalar e igualar o resultado a zero, $\bar{x}$ será solução do sistema $A^T A x = A^T b$, a qual será única, pois A é posto completo. Além disso, $A^T A$ é matriz simétrica, definida positiva e, portanto, $A^T A x = A^T b$ pode ser resolvido pelo método de Cholesky.

Considere a tabela

x	x_1	x_2	...	x_m
f(x)	$f(x_1)$	$f(x_2)$	...	$f(x_m)$

Se quisermos encontrar uma reta $\varphi(x) = \alpha_1 + \alpha_2 x$ tal que $f(x_i) = \varphi(x_i)$, $1 \leq i \leq m$, estaremos tentando resolver o sistema linear sobredeterminado $A\alpha = b$:

$$\begin{cases} \alpha_1 + \alpha_2 x_1 = f(x_1) \\ \alpha_1 + \alpha_2 x_2 = f(x_2) \\ \quad \vdots \\ \alpha_1 + \alpha_m x_m = f(x_m) \end{cases}$$

que tem m equações e 2 incógnitas, α_1 e α_2. Neste caso, temos:

$$A = \begin{pmatrix} 1 & x_1 \\ 1 & x_2 \\ 1 & x_3 \\ \vdots & \vdots \\ 1 & x_m \end{pmatrix}, \quad \alpha = \begin{pmatrix} \alpha_1 \\ \alpha_2 \\ \alpha_3 \\ \vdots \\ \alpha_m \end{pmatrix}, \quad e \ b = \begin{pmatrix} f(x_1) \\ f(x_2) \\ f(x_3) \\ \vdots \\ f(x_m) \end{pmatrix}$$

Observe que neste caso escolhemos $\varphi_1(x) = \alpha_1 g_1(x) + \alpha_2 g_2(x)$, com $g_1(x) \equiv 1$ e $g_2(x) = x$ que são tais que os vetores $\bar{g}_1$ e $\bar{g}_2$ são linearmente independentes pois:

$$\bar{g}_1 = \begin{pmatrix} g_1(x_1) \\ g_1(x_2) \\ \vdots \\ g_1(x_m) \end{pmatrix} = \begin{pmatrix} 1 \\ 1 \\ \vdots \\ 1 \end{pmatrix} \quad e \quad \bar{g}_2 = \begin{pmatrix} g_2(x_1) \\ g_2(x_2) \\ \vdots \\ g_2(x_m) \end{pmatrix} = \begin{pmatrix} x_1 \\ x_2 \\ \vdots \\ x_m \end{pmatrix}$$

Observe que poderíamos ter escolhido $\varphi(x) = \alpha_1 g_1(x) + \alpha_2 g_2(x) + \ldots + \alpha_n g_n(x)$ onde $g_1(x), g_2(x), \ldots, g_n(x)$ fossem quaisquer funções tais que os vetores $\bar{g}_1, \bar{g}_2, \ldots, \bar{g}_n$, definidos por $[\bar{g}_j]_i = \bar{g}_j(x_i)$ fossem linearmente independentes.

i) Em primeiro lugar, queremos que você verifique que o sistema linear $A^T A x = A^T b$ é exatamente o sistema normal que temos de resolver para encontrar a reta $\alpha_1 + \alpha_2 x$ que melhor aproxima a tabela no sentido de quadrados mínimos, como foi desenvolvido no texto, ou seja: verifique que os elementos c_{ij} da matriz $A^T A$ e d_i do vetor $A^T b$ valem exatamente:

$c_{ij} = \langle g_i, g_j \rangle$ e $d_i = \langle f, g_i \rangle$, com

$g_1(x) \equiv 1$, $g_2(x) = x$ e $\langle p, q \rangle = \sum_{k=1}^{m} p(x_k) q(x_k)$.

ii) Trabalhando agora com os valores numéricos

x	1	3	4	6	8	9	11	14
f(x)	1	2	4	4	5	7	8	9

a) monte a matriz A e o vetor b do sistema $A\alpha = b \cdot$ (A: 8×2, α: 2×1 e b: 8×1);

b) verifique que A tem posto completo;

c) verifique que $b \notin \text{Im}(A)$;

d) comprove, desta vez numericamente, que o sistema linear $A^TAx = A^Tb$ que dá a solução de resíduo mínimo de $A\alpha = b$ é o sistema normal da solução de quadrados mínimos, descrita no texto.

iii) aplicando os itens anteriores, (*i*) e (*ii*), ache as soluções de quadrados mínimos quando

a) $\quad A = \begin{pmatrix} 1 & 0 \\ 0 & 1 \\ 0 & 0 \end{pmatrix}$ e $b = \begin{pmatrix} 0.1 \\ 0 \\ 1 \end{pmatrix}$

b) $\quad \begin{cases} x - 3y = 0.9 \\ 2x + 5y = 1.9 \\ -x + 2y = -0.9 \\ 3x - y = 3.0 \\ x + 2y = 1.1 \end{cases}$

CAPÍTULO **7**

INTEGRAÇÃO NUMÉRICA

7.1 INTRODUÇÃO

Sabemos do Cálculo Diferencial e Integral que se f(x) é função contínua em [a, b], então esta função tem uma primitiva neste intervalo, ou seja, existe F(x) tal que $F'(x) = f(x)$. Assim $\int_a^b f(x)\,dx = F(b) - F(a)$, no entanto, pode não ser fácil expressar esta função primitiva por meio de combinações finitas de funções elementares, como, por exemplo, a função $f(x) = e^{-x^2}$, cuja primitiva F(x) que se anula para x = 0 é chamada função de Gauss.

Existe ainda o caso em que o valor de f(x) é conhecido apenas em alguns pontos, num intervalo [a, b]. Como não conhecemos a expressão analítica de f(x), não temos condição de calcular $\int_a^b f(x)\,dx$.

Uma forma de se obter uma aproximação para a integral de f(x) num intervalo [a, b], como nos casos acima, é através dos métodos numéricos que estudaremos neste capítulo.

A idéia básica da integração numérica é a substituição da função f(x) por um polinômio que a aproxime razoavelmente no intervalo [a, b]. Assim o problema fica resolvido pela integração de polinômios, o que é trivial de se fazer. Com este raciocínio podemos deduzir fórmulas para aproximar $\int_a^b f(x)\,dx$.

Neste capítulo, as fórmulas que deduziremos terão a expressão abaixo:

$$\int_a^b f(x)\,dx \approx A_0 f(x_0) + A_1 f(x_1) + \ldots + A_n f(x_n), \quad x_i \in [a, b], \quad i = 0, 1, \ldots, n.$$

7.2 FÓRMULAS DE NEWTON-COTES

Nas fórmulas de Newton-Cotes a idéia de polinômio que aproxime f(x) razoavelmente é que este polinômio interpole f(x) em pontos de [a, b] igualmente espaçados. Consideremos a partição do intervalo [a, b] em subintervalos, de comprimento h, $[x_i, x_{i+1}]$, $i = 0, 1, \ldots, n - 1$. Assim $x_{i+1} - x_i = h = (b - a)/n$.

As *fórmulas fechadas de Newton-Cotes* são fórmulas de integração do tipo $x_0 = a$, $x_n = b$ e

$$\int_a^b f(x)\,dx = \int_{x_0}^{x_n} f(x)\,dx \approx A_0 f(x_0) + A_1 f(x_1) + \ldots + A_n f(x_n) = \sum_{i=0}^{n} A_i f(x_i),$$

sendo os coeficientes A_i determinados de acordo com o grau do polinômio aproximador.

Desenvolveremos a seguir algumas das fórmulas fechadas de Newton-Cotes, a saber, a regra dos Trapézios e a regra 1/3 de Simpson.

Existem ainda as *fórmulas abertas de Newton-Cotes*, construídas de maneira análoga às fechadas, com x_0 e $x_n \in (a, b)$.

7.2.1 REGRA DOS TRAPÉZIOS

Se usarmos a fórmula de Lagrange para expressar o polinômio $p_1(x)$ que interpola f(x) em x_0 e x_1 temos

$$\int_a^b f(x)\,dx \approx \int_{a=x_0}^{b=x_1} p_1(x)\,dx = \int_{x_0}^{x_1} \left[\frac{(x-x_1)}{-h} f(x_0) + \frac{(x-x_0)}{h} f(x_1) \right] dx = I_T.$$

Assim, $I_T = \dfrac{h}{2}[f(x_0) + f(x_1)]$, que é a área do trapézio de altura $h = x_1 - x_0$ e bases $f(x_0)$ e $f(x_1)$.

GRAFICAMENTE

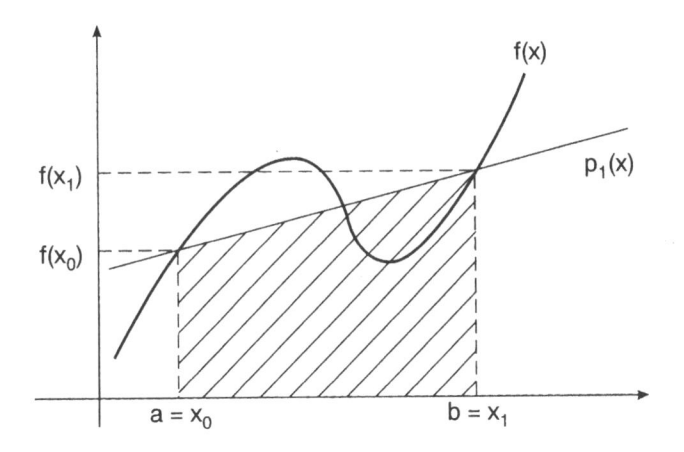

Figura 7.1

Observando a Figura 7.1 vemos que ao substituir a área delimitada pelas curvas $y = f(x)$, $x = x_0$, $x = x_1$, $y = 0$ (o valor de $\int_{x_0}^{x_1} f(x)\,dx$ é exatamente esta área!) pela área do trapézio, de altura h e bases $f(x_0)$ e $f(x_1)$, cometemos um erro. Vejamos como é a expressão deste erro.

Da interpolação polinomial sabemos que

$$f(x) = p_1(x) + (x - x_0)(x - x_1) \frac{f''(\xi_x)}{2}, \xi_x \in (x_0, x_1).$$

Integrando esta expressão de x_0 a x_1 teremos:

$$\int_{x_0}^{x_1} f(x)\, dx = I_T + \int_{x_0}^{x_1} (x - x_0)(x - x_1) \frac{f''(\xi_x)}{2}\, dx.$$

Portanto, o erro na integração pela regra dos Trapézios, E_T, é dado por

$$E_T = \int_{x_0}^{x_1} (x - x_0)(x - x_1) \frac{f''(\xi_x)}{2}\, dx.$$

Para calcular esta integral lembramos inicialmente que $f''(\xi_x)$ é função de x.
Seja $g(x) = (x - x_0)(x - x_1)$. Então,

$$E_T = \frac{1}{2} \int_{x_0}^{x_1} g(x)\, f''(\xi_x)\, dx.$$

Observe que $\forall\ x \in (x_0, x_1)$, $g(x) < 0$ e que, se $f''(x)$ for contínua em $[x_0, x_1]$, existem números reais p e P, tais que $p \leq f''(x) \leq P$.

Assim, $p \leq f''(\xi_x) \leq P$ e, como $g(x) \leq 0$, então

$$pg(x) \geq g(x) f''(\xi_x) \geq Pg(x)$$

$$P\underbrace{\int_{x_0}^{x_1} g(x)\, dx}_{<0} \leq \int_{x_0}^{x_1} g(x)\, f''(\xi_x)\, dx \leq p\underbrace{\int_{x_0}^{x_1} g(x)\, dx}_{<0}$$

$$p \leq \underbrace{\left[\frac{\int_{x_0}^{x_1} g(x)\, f''(\xi_x)\, dx}{\int_{x_0}^{x_1} g(x)\, dx} \right]}_{=A} \leq P$$

Da hipótese de $f''(x)$ ser contínua em $[x_0, x_1]$ e do fato de $p \leq A \leq P$, temos que existe $c \in (x_0, x_1)$ tal que $f''(c) = A$, ou seja

$$\int_{x_0}^{x_1} g(x) f''(\xi_x) dx = f''(c) \int_{x_0}^{x_1} g(x) dx,$$

que é o Teorema do Valor Médio para Integrais.

Assim,

$$E_T = \frac{1}{2} \int_{x_0}^{x_1} g(x) f''(\xi_x) dx = \frac{1}{2} f''(c) \int_{x_0}^{x_1} g(x) dx, \quad c \in (x_0, x_1).$$

Como $\int_{x_0}^{x_1} g(x) dx = \frac{-h^3}{6}$,

$$E_T = -\frac{h^3}{12} f''(c), \quad c \in (x_0, x_1). \text{ Em resumo,}$$

$$\int_{x_0}^{x_1} f(x) dx = \frac{h}{2} \{f(x_0) + f(x_1)\} - \frac{h^3}{12} f''(c).$$

7.2.2 REGRA DOS TRAPÉZIOS REPETIDA

Como podemos ver, tanto graficamente quanto pela expressão do erro, se o intervalo de integração é grande, a fórmula dos Trapézios nos fornece resultados que pouco têm a ver com o valor da integral exata. O que podemos fazer neste caso é uma subdivisão do intervalo de integração e aplicar a regra dos Trapézios repetidas vezes. Chamando x_i os pontos de subdivisão de $[a, b]$, x_i tais que $x_{i+1} - x_i = h$, $i = 0, 1, ..., m - 1$ teremos

$$\int_a^b f(x) dx = \sum_{i=0}^{m-1} \int_{x_i}^{x_{i+1}} f(x) dx = \sum_{i=0}^{m-1} \left(\frac{h}{2} [f(x_i) + f(x_{i+1})] - \frac{h^3 f''(c_i)}{12} \right)$$

$$= \sum_{i=0}^{m-1} \frac{h}{2} [f(x_i) + f(x_{i+1})] - \sum_{i=0}^{m-1} h^3 \frac{f''(c_i)}{12}, \quad c_i \in (x_i, x_{i+1}).$$

Como estamos supondo $f''(x)$ contínua em $[a, b]$, uma generalização do Teorema do Valor Intermediário nos garante que existe $\xi \in (a, b)$ tal que:

$$\sum_{i=0}^{m-1} f''(c_i) = mf''(\xi).$$

Assim,

$$\int_{x_0}^{x_m} f(x)dx = \frac{h}{2}[f(x_0) + 2f(x_1) + 2f(x_2) + \ldots + 2f(x_{m-1}) + f(x_m)] - mh^3 \frac{f''(\xi)}{12}$$

e

$$I_{TR} = \frac{h}{2}\{f(x_0) + 2[f(x_1) + f(x_2) + \ldots + f(x_{m-1})] + f(x_m)\}$$

$$E_{TR} = -\frac{mh^3 f''(\xi)}{12}.$$

GRAFICAMENTE

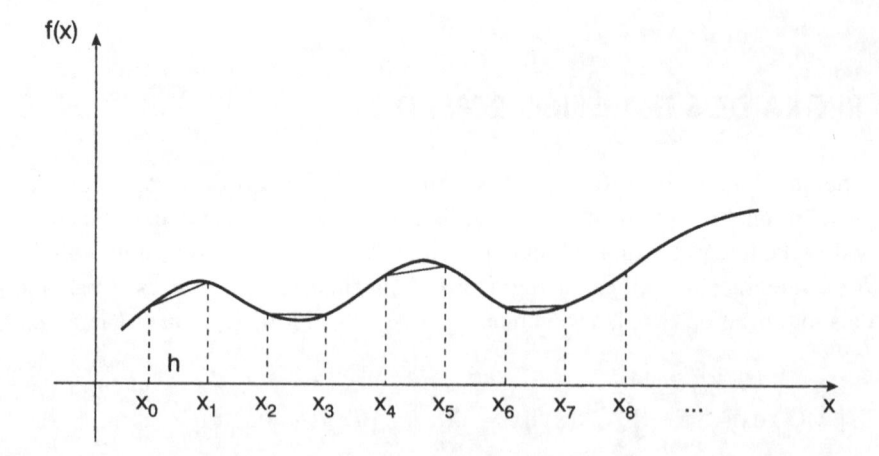

Figura 7.2

Da mesma forma que na interpolação polinomial, não podemos calcular exatamente f″(ξ), visto que não conhecemos o ponto ξ. Quando possível calculamos um limitante superior para o erro.

Temos que:

$$E_{TR} = -m\frac{h^3}{12}f''(\xi).$$

Sendo f″(x) contínua em [a, b] então existe $M_2 = \max_{x \in [a, b]} |f''(x)|$. Assim

$$|E_{TR}| \leq \frac{mh^3 M_2}{12}$$

ou, lembrando que $m = \frac{b-a}{h}$,

$$|E_{TR}| \leq \frac{b-a}{12} h^2 M_2.$$

Exemplo 1

Seja $I = \int_0^1 e^x \, dx$

a) Calcule uma aproximação para I usando 10 subintervalos e a regra dos Trapézios repetida. Estime o erro cometido.

b) Qual o número mínimo de subdivisões de modo que o erro seja inferior a 10^{-3}?

(*a*) Os pontos $x_i = 0.1i$, $i = 0, 1, ..., 10$ dividirão o intervalo [0, 1] em subintervalos com h = 0.1. Aplicando a regra dos Trapézios repetida, teremos

$$\int_0^1 e^x \, dx \approx \frac{0.1}{2}(e^0 + 2e^{0.1} + 2e^{0.2} + ... + 2e^{0.7} + 2e^{0.8} + 2e^{0.9} + e) = 1.719713$$

e o erro exato desta aproximação será

$$|E_{TR}| = \left| \frac{10(0.1)^3}{12} e^\xi \right|, \xi \in (0, 1).$$

Portanto:

$$|E_{TR}| \leq \frac{0.01}{2} \max_{x \in [0, 1]} |e^x| \approx 0.00227$$

(b) $|E_{TR}| = \frac{mh^3}{12} |f''(\xi)|$, $\xi \in (0, 1)$ com $mh = x_m - x_0 = 1$ e $\max_{x \in [0, 1]} |f''(x)| = e \Rightarrow$

$|E_{TR}| \leq \frac{h^2}{12} e$. A condição $|E_{TR}| < 10^{-3}$ será satisfeita se $\frac{h^2}{12} e < 10^{-3}$, isto é,

se $h^2 < \frac{12 \times 10^{-3}}{e} \approx 0.00441$. Portanto, deveremos tomar $h < 0.0665$, ou

$m = \frac{1}{h} \geq 16$, para obtermos uma aproximação com erro menor que 10^{-3}

(m inteiro e m > 15.03759).

7.2.3 REGRA 1/3 DE SIMPSON

Novamente podemos usar a fórmula de Lagrange para estabelecer a fórmula de integração resultante da aproximação de f(x) por um polinômio de grau 2. Seja $p_2(x)$ o polinômio que interpola f(x) nos pontos $x_0 = a$, $x_1 = x_0 + h$ e $x_2 = x_0 + 2h = b$:

$$p_2(x) = \frac{(x - x_1)(x - x_2)}{(-h)(-2h)} f(x_0) + \frac{(x - x_0)(x - x_2)}{(h)(-h)} f(x_1) + \frac{(x - x_0)(x - x_1)}{(2h)(h)} f(x_2).$$

Assim,

$$\int_a^b f(x)\, dx = \int_{x_0}^{x_2} f(x)\, dx \approx \int_{x_0}^{x_2} p_2(x)\, dx = \frac{f(x_0)}{2h^2} \int_{x_0}^{x_2} (x - x_1)(x - x_2)\, dx -$$

$$- \frac{f(x_1)}{h^2} \int_{x_0}^{x_2} (x - x_0)(x - x_2)\, dx + \frac{f(x_2)}{2h^2} \int_{x_0}^{x_2} (x - x_0)(x - x_1)\, dx = I_S.$$

As integrais podem ser resolvidas, por exemplo, usando a mudança das variáveis $x - x_0 = zh$. Assim $dx = h\,dz$, $x = x_0 + zh$; então

$$x - x_1 = x_0 + zh - (x_0 + h) = (z - 1)h \quad e$$

$$x - x_2 = (z - 2)h$$

e, para

$$x = x_0, z = 0; \quad x = x_1, z = 1 \quad e \quad x = x_2, z = 2$$

Com esta mudança,

$$I_S = \frac{f(x_0)h}{2}\int_0^2 (z-1)(z-2)\,dz - f(x_1)h\int_0^2 z(z-2)\,dz + \frac{f(x_2)h}{2}\int_0^2 z(z-1)\,dz.$$

Resolvendo as integrais obtemos a regra 1/3 de Simpson:

$$\int_{x_0}^{x_2} f(x)\,dx \approx \frac{h}{3}[f(x_0) + 4f(x_1) + f(x_2)] = I_S$$

Podemos mostrar, embora a demonstração seja um pouco mais elaborada que a feita na regra dos Trapézios, que a expressão do erro na fórmula de Simpson, supondo que $f^{(iv)}(x)$ é contínua em $[x_0, x_2]$, é

$$E_S = -\frac{h^5}{90}f^{(iv)}(c), \quad c \in (x_0, x_2).$$

Desta expressão para o erro observamos que o ganho na potência de h, ao passar da aproximação linear para a quadrática, foi substancial. No próximo exemplo este ganho ficará evidenciado.

7.2.4 REGRA 1/3 DE SIMPSON REPETIDA

Antes de apresentarmos o exemplo, apliquemos a regra de Simpson repetidas vezes no intervalo $[a, b] = [x_0, x_m]$. Vamos supor que $x_0, x_1, ..., x_m$ são pontos igualmente espaçados, $h = x_{i+1} - x_i$, e m é par (isto é condição necessária pois cada parábola utilizará três pontos consecutivos).

Em cada par de subintervalos, temos

$$\int_{x_{2k-2}}^{x_{2k}} f(x)\, dx = \frac{h}{3}[f(x_{2k-2}) + 4f(x_{2k-1}) + f(x_{2k})] + [-\frac{h^5}{90} f^{iv}(c_k)]$$

$c_k \in (x_{2k-2}, x_{2k})$ e $k = 1, ..., \frac{m}{2}$.

Então,

$$\int_{x_0}^{x_m} f(x)\, dx = \sum_{k=1}^{m/2} \int_{x_{2k-2}}^{x_{2k}} f(x)\, dx = \frac{h}{3}\{[f(x_0) + 4f(x_1) + f(x_2)] + [f(x_2) +$$

$$4f(x_3) + f(x_4)] + ... + [f(x_{m-2}) + 4f(x_{m-1}) + f(x_m)]\}$$

$$+ \sum_{k=1}^{m/2} (-\frac{h^5}{90} f^{iv}(c_k)).$$

Assim,

$$I_{SR} = \frac{h}{3}\{[f(x_0) + f(x_m)] + 4[f(x_1) + f(x_3) + ... + f(x_{m-1})] + 2[f(x_2) +$$

$$+ f(x_4) + ... + f(x_{m-2})]\}$$

e

$$E_{SR} = -\sum_{k=1}^{m/2} \frac{h^5}{90} f^{iv}(c_k).$$

Novamente, supondo que $f^{iv}(x)$ é contínua em $[x_0, x_m]$, usamos uma generalização do Teorema do Valor Intermediário e obtemos:

$$E_{SR} = -\frac{m}{2} \frac{h^5}{90} f^{iv}(\xi) = -\frac{mh^5}{180} f^{iv}(\xi), \quad \xi \in (x_0, x_m).$$

Temos ainda que existe $M_4 = \max\limits_{x \in [x_0, x_m]} |f^{iv}(x)|$. Assim

$$|E_{SR}| \leq \frac{mh^5}{180} M_4$$

ou, lembrando que $m = \dfrac{b-a}{h}$,

$$|E_{SR}| \leq \frac{(b-a)h^4}{180} M_4.$$

Exemplo 2

Seja $I = \int_0^1 e^x \, dx$.

a) Calcule uma aproximação para I usando a regra 1/3 de Simpson com m = 10. Estime o erro cometido.

b) Para que valor de m teríamos erro inferior a 10^{-3}?

(*a*) Sendo m = 10, h = (1/10) = 0.1. Assim,

$$\int_0^1 e^x \, dx \approx \frac{0.1}{3} (e^{0.0} + 4e^{0.1} + 2e^{0.2} + 4e^{0.3} + \ldots + 2e^{0.8} + 4e^{0.9} + e^{1.0})$$

$$= 1.71828278.$$

Temos

$$|E_{SR}| = \left|5 \times \frac{0.1^5}{90} e^\xi\right|, \quad \xi \in (0,1).$$

Portanto,

$$|E_{SR}| \leq 5.555 \times 10^{-7} \times \max\limits_{x \in [0,1]} |e^x| = 1.51016 \times 10^{-6}.$$

Observe que $|E_{SR}| = 0.00000151 < 0.00227 = |E_{TR}|$, encontrado no Exemplo 1a.

(b) $|E_{SR}| = |\dfrac{m}{2} \dfrac{h^5}{90} e^{\xi}| \leq \dfrac{h^4}{180} e$ pois $mh = x_m - x_0 = 1$ e $e^{\xi} \leq e$ em $[0, 1]$.

A condição $|E_{SR}| < 10^{-3}$ será obedecida se h for tal que

$\dfrac{h^4}{180} e < 10^{-3}$, isto é, $h^4 < 0.06622 \Rightarrow h < 0.50728$.

Assim, $m = \dfrac{b-a}{h} \geq \dfrac{1}{0.50728} \approx 1.9713 \Rightarrow m \geq 2$. Observe que na regra dos Trapézios precisamos de $m \geq 16$, como vimos no Exemplo 1b.

OBSERVAÇÕES

i) Das expressões obtidas para o erro na regra dos Trapézios e na de Simpson, concluímos que a regra dos Trapézios integra sem erro polinômios de grau $n \leq 1$ e a de Simpson polinômios de grau $n \leq 3$.

ii) As demais fórmulas de integração numérica, do tipo fórmulas fechadas de Newton-Cotes, são deduzidas de maneira análoga trabalhando com polinômios de grau $n = 3$, $n = 4$ etc.

iii) Para um n qualquer, uma fórmula de Newton-Cotes é dada por

$$\int_{x_0}^{x_n} f(x)\, dx \approx \int_{x_0}^{x_n} p_n(x)\, dx = \text{(usando a fórmula de Lagrange para } p_n(x)\text{)}$$

$$= \int_{x_0}^{x_n} [f(x_0)L_0(x) + f(x_1)L_1(x) + \ldots + f(x_n)L_n(x)]\, dx$$

$$= [\int_{x_0}^{x_n} L_0(x)\, dx]\, f(x_0) + [\int_{x_0}^{x_n} L_1(x)\, dx]\, f(x_1) + \ldots +$$

$$+ \left[\int_{x_0}^{x_n} L_n(x)\,dx\right] f(x_n) =$$

$$= A_0 f(x_0) + A_1 f(x_1) + \ldots + A_n f(x_n)$$

Assim, nas fórmulas de Newton-Cotes,

$$A_k = \int_{x_0}^{x_n} L_k(x)\,dx.$$

7.2.5 TEOREMA GERAL DO ERRO

Sendo n o grau do polinômio que interpola f(x) (n = 1 na regra dos Trapézios) e lembrando que $f \in C^k$ [a, b] significa que f e suas derivadas até ordem k são contínuas no intervalo [a, b], enunciaremos, sem demonstração, o Teorema Geral do Erro nas fórmulas de Newton-Cotes.

TEOREMA 1

Seja $f \in C^{n+2}$ [a, b]. Então o erro na integração numérica, E_n, usando as fórmulas de Newton-Cotes é:

i) se n é ímpar,

$$E_n = \frac{h^{n+2} f^{(n+1)}(\xi)}{(n+1)!} \int_0^n u(u-1)\ldots(u-n)\,du, \quad \xi \in [a, b];$$

ii) se n é par,

$$E_n = \frac{h^{n+3} f^{(n+2)}(\xi)}{(n+2)!} \int_0^n (u - \frac{n}{2}) u(u-1)\ldots(u-n)\,du, \quad \xi \in [a, b].$$

7.3 QUADRATURA GAUSSIANA

Fizemos algumas observações sobre as fórmulas de Newton-Cotes, no que diz respeito ao erro.

De maneira geral, uma fórmula de Newton-Cotes (que aproxima f(x) por um polinômio que interpola f(x) em $x_0, x_1, ..., x_n$) é exata para polinômios de grau $\leq$ n. A regra 1/3 de Simpson é uma exceção, pois para ela n = 2 e, no entanto,

$$\int_{x_0}^{x_2} p_3(x) \, dx = I_S, \quad \text{pois} \quad E_S = -\frac{h^5}{90} p_3^{(iv)}(c) = 0.$$

Vamos mostrar aqui que conseguimos deduzir outras fórmulas do mesmo tipo que as de Newton-Cotes, ou seja:

$$\int_a^b f(x) \, dx \approx A_0 f(x_0) + ... + A_n f(x_n)$$

onde $x_0, x_1, ..., x_n$ são n + 1 pontos distintos. Tais fórmulas são exatas para polinômios de grau $\leq 2n+1$ e são conhecidas como Quadratura Gaussiana. Mais referências sobre este assunto podem ser encontradas em [3] e [27].

Das fórmulas que vimos temos:

$$\int_a^b f(x) \, dx = \{[\int_a^b L_0(x) \, dx] f(x_0) + ... + [\int_a^b L_n(x) \, dx] f(x_n)\} + E_n = I_n + E_n$$

ou seja,

$$\int_a^b f(x) \, dx \approx A_0 f(x_0) + ... + A_n f(x_n), \text{ onde}$$

$$A_k = \int_a^b L_k(x) \, dx \quad k = 0, 1, ..., n$$

e, da expressão de E_n, temos que, de um modo geral, estas fórmulas são exatas para polinômios de grau $\leq$ n.

Nas fórmulas de Newton-Cotes, os pontos $x_0, \ldots, x_n$ sobre os quais são construídos os polinômios $L_k(x)$ são pontos igualmente espaçados, prefixados em [a, b]. Na Quadratura Gaussiana deixamos $x_0, x_1, \ldots, x_n$ indeterminados e assim conseguimos fórmulas do mesmo tipo:

$$\int_a^b f(x)\,dx \approx A_0 f(x_0) + \ldots + A_n f(x_n), \text{ onde}$$

$$A_k = \int_a^b L_k(x)\,dx \text{ e que são exatas para polinômios de grau } \leq 2n+1.$$

Veremos a seguir a construção da fórmula da Quadratura Gaussiana para $n = 1$, ou seja, queremos determinar x_0, x_1, A_0 e A_1, tais que

$$\int_a^b f(x)\,dx \approx A_0 f(x_0) + A_1 f(x_1) \text{ seja exata para polinômios de grau } \leq 3.$$

Para simplicidade de cálculos, determinaremos esta fórmula considerando $[a, b] = [-1, 1]$.

Dizer que a fórmula é exata para polinômios de grau ≤ 3 equivale a dizer que a fórmula é exata para

$$g_0(t) \equiv 1, \quad g_1(t) = t, \quad g_2(t) = t^2 \quad \text{e} \quad g_3(t) = t^3, \text{ ou seja,}$$

$$2 = \int_{-1}^1 1\,dt = A_0 g_0(t_0) + A_1 g_0(t_1) = A_0 + A_1$$

$$0 = \int_{-1}^1 t\,dt = A_0 g_1(t_0) + A_1 g_1(t_1) = A_0 t_0 + A_1 t_1$$

$$\frac{2}{3} = \int_{-1}^1 t^2\,dt = A_0 g_2(t_0) + A_1 g_2(t_1) = A_0 t_0^2 + A_1 t_1^2$$

$$0 = \int_{-1}^1 t^3\,dt = A_0 g_3(t_0) + A_1 g_3(t_1) = A_0 t_0^3 + A_1 t_1^3.$$

Temos então o sistema não linear com quatro equações e quatro incógnitas:

$$\begin{cases} A_0 + A_1 = 2 \\ A_0 t_0 + A_1 t_1 = 0 \\ A_0 t_0^2 + A_1 t_1^2 = 2/3 \\ A_0 t_0^3 + A_1 t_1^3 = 0. \end{cases}$$

Resolvendo, temos

$$t_0 = -\sqrt{3}/3, \ t_1 = \sqrt{3}/3 \ \text{e} \ A_0 = A_1 = 1.$$

Observe que

$$\int_{-1}^{1} L_0(t)\,dt = \int_{-1}^{1} \frac{(t - \sqrt{3}/3)}{(-\sqrt{3}/3 - \sqrt{3}/3)}\,dt = A_0 = 1$$

e

$$\int_{-1}^{1} L_1(t)\,dt = \int_{-1}^{1} \frac{(t + \sqrt{3}/3)}{(\sqrt{3}/3 + \sqrt{3}/3)}\,dt = A_1 = 1$$

No caso de um intervalo [a, b] genérico, efetuamos a mudança de variáveis: para $t \in [-1, 1]$ corresponde $x \in [a, b]$ onde

$$x = \frac{1}{2}[a + b + t(b - a)] \quad \text{e} \quad dx = \frac{b-a}{2}\,dt.$$

Exemplo 3

Seja calcular $\int_0^{10} e^{-x}\,dx$. Neste caso, $[a, b] = [0,10]$, $x = 5 + 5t$, $dx = 5dt$, $f(x) = e^{-x}$ e $g(t) = e^{-5-5t}$. Usando a fórmula da Quadratura Gaussiana com dois pontos temos

$$\int_0^{10} e^{-x}\,dx = 5\int_{-1}^{1} e^{-5-5t}\,dt = I$$

$t_0 = -\sqrt{3}/3 = -0.577350$ e $t_1 = \sqrt{3}/3 = 0.577350$

$A_0 = A_1 = 1$.

Então,

$$I \approx 5[A_0 g(t_0) + A_1 g(t_1)] = 5[e^{-5 + 5\sqrt{3}/3} + e^{-5 - 5\sqrt{3}/3}] =$$

$$= 5[e^{-2.113249} + e^{-7.886751}] = 0.606102.$$

Sabemos que com seis casas decimais,

$$\int_0^{10} e^{-x} dx = 0.999955.$$

Assim, o verdadeiro erro, com seis casas decimais, é

|erro| = |0.999955 − 0.606102| = 0.393853

Para que $|E_{TR}| \leq 0.393853$, na regra dos Trapézios, seria necessário tabelar f(x) em, no mínimo, 16 pontos (m ⩾ 15).

E, para a regra 1/3 de Simpson, $|E_{SR}| \leq 0.393853$, implica m ⩾ 8 e seria necessário portanto, tabelar a função em 9 pontos.

EXERCÍCIOS

1. Calcule as integrais a seguir pela regra dos Trapézios e pela de Simpson, usando quatro e seis divisões de [a, b].

   Compare os resultados:

   a) $\int_1^2 e^x dx$

b) $\int_1^4 \sqrt{x}\, dx$

c) $\int_2^{14} \dfrac{dx}{\sqrt{x}}$.

2. Usando as integrais do exercício anterior com quantas divisões do intervalo, no mínimo, podemos esperar obter erros menores que 10^{-5}?

3. Calcule o valor aproximado de $\int_0^{0.6} \dfrac{dx}{1+x}$ com três casas decimais de precisão usando

   a) Simpson

   b) Trapézios.

4. Em que sentido a regra de Simpson é melhor do que a regra dos Trapézios?

5. Qual o erro máximo cometido na aproximação de $\int_0^4 (3x^3 - 3x + 1)dx$ pela regra de Simpson com quatro subintervalos?

   Calcule por Trapézios e compare os resultados.

6. Determinar h, a distância entre x_i e x_{i+1}, para que se possa avaliar $\int_0^{\pi/2} \cos(x)dx$ com erro inferior a $\varepsilon = 10^{-3}$ pela regra de Simpson.

7. Use a regra 1/3 de Simpson para integrar a função abaixo entre 0 e 2 com o menor esforço computacional possível (menor número de divisões e maior precisão). Justifique. Trabalhe com três casas decimais.

   $f(x) = \begin{cases} x^2 & \text{se } 0 \leq x \leq 1 \\ (x+2)^3 & \text{se } 1 < x \leq 2 \end{cases}$

8. A regra dos Retângulos repetida é obtida quando aproximamos f(x), em cada subintervalo, por um polinômio de interpolação de grau zero. Encontre a regra dos Retângulos bem como a expressão do erro, fazendo:

a) $p_0^j(x) = f(x_{j-1})$ $\qquad j = 1, 2, ..., m$

b) $p_0^j(x) = f(\frac{x_{j-1} + x_j}{2})$ $\qquad j = 1, 2, ..., m$.

Esta é a regra do Ponto Médio e é uma fórmula aberta de Newton-Cotes.

9. Obtenha a fórmula do Erro para a regra dos Trapézios e para a regra 1/3 de Simpson a partir do Teorema 1.

10. Seja o problema:

    Interpolar a função sen(x) sobre $[0, \pi/4]$ usando um polinômio de grau 2 e integrar esta função, neste intervalo, usando a regra 1/3 de Simpson.

    Qual deve ser o menor número m de subintervalos em $[0, \frac{\pi}{4}]$ para se garantir um erro menor que 10^{-4} tanto na integração quanto na interpolação?

11. a) Comprove gráfica e analiticamente que se:

    i) $f''(x)$ é contínua em $[a, b]$, e

    ii) $f''(x) > 0$, $\forall\ x \in [a, b]$,

    então, a aproximação obtida para $\int_a^b f(x)\,dx$ pela regra dos Trapézios é maior do que o valor exato da $\int_a^b f(x)\,dx$. Considere n = 1.

    b) Sabendo que $f(x) = e^x + x^2$ satisfaz as condições acima em $[0, 1]$, e que $I = \int_0^1 (e^x + x^2)\,dx = 2.051$, comprove que a conclusão do item (a) é válida também para a regra dos Trapézios repetida, calculando I com erro inferior a 5×10^{-2}. Use três casas decimais.

12. Deduza a fórmula de integração da forma

$$\int_{-1}^{1} f(x)\,dx \approx w_0 f(-0.5) + w_1 f(0) + w_2 f(0.5)$$

que integre exatamente polinômios de grau ≤ 2.

13. Dada a tabela:

x	0.0	0.2	0.4	0.6	0.8	1.0
f(x)	1.0	1.2408	1.5735	2.0333	2.6965	3.7183

e sabendo que a regra 1/3 de Simpson é, em geral, mais precisa que a regra dos Trapézios, qual seria o modo mais adequado de calcular $I = \int_{0}^{1} f(x)\,dx$, usando a tabela acima? Aplique este processo para determinar I.

14. Calcule, pela regra dos Trapézios e de Simpson, cada uma das integrais abaixo, com erro menor do que ε dado:

a) $\int_{0}^{\pi} e^{sen(x)}\,dx; \quad \varepsilon = 2 \times 10^{-2}$.

b) $\int_{1}^{\pi/2} (sen(x))^{1/2}\,dx; \quad \varepsilon = 10^{-4}$.

15. Usando a regra de Simpson, calcule o valor de $\int_{1}^{2} \frac{dx}{x}$ com precisão de 4 casas decimais. Compare o resultado com o valor de ln(2).

16. Calcule π da relação $\pi/4 = \int_{0}^{1} dx/(1+x^2)$ com erro de 10^{-3} por Simpson.

17. Considere a integral:

$$I = \int_0^1 e^{-x^2} \, dx.$$

a) Estime I pela regra de Simpson usando h = 0.25.

b) Estime I por Quadratura Gaussiana com 2 pontos.

c) Sabendo que o valor exato de I (usando 5 casas decimais) é 0.74682, pede-se:

   c1) compare as estimativas obtidas em (a) e (b);

   c2) quantos pontos seriam necessários para que a regra dos Trapézios obtivesse a mesma precisão que a estimativa obtida para I em (b)?

CAPÍTULO 8

SOLUÇÕES NUMÉRICAS DE EQUAÇÕES DIFERENCIAIS ORDINÁRIAS: PROBLEMAS DE VALOR INICIAL E DE CONTORNO

8.1 INTRODUÇÃO

Equações diferenciais aparecem com grande freqüência em modelos que descrevem quantitativamente fenômenos em diversas áreas, como por exemplo mecânica de fluidos, fluxo de calor, vibrações, reações químicas e nucleares, economia, biologia etc.

Considere, por exemplo, o circuito mostrado na Figura 8.1. A caixa quadrada representa um diodo de Esaki com a função característica f(v) representando a corrente como função da tensão, v. As leis de Kirchoff aplicadas a este circuito nos fornecem a seguinte relação entre a corrente i e a tensão v;

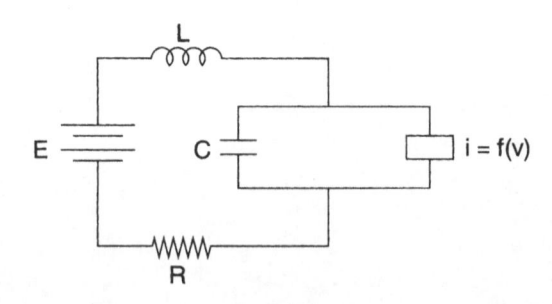

Figura 8.1

$$\begin{cases} L \dfrac{di}{dt} = E - Ri - v = I(i, v) \\ -C \dfrac{dv}{dt} = f(v) - i = V(i, v) \end{cases}$$

onde E, R, C e L são constantes positivas e $vf(v) \geq 0$, $\forall$ v. Temos assim um sistema de duas equações para ser resolvido.

As equações do problema anterior são chamadas *equações diferenciais*, uma vez que envolvem derivada das funções.

Se uma equação diferencial tem apenas uma variável independente, como é o caso das duas equações do nosso exemplo, então ela é uma *equação diferencial ordinária*, que é o assunto do nosso estudo neste capítulo. São exemplos de equações diferenciais ordinárias:

$$\frac{dy}{dx} = x + y; \quad y' = x^2 + y^2; \quad y'' + (1 - y^2)y' + y = 0 \quad e \quad u'' + e^{-u} - e^u = f(x).$$

Se a equação diferencial envolve mais que uma variável independente então ela é uma *equação diferencial parcial*, como a equação

$$\frac{\partial^2 u}{\partial x^2} + \frac{\partial^2 u}{\partial y^2} = 0 \quad \text{com} \quad u \equiv u(x, y) \quad e \quad \frac{\partial^2 u}{\partial .^2}$$ indicando a derivada parcial segunda de u(x, y), em relação à variável (.).

Uma *solução de uma equação diferencial ordinária* é uma função da variável independente que satisfaça a equação. Assim,

i) $\dfrac{dy}{dx} = \dot{y} = y$ tem $y(x) = ae^x$, $a \in \mathbb{R}$ como solução;

ii) $u''' = 0$ é satisfeita para $u(x) = p_2(x)$ onde $p_2(x)$ é qualquer polinômio de grau 2.

Isto ilustra um fato bem geral: uma equação diferencial possui uma família de soluções e não apenas uma. A Figura 8.2 mostra uma família de soluções de $\dot{y} = y$ e de $\dot{y} = -y$.

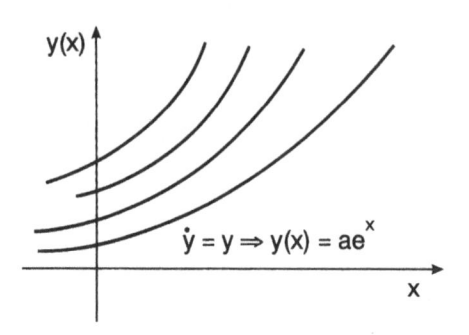

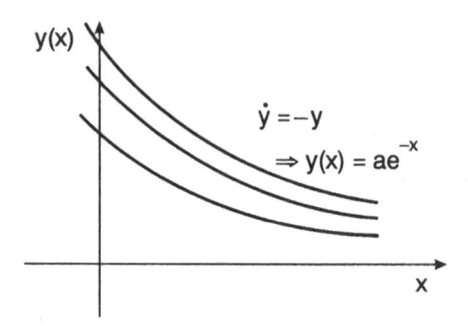

Figura 8.2

A equação do exemplo (*i*) é de primeira ordem ao passo que a do exemplo (*ii*) é de 3ª ordem. Assim, *ordem de uma equação diferencial* é a mais alta ordem de derivação que aparece na equação.

Uma equação diferencial ordinária é dita *linear* se a função e suas derivadas aparecem linearmente na equação. Assim, $xy' = x - y$ é linear e

$$y'' + (1 - y^2)y' + y = 0 \quad \text{e} \quad u'' + e^{-u} = f(x) \text{ são } \textit{não lineares}.$$

Já que, como ilustram os exemplos (*i*) e (*ii*), uma equação diferencial não possui solução única, vemos que para individualizar uma solução temos de impor condições suplementares. Em geral, uma equação de ordem m requer m condições adicionais a fim de ter uma única solução. Em princípio, estas condições podem ser de qualquer tipo, por exemplo,

$$y(0) = 1$$

$$y'(4) = -5$$

$$y(2) + 5y'(3) = 6$$

$$\int_0^1 \text{sen } xy(x) \, dx = 0$$

$$\lim_{x \to \infty} y(x) = k$$

Se, dada uma equação de ordem m, a função, assim como suas derivadas até ordem m − 1, são especificadas em um mesmo ponto, então temos um *problema de valor inicial*, PVI, como são os casos:

a) $\begin{cases} y'(x) = y \\ y(0) = 1 \end{cases}$

b) $\begin{cases} y''' + (x + 1)y'' + \cos xy' - (x^2 - 1)y = x^2 + y^2 \operatorname{sen}(x + y) \\ y(0) = 1.1, \quad y'(0) = 2.2, \quad y''(0) = 3.3 \end{cases}$

Se, em problemas envolvendo equações diferenciais ordinárias de ordem m, m ⩾ 2, as m condições fornecidas para busca de solução única não são todas dadas num mesmo ponto, então temos um *problema de valor de contorno*, PVC.

Um exemplo de problema de contorno é o de uma barra de comprimento L sujeita a uma carga uniforme q. Se, no ponto $x_0 = 0$ esta barra está presa e em $x_L = L$ ela está só apoiada, este problema é descrito pelo seguinte problema de contorno:

$$\begin{cases} y^{(iv)}(x) + ky(x) = q \\ y(0) = y'(0) = 0 \\ y(L) = y''(L) = 0 \end{cases}$$

onde k é uma constante que depende do material da barra.

Ao contrário do que ocorre com os PVI, é comum que problemas de contorno não tenham unicidade de solução. Por exemplo, para todo $\alpha \in \mathbb{R}$, $y(x) = \alpha(1 + x)$ é solução do PVC:

$$\begin{cases} y'' = 0 \\ y(-1) = 0 \\ y(1) - 2y'(1) = 0 \end{cases}$$

8.2 PROBLEMAS DE VALOR INICIAL

A razão mais forte de introduzirmos métodos numéricos para aproximar soluções de problemas de valor inicial (PVI) é a dificuldade de se encontrar, analiticamente, as soluções da equação. Em muitos casos, a teoria nos garante existência e unicidade de solução, mas não sabemos qual é a expressão analítica desta solução.

Os métodos que estudaremos aqui se baseiam em:

$$\text{dado o PVI:} \begin{cases} y' = f(x, y) \\ y(x_0) = y_0 \end{cases}$$

construímos $x_1, x_2, ..., x_n$ que, embora não necessariamente, para nós serão igualmente espaçados, ou seja: $x_{i+1} - x_i = h$, $i = 0, 1, ...$, e calculamos as aproximações $y_i \approx y(x_i)$ nestes pontos, usando informações anteriores.

Se, para calcular y_j usamos apenas y_{j-1} teremos um *método de passo simples* ou *passo um*. Porém, se usarmos mais valores, teremos um *método de passo múltiplo*.

Como estamos trabalhando com PVI de primeira ordem, temos uma aproximação inicial $y(x_0)$ para a solução. Assim, os métodos de passo um são classificados como auto-iniciantes. Já para os métodos de passo múltiplo temos de lançar mão de alguma estratégia (como usar métodos de passo simples) para obtermos as aproximações iniciais necessárias.

Outras características dos métodos de passo simples são: *i*) em geral temos de calcular o valor de $f(x, y)$ e suas derivadas em muitos pontos; *ii*) temos dificuldades em estimar o erro.

8.2.1 MÉTODOS DE PASSO UM (ou passo simples)

MÉTODO DE EULER

Um método numérico que podemos aplicar à solução aproximada de um PVI: $y' = f(x, y)$, $y(x_0) = y_0$ é o *método de Euler*, o qual consiste em: como conhecemos x_0 e $y_0 = y(x_0)$, então sabemos calcular $y'(x_0) = f(x_0, y_0)$. Assim, a reta que passa por (x_0, y_0) com coeficiente angular $y'(x_0)$, $r_0(x)$ é conhecida:

$$r_0(x) = y(x_0) + (x - x_0)y'(x_0)$$

Escolhido $h = x_{k+1} - x_k$, $y(x_1) \approx y_1 = r_0(x_1) = y_0 + hy'(x_0)$, ou seja,

$$y_1 = y_0 + hf(x_0, y_0).$$

O raciocínio é repetido com (x_1, y_1) e $y_2 = y_1 + hf(x_1, y_1)$ e assim, sucessivamente, o método de Euler nos fornece

$$y_{k+1} = y_k + hf(x_k, y_k), \quad k = 0, 1, 2, \ldots$$

GRAFICAMENTE

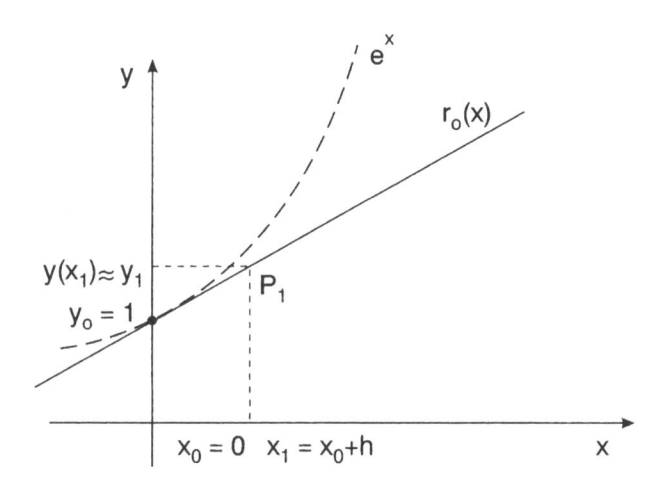

Figura 8.3

MÉTODOS DE SÉRIE DE TAYLOR

Os métodos que usam o desenvolvimento em série de Taylor de $y(x)$ teoricamente fornecem solução para qualquer equação diferencial. No entanto, do ponto de vista computacional, os métodos de série de Taylor de ordem mais elevada são considerados inaceitáveis pois, a menos de uma classe restrita de funções $f(x, y)$ ($f(x, y) = x^2 + y^2$, por exemplo), o cálculo das derivadas totais envolvidas é extremamente complicado.

Suponhamos que, de alguma forma, tenhamos as aproximações $y_1, y_2, \ldots, y_n$ para $y(x)$, em $x_1, x_2, \ldots, x_n$.

Se y for suficientemente "suave", a série de Taylor de y(x) em torno de x = x_n é

$$y(x) = y(x_n) + y'(x_n)(x - x_n) + y''(x_n)\frac{(x - x_n)^2}{2!} + \ldots + \frac{y^{(k)}(x_n)}{k!}(x - x_n)^k +$$

$$+ \frac{y^{(k+1)}(\xi_x)}{(k+1)!}(x - x_n)^{k+1}, \quad \xi_x \text{ entre } x_n \text{ e } x.$$

Assim,

$$y(x_{n+1}) \cong y(x_n) + y'(x_n)(x_{n+1} - x_n) + y''(x_n)\frac{(x_{n+1} - x_n)^2}{2!} + \ldots +$$

$$+ y^{(k)}(x_n)\frac{(x_{n+1} - x_n)^k}{k!}$$

Se $y_n^{(j)}$ representa a aproximação para a j-ésima derivada da função y(x) em x_n: $y^{(j)}(x_n)$ e h = $x_{n+1} - x_n$, teremos:

$$y(x_{n+1}) \approx y_{n+1} = y_n + y'_n h + y''_n \frac{h^2}{2} + \ldots + y_n^{(k)} \frac{h^k}{k!}$$

e o erro de truncamento é dado por

$$e(x_n) = \frac{y^{(k+1)}(\xi_{x_n})}{(k+1)!} h^{k+1}$$

Observamos que, se y(x) tem derivada de ordem (k + 1) contínua num intervalo fechado I que contém os pontos sobre os quais estamos fazendo a discretização, então existe $M_{k+1} = \max_{x \in I} |y^{(k+1)}(x)|$; assim teremos um majorante para o erro de truncamento pois

$$|y^{(k+1)}(\xi_x)| \leq M_{k+1} \,\forall\, \xi_x \in I$$

$$\Rightarrow |e(x_n)| \leq \max_{x \in I} |e(x)| \leq \frac{M_{k+1} h^{k+1}}{(k+1)!} = Ch^{k+1}$$

Um método numérico é dito *de ordem p* se existe uma constante C tal que

$$|e(x_{n+1})| < Ch^{p+1}$$

onde C pode depender das derivadas da função que define a equação diferencial.

Portanto, os métodos de série de Taylor são de ordem k.

Para aplicar o método de Taylor de ordem k:

$$y_{n+1} = y_n + y'_n h + \frac{y''_n}{2!} h^2 + \ldots + \frac{y_n^{(k)}}{k!} h^k \text{ temos de calcular } y''_n, y'''_n, \ldots, y_n^{(k)}$$

Agora,

$y'(x) = f(x, y(x))$. Então

$y''(x) = f_x(x, y(x)) + f_y(x, y(x))y'(x) = f_x + f_y f$ em uma notação simplificada.

Assim, por exemplo, o método de série de Taylor de 2ª ordem é

$$y_{n+1} = y_n + hf(x_n, y_n) + \frac{h^2}{2}[f_x(x_n, y_n) + f_y(x_n, y_n)f(x_n, y_n)], \quad n = 0, 1, \ldots$$

Analogamente,

$$y'''(x) = f_{xx}(x, y(x)) + f_{xy}(x, y(x))y'(x) +$$

$$+ [f_{yx}(x, y(x)) + f_{yy}(x, y(x))y'(x)]y'(x) + f_y(x, y(x)) y''(x) =$$

$$= f_{xx} + f_{xy}f + (f_{yx} + f_{yy}f)f + f_y(f_x + f_y f),$$

em notação simplificada.

Assim, $y''' = f_{xx} + f_{xy}f + f_{yx}f + f_{yy}f^2 + f_y f_x + f_y^2 f$

$$= f_{xx} + 2f_{xy}f + f_{yy}f^2 + f_x f_y + (f_y)^2 f.$$

$\vdots$

A terceira derivada total já nos mostra a dificuldade nos cálculos. Observe ainda que, para cada n, n = 0, 1, ... temos de calcular todos esses valores.

Consideremos o método de série de Taylor de ordem k = 1, ou seja,

$$y_{n+1} = y_n + hy'_n \quad \text{onde} \quad e(x_{n+1}) = \frac{y''(\xi_{x_{n+1}})}{2} h^2$$

Conforme vemos, este é o método de Euler; concluímos portanto que o método de Euler é um método de série de Taylor de ordem 1.

Exemplo 1

Seja o PVI: $y' = y, y(0) = 1$. Trabalhando com quatro casas decimais, usaremos o método de Euler para aproximar $y(0.04)$ com $\varepsilon \leq 5 \times 10^{-4}$.

Do que vimos anteriormente,

$$e(x_n) = \frac{y''(\xi_{x_n})}{2} h^2$$

Neste caso, conhecemos a solução analítica do PVI: $y(x) = e^x$; temos então que

$$M_2 = \max_{x \in [0, 0.04]} |y''(x)| = e^{0.04} = 1.0408 \Rightarrow |y''(\xi_{x_n})| \leq M_2$$

donde

$$|e(x)| \leq \frac{1.0408}{2} h^2 \quad \forall \ x \in [0, 0.04]$$

$\frac{1.0408}{2} h^2 \leq 5 \times 10^{-4}$; então $h^2 \leq \frac{2 \times 5 \times 10^{-4}}{1.0408} = \frac{10^{-3}}{1.0408}$ e portanto $h \leq 0.0310$.

Tomemos pois o maior h, de forma a trabalhar com pontos igualmente espaçados, ou seja, h = 0.02 pois queremos $y(x)$ para $x = 0.04$.

Assim, $x_0 = 0$ e $y(x_0) = y(0) = y_0 = 1$.

$x_1 = 0.02$

$x_2 = 0.04$

Agora $y(x_1) \approx y_1 = y_0 + hf(x_0, y_0) = y_0 + hy_0 =$

$= y_0(1 + h) = 1(1 + 0.02) = 1.02$

e $y(x_2) \approx y_2 = y_1 + hf(x_1, y_1) = \ldots = y_1(1 + h) = 1.02(1.02) = 1.02^2 = 1.0404$.

Dado que $e^{0.04}$, com quatro casas decimais, vale 1.0408, temos que o erro cometido foi $1.0408 - 1.0404 = 4 \times 10^{-4} < 5 \times 10^{-4}$.

Exemplo 2

Calcular $y(2.1)$ usando a série de Taylor de 2ª ordem para o PVI: $\begin{cases} xy' = x - y \\ y(2) = 2. \end{cases}$

Temos $y' = (x - y)/x = 1 - y/x \Rightarrow y'(2) = 1 - 2/2 = 0$.

Então,

$y'' = -y'/x + y/x^2 \Rightarrow y''(2) = 0 + 2/4 = 1/2$

e $\quad y(x) = y(2) + (x - 2)y'(2) + \dfrac{(x - 2)^2}{2} y''(2) + \dfrac{(x - 2)^3}{6} y'''(\xi)$

$= 2 + \dfrac{1}{4}(x - 2)^2 + \dfrac{1}{6}(x - 2)^3 y'''(\xi)$

$\Rightarrow y(2.1) = 2 + 0.25(0.1)^2 + \ldots \approx 2.00238$

Agora, $y''' = -y''/x + 2y'/x^2 - 2y/x^3$. Assim, a menos que tenhamos alguma informação sobre a solução do nosso problema, por exemplo, $y'''(x) = K$, o que acontece muitas vezes, ficamos impossibilitados de medir o erro cometido.

MÉTODOS DE RUNGE-KUTTA

A idéia básica destes métodos é aproveitar as qualidades dos métodos de série de Taylor e ao mesmo tempo eliminar seu maior defeito que é o cálculo de derivadas de f(x, y) que, conforme vimos, torna os métodos de série de Taylor computacionalmente inaceitáveis.

Podemos dizer que os métodos de Runge-Kutta de ordem p se caracterizam pelas três propriedades:

i) são de passo um;

ii) não exigem o cálculo de qualquer derivada de f(x, y); pagam, por isso, o preço de calcular f(x, y) em vários pontos;

iii) após expandir f(x,y) por Taylor para função de duas variáveis em torno de (x_n, y_n) e agrupar os termos semelhantes, sua expressão coincide com a do método de série de Taylor de mesma ordem.

Métodos de Runge-Kutta de 1ª ordem – método de Euler

Já vimos que o método de Euler é um método de série de Taylor de 1ª ordem:

$$y_{n+1} = y_n + hy'_n, \; n = 0, 1, 2, \ldots. \text{ Então}$$

$y_{n+1} = y_n + hf(x_n, y_n)$, $n = 0, 1, 2, \ldots$ e o método de Euler satisfaz as três propriedades acima que o caracterizam como um método de Runge-Kutta de ordem p = 1.

Métodos de Runge-Kutta de 2ª ordem

Exporemos inicialmente um método particular que é o método de Heun, ou método de Euler Aperfeiçoado, pois ele tem uma interpretação geométrica bastante simples.

Conforme o próprio nome indica, este método consiste em fazer mudanças no método de Euler para assim conseguir um método de ordem mais elevada.

Método de Euler Aperfeiçoado

GRAFICAMENTE

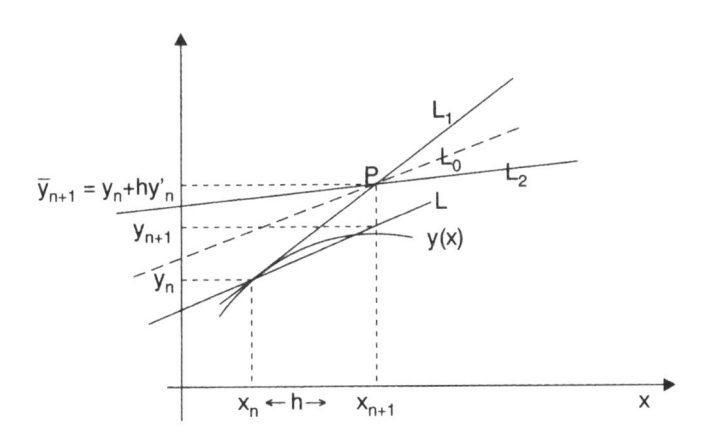

Figura 8.4

Dada a aproximação (x_n, y_n), supomos a situação ideal em que a curva desenhada com linha cheia seja a solução $y(x)$ da nossa equação (isto só acontece mesmo em (x_0, y_0)).

Por (x_n, y_n) traçamos a reta L_1 cujo coeficiente angular é $y'_n = f(x_n, y_n)$, ou seja,

$$L_1 : z_1(x) = y_n + (x - x_n)y'_n = y_n + (x - x_n)f(x_n, y_n).$$

Assim, dado o passo h, $z_1(x_{n+1}) = z_1(x_n + h) = \bar{y}_{n+1}$ do método de Euler, que chamamos aqui de $\bar{y}_{n+1}$. Seja $P \equiv (x_n + h, y_n + hy'_n) = (x_{n+1}, \bar{y}_{n+1})$. Por P agora, traçamos a reta L_2, cujo coeficiente angular é $f(x_n + h, y_n + hy'_n) = f(x_{n+1}, \bar{y}_{n+1})$:

$$L_2 : z_2(x) = (y_n + hy'_n) + [x - (x_n + h)] f(x_n + h, y_n + hy'_n)$$

A reta pontilhada L_0 passa por P e tem por inclinação a média das inclinações das retas L_1 e L_2, ou seja, sua inclinação é $[f(x_n, y_n) + f(x_n + h, y_n + hy'_n)]/2$.

A reta L passa por (x_n, y_n) e é paralela à reta L_0, donde

$$L : z(x) = y_n + (x - x_n)[f(x_n, y_n) + f(x_n + h, y_n + hy'_n)]/2.$$

O valor fornecido para y_{n+1} pelo método de Euler Aperfeiçoado é $z(x_n + h) = z(x_{n+1})$, ou seja

$$y_{n+1} = y_n + \frac{h}{2}[f(x_n, y_n) + f(x_n + h, y_n + hy'_n)], \quad n = 0, 1, 2, \ldots$$

Observamos que este método é de passo um e só trabalha com cálculos de $f(x, y)$, não envolvendo suas derivadas. Assim, para verificarmos que ele realmente é um método de Runge-Kutta de 2ª ordem, falta verificar se sua fórmula concorda com a do método de série de Taylor até os termos de 2ª ordem em h:

$$y_{n+1} = y_n + hf(x_n, y_n) + \frac{h^2}{2} f_x(x_n, y_n) + \frac{h^2}{2} f(x_n, y_n) f_x(x_n, y_n)$$

com $\quad e(x_{n+1}) = \frac{h^2}{3!} y'''(\xi_{x_{n+1}})$.

No método de Euler aperfeiçoado temos de trabalhar com $f(x_n + h, y_n + hy'_n)$. Desenvolvendo $f(x, y)$ por Taylor em torno de (x_n, y_n), temos:

$$f(x, y) = f(x_n, y_n) + f_x(x_n, y_n)(x - x_n) + f_y(x_n, y_n)(y - y_n) + \frac{1}{2}[f_{xx}(\alpha, \beta)(x - x_n)^2 +$$

$$+ 2f_{xy}(\alpha, \beta)(x - x_n)(y - y_n) + f_{yy}(\alpha, \beta)(y - y_n)^2]$$

com α entre x e x_n e β entre y e y_n.

Assim,

$$f(x_n + h, y_n + hy'_n) = f(x_n, y_n) + f_x(x_n, y_n)h + f_y(x_n, y_n)hy'_n +$$

$$+ \frac{h^2}{2}[f_{xx}(\alpha, \beta) + 2f_{xy}(\alpha, \beta)y'_n + f_{yy}(\alpha, \beta)y'^2_n].$$

Então o método de Euler Aperfeiçoado fica:

$$y_{n+1} = y_n + \frac{h}{2}\{f(x_n, y_n) + f(x_n, y_n) + hf_x(x_n, y_n) +$$

$$+ hf(x_n, y_n)f_y(x_n, y_n) + \frac{h^2}{2}[f_{xx}(\alpha, \beta) + 2f(x_n, y_n)f_{xy}(\alpha, \beta) + f^2(x_n, y_n)f_{yy}(\alpha, \beta)]\} =$$

$$= y_n + hf(x_n, y_n) + \frac{h^2}{2}[f_x(x_n, y_n) + f(x_n, y_n)f_y(x_n, y_n)] +$$

$$+ \frac{h^3}{4}[f_{xx}(\alpha, \beta) + 2f(x_n, y_n)f_{xy}(\alpha, \beta) + f^2(x_n, y_n)f_{yy}(\alpha, \beta)].$$

Esta fórmula concorda com a do método de série de Taylor até os termos de ordem h^2, provando assim ser um método de Runge-Kutta de 2ª ordem.

Forma geral dos métodos de Runge-Kutta de 2ª ordem

O método de Euler Aperfeiçoado é um método de Runge-Kutta de 2ª ordem e podemos pensar que ele pertence a uma classe mais geral de métodos do tipo

$$y_{n+1} = y_n + ha_1f(x_n, y_n) + ha_2f(x_n + b_1h, y_n + b_2hy'_n).$$

Para o método de Euler Aperfeiçoado,

$a_1 = 1/2 \qquad b_1 = 1$

$a_2 = 1/2 \qquad b_2 = 1$

A pergunta natural que surge neste momento é se este tipo de método não poderá ser um método de Runge-Kutta de ordem maior que dois.

Temos quatro parâmetros livres: a_1, a_2, b_1 e b_2. Para que haja concordância com a série de Taylor até os termos de ordem h^1 é necessário um parâmetro. Considerando agora $f(x_n + b_1h, y_n + b_2hy'_n)$ calculado pela série de Taylor de $f(x, y)$ em torno de (x_n, y_n) vemos de maneira completamente análoga ao que foi visto para o método de Euler Aperfeiçoado que, para haver concordância desta fórmula com a do método de série de Taylor até os termos de ordem h^2 são necessários mais dois parâmetros, visto que há a considerar os termos $h^2 f_x$ e $h^2 f f_y$. O último parâmetro que resta obviamente não é suficiente para que se exija concordância até os termos de ordem de h^3.

Porém, com quatro parâmetros disponíveis e apenas três exigências, teremos uma infinidade de métodos de Runge-Kutta de 2ª ordem.

Realmente, como

$$f(x_n + b_1 h, y_n + b_2 h y'_n) = f(x_n, y_n) + b_1 h f_x(x_n, y_n) + b_2 h f(x_n, y_n) f_y(x_n, y_n) +$$

$$+ \text{termos em } h^2,$$

$$y_{n+1} = y_n + a_1 h f(x_n, y_n) + a_2 h [f(x_n, y_n) + b_1 h f_n(x_n, y_n) + b_2 h f(x_n, y_n) f_y(x_n, y_n)] +$$

$$+ \text{termos em } h^3. \text{ Então,}$$

$$y_{n+1} = y_n + (a_1 + a_2) h f(x_n, y_n) + (a_2 b_1) h^2 f_x(x_n, y_n) + (a_2 b_2) h^2 f(x_n, y_n) f_y(x_n, y_n) +$$

$$+ \text{termos em } h^3.$$

Assim, para haver concordância com o método de série de Taylor até os termos em h^2 é preciso que:

$$\begin{cases} a_1 + a_2 = 1 \\ a_2 b_1 = 1/2 \\ a_2 b_2 = 1/2 \; ; \end{cases}$$

conforme já foi observado, um sistema de três equações e quatro variáveis.

Escolhendo um dos parâmetros arbitrariamente, por exemplo $a_2 = w \neq 0$, temos

$$a_1 = 1 - w$$

$$b_1 = b_2 = 1/2w$$

e a forma geral dos métodos de Runge-Kutta de 2ª ordem é dada por

$$y_{n+1} = y_n + h[(1-w)f(x_n, y_n) + w f(x_n + \frac{h}{2w}, y_n + \frac{h}{2w} f(x_n, y_n))], \; n = 0, 1, 2, \ldots.$$

Métodos de Runge-Kutta de ordens superiores

De forma análoga pode-se construir métodos de 3ª ordem, 4ª ordem, etc.

A seguir serão fornecidas apenas fórmulas para métodos de Runge-Kutta de 3ª e 4ª ordens:

3ª ordem: $y_{n+1} = y_n + \dfrac{2}{9} k_1 + \dfrac{1}{3} k_2 + \dfrac{4}{9} k_3$ onde

$$k_1 = hf(x_n, y_n)$$

$$k_2 = hf(x_n + \dfrac{h}{2}, y_n + \dfrac{k_1}{2})$$

$$k_3 = hf(x_n + \dfrac{3}{4} h, y_n + \dfrac{3}{4} k_2).$$

4ª ordem: $y_{n+1} = y_n + \dfrac{1}{6} (k_1 + 2k_2 + 2k_3 + k_4)$, onde

$$k_1 = hf(x_n, y_n)$$

$$k_2 = hf(x_n + h/2, y_n + k_1/2)$$

$$k_3 = hf(x_n + h/2, y_n + k_2/2)$$

$$k_4 = hf(x_n + h, y_n + k_3).$$

Chamamos a atenção novamente para o fato de os métodos de Runge-Kutta, apesar de serem auto-iniciáveis (pois são de passo um) e não trabalharem com derivadas de f(x, y), apresentarem a desvantagem de não haver para eles uma estimativa simples para o erro, o que inclusive poderia ajudar na escolha do passo h.

Existem ainda adaptações dos métodos de Runge-Kutta que são simples operacionalmente e que são usadas também para estimativas de erro e controle do tamanho do passo h. Na referência [12] o leitor encontra a explicação, bem como uma listagem de uma rotina baseada em métodos de Runge-Kutta para resolução de problemas de valor inicial. Basicamente esta rotina exige seis cálculos de f por passo, quatro dos quais são combinados com um conjunto de coeficientes para produzir um método de 4ª ordem e todos os seis valores são combinados com um outro conjunto de coeficientes para produzir um método de 5ª ordem; a comparação dos dois valores fornece uma estimativa do erro e também é usada para controle do tamanho do passo.

Exemplo 3

Seja o PVI do Exemplo 2:

$$\begin{cases} xy' = x - y \\ y(2) = 2 \end{cases} \Leftrightarrow \begin{cases} y' = 1 - y/x \Rightarrow f(x, y) = 1 - \dfrac{y}{x} \\ y(x) = 2 \end{cases}$$

Encontrar y(2.1) pelo método de Euler com:

a) $h = 0.1$

b) $h = 0.05$

c) $h = 0.025$

$$y_{n+1} = y_n + hf(x_n, y_n)$$

$$\Rightarrow y_{n+1} = y_n + h - h\dfrac{y_n}{x_n}$$

$$= h + (1 - \dfrac{h}{x_n}) y_n$$

a) $h = 0.1 \Rightarrow x_0 = 2.0$ e $x_1 = 2.1$

$$\Rightarrow y(2.1) \approx y_1 = h + (1 - \frac{h}{x_0}) y_0 = 0.1 + (1 - \frac{0.1}{2}) 2$$

$$\Rightarrow y_1 = 0.1 + 2 - 0.1 = 2 \Rightarrow y(2.1) \approx 2.0$$

b) $h = 0.05 \Rightarrow x_0 = 2.0;\ x_1 = 2.05;\ x_2 = 2.1$

$$\Rightarrow y(2.1) \approx y_2$$

$$y_1 = h + (1 - \frac{h}{x_0}) y_0 = 0.05 + (1 - \frac{0.05}{2})2 = 0.05 + 2 - 0.05 = 2$$

$$y_2 = h + (1 - \frac{h}{x_1}) y_1 = 0.05 + (1 - \frac{0.05}{2.05})2 = 0.05 + 1.9512195 = 2.0012195$$

$$\Rightarrow y(2.1) \approx 2.0012195$$

c) $h = 0.025 \Rightarrow x_0 = 2.0;\ x_1 = 2.025;\ x_2 = 2.05;\ x_3 = 2.075;\ x_4 = 2.1$

$$\Rightarrow y(2.1) \approx y_4$$

$$y_1 = h + (1 - \frac{h}{x_0}) y_0 = 0.025 + (1 - \frac{0.025}{2}) 2 = 0.025 + 2 - 0.025 = 2$$

$$y_2 = h + (1 - \frac{h}{x_1}) y_1 = 0.025 + (1 - \frac{0.025}{2.025}) 2 = 2.0003085$$

$$y_3 = h + (1 - \frac{h}{x_2}) y_2 = 0.025 + (1 - \frac{0.025}{2.05}) 2.0003085 = 2.0009145$$

$$y_4 = 0.025 + (1 - \frac{0.025}{2.075}) 2.0009145 = 2.0018071$$

$$\Rightarrow y(2.1) \approx 2.0018071.$$

Exemplo 4

Dado o PVI abaixo, estimar y(1) por vários métodos e vários tamanhos de passo h.

$$\begin{cases} y' = 0.04y \Rightarrow f(x, y) = 0.04y \\ y(0) = 1000 \end{cases}$$

Sabemos que a solução exata é $y(x) = 1000\,e^{0.04}$ donde $y(1) = 1000\,e^{0.04} = 1040.8108$

 a) Método de Euler

$$y_{n+1} = y_n + hf(x_n, y_n)$$

$$\Rightarrow y_{n+1} = y_n + h \times 0.04 \times y_n = (1 + 0.04h)y_n.$$

Assim, $y_1 = (1 + 0.04h) \times 1000$

$y_2 = (1 + 0.04h)y_1 = (1 + 0.04h)(1 + 0.04h)1000 = (1 + 0.04)^2 \times 1000$

$\vdots$

$y_k = (1 + 0.04h)^k \times 1000, \ k = 1, 2, 3, \ldots$

Para h = 1, temos

$y(1) \approx y_1 = (1 + 0.04) \times 1000 = 1040.$

Para h = 0.5, temos

y(1) ≈ y_2 e

$y_2 = (1 + 0.04 \times 0.5)^2 \times 1000 = (1 + 0.02)^2 \times 1000 = 1040.4$.

Para h = 0.25, temos

y(1) ≈ y_4 e

$y_4 = (1 + 0.04 \times 0.25)^4 \times 1000 = \ldots = 1040.604$.

Para h = 0.1, temos

y(1) ≈ y_{10} e

$y_{10} = (1 + 0.04 \times 0.1)^{10} \times 1000 \doteq 1040.7277$.

b)   Método de Euler Aperfeiçoado (Runge-Kutta de 2ª ordem):

$$y_{n+1} = y_n + \frac{h}{2}[f(x_n, y_n) + f(x_n + h, y_n + hf(x_n, y_n))]$$

$$= y_n + \frac{h}{2}[0.04y_n + 0.04(y_n + h \times 0.04y_n)]$$

$$= y_n + \frac{h}{2}[0.04y_n + 0.04y_n + h \times 0.04^2 y_n]$$

$$= (1 + 0.04h + \frac{h^2}{2} \times 0.04^2)y_n$$

Analogamente ao que vimos no método de Euler,

$$y_k = (1 + 0.04h + \frac{h^2}{2} 0.04^2)^k \times 1000$$

Para h = 1, temos

$$y(1) \approx y_1 = (1 + 0.04 + \frac{1}{2} \times 0.04^2) \times 1000 = 1040.8.$$

Para h = 0.5, temos

$$y(1) \approx y_2 = (1 + 0.04 \times 0.5 + \frac{(0.5)^2}{2} \times 0.04^2)^2 \times 1000 = 1040.808.$$

Para h = 0.25, temos

$$y(1) \approx y_4 = (1 + 0.04 \times 0.25 + \frac{(0.25)^2}{2} \times 0.04^2)^4 \times 1000 = 1040.8101.$$

Para h = 0.1, temos

$$y(1) \approx y_{10} = (1 + 0.04 \times 0.1 + \frac{(0.1)^2}{2} \times 0.04^2)^{10} \times 1000 = 1040.8107$$

Comentários:

Dada a resposta exata y(1) = 1040.8108 com quatro casas decimais, vemos que, à medida que h diminui, cada método obtém uma melhor aproximação e que entre os dois, como era de se esperar, o método de Euler Aperfeiçoado fornece melhores resultados; veja que para h = 0.1, y(1) $\approx$ 1040.8107, por Euler Aperfeiçoado!

Observamos que sendo $x_0 = 0$, então $x_k = x_0 + k \times h = k \times h$.

Agora, a série de Taylor de $e^{0.04x}$, em torno de $x = 0$ é:

$$e^{0.04x} = 1 + 0.04x + 0.04^2\frac{x^2}{2} + (0.04)^3\frac{x^3}{3!} + \dots.$$

Assim, $e^{0.04h} = 1 + 0.04h + 0.04^2\frac{h^2}{2} + (0.04)^3\frac{h^3}{3!} + \dots.$

Vemos que tanto $(1 + 0.04h)^k$ do método de Euler como $(1 + 0.04h + 0.04^2\frac{h^2}{2})^k$ do método de Euler Aperfeiçoado são aproximações para $e^{0.04hk} = e^{0.04x_k}$.

E, logicamente, a segunda aproximação está mais próxima mesmo do valor exato.

Observamos ainda que, como estamos interessados em $y(1)$, ou seja, $x = 1$, então $k = \frac{1}{h}$. Assim, é também natural que, no método de Euler, à medida que h diminui, chegamos mais próximos da solução pois

$$e^{0.04} = \lim_{h \to 0} (1 + 0.04h)^{1/h}.$$

De maneira análoga, com um pouco mais de elaboração nos cálculos, verificamos este resultado para o método de Euler Aperfeiçoado.

c) Método de Runge-Kutta de 3ª ordem: $h = 1$

$$y_{n+1} = y_n + \frac{2}{9}k_1 + \frac{1}{3}k_2 + \frac{4}{9}k_3$$

$$k_1 = hf(x_n, y_n) = h \times 0.04 \times y_n$$

$$k_2 = hf(x_n + \frac{h}{2}, y_n + \frac{k_1}{2}) = h \times 0.04(y_n + \frac{k_1}{2})$$

$$k_3 = hf(x_n + \frac{3}{4}h, y_n + \frac{3}{4}k_2) = h \times 0.04(y_n + \frac{3}{4}k_2)$$

$$\Rightarrow y(1) \approx y_1 = y_0 + \frac{2}{9}k_1 + \frac{1}{3}k_2 + \frac{4}{9}k_3$$

$$k_1 = 0.04 \times 1000 = 40$$

$$k_2 = 0.04(1000 + 20) = 40.8$$

$$k_3 = 0.04(1000 + \frac{3}{4} \times 40.8) = 41.224$$

$$\Rightarrow y_1 = 1000 + \frac{2}{9} \times 40 + \frac{1}{3} \times 40.8 + \frac{4}{9} \times 41.224 = 1040.8107.$$

Exemplo 5

Dado o PVI:

$$\begin{cases} y' = \frac{2y}{x+1} + (x+1)^3 \\ y(0) = 3 \end{cases}$$

obtenha y(1) e y(2).

A solução exata desta equação é: $y(x) = \frac{1}{2}[(x+1)^4 + 5(x+1)^2]$, portanto, y(1) = 18 e y(2) = 63.

Aplicando o método de Runge-Kutta de 4ª ordem, obtivemos os seguintes resultados:

Para h = 0.125:

k	x(k)	y(k)
1	.125	3.964938
2	.25	5.126896
3	.375	6.513706
4	.5	8.156128
5	.625	10.08786
6	.75	12.34551
7	.875	14.96864
8	1	17.99972
9	1.125	21.48418
10	1.25	25.47034
11	1.375	30.00947
12	1.5	35.15578
13	1.625	40.96639
14	1.75	47.50137
15	1.875	54.8237
16	2	62.99929

Para h = 0.2:

k	x(k)	y(k)
1	.2	4.636539
2	.4	6.820251
3	.6	9.67593
4	.8	13.34757
5	1	17.99838
6	1.2	23.81075
7	1.4	30.98627
8	1.6	39.74576
9	1.8	50.32921
10	2	62.99581

8.2.2 MÉTODOS DE PASSO MÚLTIPLO

Conforme vimos, os métodos de passo simples precisam de informação sobre a solução apenas em $x = x_n$ para achar uma aproximação para $y(x_n + h)$; no entanto, eles exigem ou cálculos de derivadas ou o cálculo de $f(x, y)$ em vários outros pontos.

A característica dos métodos de passo múltiplo é que eles usam informações sobre a solução em mais de um ponto. Inicialmente vamos supor que conhecemos aproximações para $y(x)$ em $x_0, x_1, ..., x_n$ e que $x_{i+1} - x_i = h$, $i = 0, 1, ..., n$. Exporemos aqui uma classe de métodos de passo múltiplo que é baseada no princípio de integração numérica conhecido como métodos de Adams-Bashforth; a idéia é integrar a equação diferencial $y' = f(x, y)$ de x_n até x_{n+1}:

$$\int_{x_n}^{x_{n+1}} y'(x)\,dx = \int_{x_n}^{x_{n+1}} f(x, y(x))\,dx$$

$$y(x_{n+1}) - y(x_n) = \int_{x_n}^{x_{n+1}} f(x, y(x))\,dx$$

Dessa forma,

$$y(x_{n+1}) = y(x_n) + \int_{x_n}^{x_{n+1}} f(x, y(x))\,dx$$

e devemos então aproximar $\int_{x_n}^{x_{n+1}} f(x, y(x))\,dx$ por uma fórmula de quadratura numérica por nós escolhida.

a) Métodos explícitos: os métodos explícitos desta classe são obtidos quando trabalhamos com $x_n, x_{n-1}, ..., x_{n-m}$ para aproximar a integral acima.

Aproximamos $f(x, y(x))$ pelo polinômio de grau m, $p_m(x)$ que interpola $f(x, y)$ em $x_n, x_{n-1}, ..., x_{n-m}$ e então

$$y(x_{n+1}) \approx y(x_n) + \int_{x_n}^{x_{n+1}} p_m(x)\,dx$$

Se, por exemplo, escolhermos m = 3, a função f(x, y(x)) será aproximada pelo polinômio $p_3(x)$ que a interpola nos pontos (x_n, y_n), (x_{n-1}, y_{n-1}), (x_{n-2}, y_{n-2}), (x_{n-3}, y_{n-3}), chamando $f_{n-j} = f(x_{n-j}, y_{n-j})$, j = 0, 1, 2, 3, teremos:

$$f(x,y(x)) = y'(x) \approx p_3(x) = L_{-3}(x)f_{n-3} + L_{-2}(x)f_{n-2} + L_{-1}(x)f_{n-1} + L_0(x)f_n$$

onde, para $x_{j+1} - x_j = h$:

$$L_{-3}(x) = [(x-x_{n-2})(x - x_{n-1})(x - x_n)]/(-h)(-2h)(-3h) =$$

$$= \frac{-1}{6h^3}[(x - x_{n-2})(x - x_{n-1})(x - x_n)]$$

$$L_{-2}(x) = [(x-x_{n-3})(x - x_{n-1})(x - x_n)]/(h)(-h)(-2h) =$$

$$= \frac{1}{2h^3}[(x - x_{n-3})(x - x_{n-1})(x - x_n)]$$

$$L_{-1}(x) = [(x-x_{n-3})(x - x_{n-2})(x - x_n)]/(2h)(h)(-h) =$$

$$= \frac{-1}{2h^3}[(x - x_{n-3})(x - x_{n-2})(x - x_n)]$$

$$L_0(x) = [(x-x_{n-3})(x - x_{n-2})(x - x_{n-1})]/(3h)(2h)(h)$$

$$= \frac{1}{6h^3}[(x - x_{n-3})(x - x_{n-2})(x - x_{n-1})]$$

Fazendo a mudança de variáveis $\dfrac{x - x_n}{h} = s$, temos dx = hds e $x = hs + x_n$. Então, $x - x_{n-3} = (s + 3)h$; $x - x_{n-2} = (s + 2)h$; $x - x_{n-1} = (s + 1)h$; $x - x_n = sh$ donde teremos:

$$L_{-3}(s) = \frac{-1}{6}(s + 2)(s + 1)s = \frac{-1}{6}(s^3 + 3s^2 + 2s)$$

$$L_{-2}(s) = \frac{1}{2}(s + 3)(s + 1)s = \frac{1}{2}(s^3 + 4s^2 + 3s)$$

$$L_{-1}(s) = \frac{-1}{2}(s+3)(s+2)s = \frac{-1}{2}(s^3 + 5s^2 + 6s)$$

$$L_0(s) = \frac{1}{6}(s+3)(s+2)(s+1) = \frac{1}{6}(s^3 + 6s^2 + 11s + 6)$$

Assim,

$$\int_{x_n}^{x_{n+1}} f(x, y(x))\, dx \approx \int_{x_n}^{x_{n+1}} p_3(x)\, dx = \frac{-h}{6} f_{n-3} \int_0^1 (s^3 + 3s^2 + 2s)\, ds +$$

$$+ \frac{h}{2} f_{n-2} \int_0^1 (s^3 + 4s^2 + 3s)\, ds - \frac{h}{2} f_{n-1} \int_0^1 (s^3 + 5s^2 + 6s)\, ds +$$

$$+ \frac{h}{6} f_n \int_0^1 (s^3 + 6s^2 + 11s + 6)\, ds$$

$$= -\frac{h}{6} f_{n-3} (\frac{1}{4} + 1 + 1) + \frac{h}{2} f_{n-2} (\frac{1}{4} + \frac{4}{3} + \frac{3}{2}) - \frac{h}{2} f_{n-1} (\frac{1}{4} + \frac{5}{3} + 3) + \frac{h}{6} f_n (\frac{1}{4} + 2 + \frac{11}{2} + 6)$$

$$= -\frac{9h}{24} f_{n-3} + \frac{37h}{24} f_{n-2} - \frac{59h}{24} f_{n-1} + \frac{55h}{24} f_n.$$

Assim, o método de passo múltiplo por nós escolhido,

$$y(x_{n+1}) \approx y(x_n) + \int_{x_n}^{x_{n+1}} f(x, y(x))\, dx \quad \text{é}$$

$$y_{n+1} = y_n + \frac{h}{24} [55f_n - 59f_{n-1} + 37f_{n-2} - 9f_{n-3}] \tag{1}$$

que é um método de passo múltiplo explícito pois, para o cálculo de y_{n+1} usaremos y_n, y_{n-1}, y_{n-2} e y_{n-3}. (y_{n+1} tem forma explícita em função dos outros y_k, $k = n - 1, n - 2, n - 3$.)

Observamos que, neste caso, precisamos de quatro valores para iniciar o método.

b) Métodos implícitos: os métodos implícitos, da classe de métodos de passo múltiplo, são obtidos quando trabalhamos com $x_{n+1}, x_n, \ldots, x_{n-m}$.

O método análogo ao que vimos no item (*a*) é quando trabalhamos com quatro pontos; portanto, m = 2 e vamos usar (x_{n+1}, y_{n+1}), (x_n, y_n), (x_{n-1}, y_{n-1}), (x_{n-2}, y_{n-2}) da mesma forma como fizemos anteriormente:

$$y_{n+1} = y_n + \int_{x_n}^{x_{n+1}} p_3(x) \, dx =$$

$$= y_n + \int_{x_n}^{x_{n+1}} [L_{-2}(x)f_{n-2} + L_{-1}(x)f_{n-1} + L_0(x)f_n + L_1(x)f_{n+1}] \, dx$$

onde

$$L_{-2}(x) = (x - x_{n-1})(x - x_n)(x - x_{n+1}) / (-3h)(-2h)(-h) = -\frac{1}{6h^3}(x - x_{n-1})(x - x_n)(x - x_{n+1})$$

$$L_{-1}(x) = (x - x_{n-2})(x - x_n)(x - x_{n+1}) / h(-h)(-2h) = \frac{1}{2h^3}(x - x_{n-2})(x - x_n)(x - x_{n+1})$$

$$L_0(x) = (x - x_{n-2})(x - x_{n-1})(x - x_{n+1}) / (2h)h(-h) = -\frac{1}{2h^3}(x - x_{n-2})(x - x_{n-1})(x - x_{n+1})$$

$$L_1(x) = (x - x_{n-2})(x - x_{n-1})(x - x_n) / (3h)(2h)(h) = \frac{1}{6h^3}(x - x_{n-2})(x - x_{n-1})(x - x_n)$$

Fazendo a mudança $\dfrac{x - x_n}{h} = s$, obtemos, de maneira análoga,

$$L_{-2}(s) = -\frac{1}{6}(s^3 - s)$$

$$L_{-1}(s) = \frac{1}{2}(s^3 + s^2 - 2s)$$

$$L_0(s) = -\frac{1}{2}(s^3 + 2s^2 - s - 2)$$

$$L_1(s) = \frac{1}{6}(s^3 + 3s^2 + 2s)$$

Assim,

$$y_{n+1} = y_n - \frac{h}{6} f_{n-2} \int_0^1 (s^3 - s)\, ds + \frac{h}{2} f_{n-1} \int_0^1 (s^3 + s^2 - 2s)\, ds -$$

$$- \frac{h}{2} f_n \int_0^1 (s^3 + 2s^2 - s - 2)\, ds + \frac{h}{6} f_{n+1} \int_0^1 (s^3 + 3s^2 + 2s)\, ds$$

Donde:

$$y_{n+1} = y_n + \frac{h}{24}[9f_{n+1} + 19f_n - 5f_{n-1} + f_{n-2}] \qquad (2)$$

que é um método de passo múltiplo implícito pois, no cálculo de y_{n+1} aparece $f_{n+1} = f(x_{n+1}, y_{n+1})$, ou seja, a fórmula não é explícita para y_{n+1}; ele aparece em $f(x_{n+1}, y_{n+1})$ no segundo membro.

Esta é a grande dificuldade dos métodos implícitos. Veremos como eles são utilizados nos métodos de previsão-correção, assunto do próximo item.

Sobre os erros:

Método explícito

A fórmula que estabelecemos $y_{n+1} = y_n + \frac{h}{24}(55f_n - 59f_{n-1} + 37f_{n-2} - 9f_{n-3})$ foi obtida quando aproximamos $\int_{x_n}^{x_{n+1}} f(x, y(x))\, dx \approx \int_{x_n}^{x_{n+1}} p_3(x)\, dx$ onde $p_3(x)$ é o polinômio que interpola $f(x, y(x))$ em $x_n, x_{n-1}, x_{n-2}, x_{n-3}$.

Sabemos, da teoria da interpolação, que:

$$f(x, y(x)) = p_3(x) + (x - x_{n-3})(x - x_{n-2})(x - x_{n-1})(x - x_n) \frac{f^{(iv)}(\xi_x, y(\xi_x))}{4!}$$

$$\Rightarrow \int_{x_n}^{x_{n+1}} f(x, y(x)) \, dx = \int_{x_n}^{x_{n+1}} p_3(x) dx +$$

$$+ \frac{1}{4!} \int_{x_n}^{x_{n+1}} (x - x_{n-3})(x - x_{n-2})(x - x_{n-1})(x - x_n) f^{(iv)}(\xi_x, y(\xi_x)) \, dx.$$

Assim, o erro cometido é

$$e(x_{n+1}) = \frac{1}{4!} \int_{x_n}^{x_{n+1}} (x - x_{n-3})(x - x_{n-2})(x - x_{n-1})(x - x_n) f^{(iv)}(\xi_x, y(\xi_x)) \, dx =$$

$$= \frac{h^5}{4!} \int_0^1 (s + 3)(s + 2)(s + 1) s f^{(iv)}(\xi_s, y(\xi_s)) \, ds.$$

Como $g(s) = s(s + 1)(s + 2)(s + 3)$ não muda de sinal em $[0, 1]$, o Teorema do Valor Médio para integrais nos garante que existe $\eta \in (0, 1)$ tal que:

$$\frac{h^5}{4!} \int_0^1 g(s) f^{(iv)}(\xi_s, y(\xi_s)) \, ds = \frac{h^5}{4!} f^{(iv)}(\eta, y(\eta)) \int_0^1 g(s) \, ds = \frac{h^5}{24} f^{(iv)}(\eta, y(\eta)) \frac{251}{30}$$

portanto:

$$e(x_{n+1}) = h^5 f^{(iv)}(\eta, y(\eta)) \frac{251}{720} = h^5 y^{(v)}(\eta) \frac{251}{720}.$$

Método implícito

De forma completamente análoga obtemos uma expressão para o erro cometido no método visto aqui:

$$e(x_{n+1}) = \frac{1}{4!}\int_{x_n}^{x_{n+1}} (x-x_{n-2})(x-x_{n-1})(x-x_n)(x-x_{n+1})f^{(iv)}(\xi_x, y(\xi_x))\,dx$$

$$= \frac{h^5}{4!}\int_0^1 g(s)\,y^{(v)}(\xi_s)\,ds \quad \text{onde}$$

$g(s) = (s+2)(s+1)s(s-1) = (s+2)s(s^2-1)$ que é sempre menor ou igual a zero em [0, 1]. Assim, existe $\eta \in (0, 1)$ tal que:

$$e(x_{n+1}) = \frac{h^5}{24}\,y^{(v)}(\eta)(-\frac{19}{30}) = -h^5 y^{(v)}(\eta)\frac{19}{720}.$$

Exemplo 6

Seja o PVI do Exemplo 4

$$\begin{cases} y' = 0.04y \Rightarrow f(x,y) = 0.04y \\ y(0) = 1000 \end{cases}$$

para o qual queremos usar o método de Adams-Bashforth, (1), para aproximar y(2), com h = 0.2.

Já observamos que, para iniciar este método precisamos de quatro valores. Como conhecemos a solução exata $y(x) = 1000e^{0.04x}$, vamos então usar esta solução para encontrar y_0, y_1, y_2, y_3 e, a partir de y_4, usar a fórmula (1). Temos a tabela:

x_n	y_n	$f_n = f(x_n, y_n)$	$y(x_n)$ (sol.exata)
$x_0 = 0.0$	1000	40	1000
$x_1 = 0.2$	1008.0321	40.321284	1008.0321
$x_2 = 0.4$	1016.1287	40.645148	1016.1287
$x_3 = 0.6$	1024.2903	40.971612	1024.2903
$x_4 = 0.8$	1032.517487	41.30069948	1032.5175
$x_5 = 1.0$	1040.810756		1040.810774

Podemos deduzir inúmeros métodos de passo múltiplo baseados em integração numérica, conforme fizemos aqui. Se, por exemplo, em vez de integrar f(x, y) de x_n até x_{n+1}, integrarmos de x_{n-p} até x_{n+1} para algum inteiro $p \geq 0$, e novamente aproximarmos $f(x, y) = y'(x) \approx p_m(x)$ que interpola f em x_n, x_{n-1}, ..., x_{n-m}, obteremos os métodos explícitos:

$$y_{n+1} = y_{n-p} + h \int_{-p}^{1} p_m(s)\, ds \tag{3}$$

Note que se p = 0 e m = 3 teremos o método de Adams-Bashforth que deduzimos no texto.

Uma das principais desvantagens de fórmulas de passo múltiplo é que, como dissemos, elas não se auto-iniciam. No Exemplo 6, como conhecíamos a solução exata, usamos os valores dados por ela para iniciar nosso método; em geral os valores iniciais são obtidos por algum outro método do tipo série de Taylor ou Runge-Kutta; devemos, no entanto, tomar o cuidado de usar métodos que nos forneçam valores iniciais, pelo menos tão precisos quanto os que o método de passo múltiplo que vamos usar vai nos fornecer.

8.2.3 MÉTODOS DE PREVISÃO-CORREÇÃO

Anteriormente falamos sobre métodos deduzidos por integração numérica. Tratamos com mais detalhes de uma classe particular de métodos explícitos de passo múltiplo. Em geral, fórmulas deduzidas por interpolação de f(x, y(x)) em x_n e pontos anteriores são conhecidas como fórmulas do tipo abertas.

Deduzimos também um método implícito; métodos desse tipo, onde usamos também x_{n+1} para construir o polinômio de interpolação de f(x, y(x)) são conhecidos como fórmulas fechadas.

A fórmula implícita que deduzimos é

$y_{n+1} = y_n + \dfrac{h}{24}(9f_{n+1} + 19f_n - 5f_{n-1} + f_{n-2})$ e, a menos que f(x, y) seja uma função linear, em geral não seremos capazes de resolver a expressão acima para y_{n+1}.

O que fazemos então é tentar obter y_{n+1} da seguinte forma iterativa:

i) por meio de um método explícito (corretamente escolhido) encontramos uma primeira aproximação $y_{n+1}^{(0)}$ para y_{n+1};

ii) calculamos então, para f_{n+1}, o valor $f(x_{n+1}, y_{n+1}^{(0)})$;

iii) com o valor de f_{n+1} obtido em (*ii*) encontramos uma próxima aproximação para y_{n+1}, $y_{n+1}^{(1)}$, usando agora o método implícito que escolhemos;

iv) voltamos para (*ii*), onde agora calculamos, para f_{n+1}, $f(x_{n+1}, y_{n+1}^{(1)})$ e assim vamos repetindo o processo até que duas aproximações sucessivas sejam tais que

$$|y_{n+1}^{(k)} - y_{n+1}^{(k-1)}| / |y_{n+1}^{(k)}| < \varepsilon$$ onde ε é a precisão desejada.

Observamos que, ao escolher ε temos de considerar o erro da fórmula usada para calcular $y_{n+1}^{(0)}$ bem como o tamanho do passo h.

Suponhamos que para achar $y_{n+1}^{(0)}$ para a fórmula implícita (2) que deduzimos, desejemos usar o método de Adams-Bashforth (1):

$$y_{n+1} = y_n + \frac{h}{24}(55f_n - 59f_{n-1} + 37f_{n-2} - 9f_{n-3}).$$

Quando usamos um par de fórmulas como o par acima, a fórmula explícita, tipo aberta, é chamada um *previsor* e a fórmula implícita, tipo fechada, é chamada um *corretor*.

A fórmula implícita que descrevemos é conhecida como a fórmula de Adams-Moulton de 4ª ordem.

O par previsor-corretor, dado por Adams-Bashforth e Adams-Moulton, pode ser sintetizado no algoritmo abaixo:

ALGORITMO: O método previsor-corretor de Adams-Moulton

Seja o PVI:

$$\begin{cases} y' = f(x, y) \\ y(x_0) = y_0, \ x_n = x_0 + nh, \ n = 0, 1, \ldots; \end{cases}$$

dado $\varepsilon > 0$, e, determinados, de alguma forma, y_1, y_2 e y_3.

para n = 3, 4, 5, ..., N, faça:

a) calcule $y_{n+1}^{(0)}$, por

$$y_{n+1}^{(0)} = y_n + \frac{h}{24}(55f_n - 59f_{n-1} + 37f_{n-2} - 9f_{n-3});$$

b) calcule $f_{n+1}^{(0)} = f(x_{n+1}, y_{n+1}^{(0)})$;

c) para k = 1, 2, ..., calcule

$$y_{n+1}^{(k)} = y_n + \frac{h}{24}[9f(x_{n+1}, y_{n+1}^{(k-1)}) + 19f_n - 5f_{n-1} + f_{n-2}].$$

d) Continue as iterações até atingir um número máximo de iterações ou até que

$$|y_{n+1}^{(k)} - y_{n+1}^{(k-1)}| / |y_{n+1}^{(k)}| < \varepsilon.$$

Observamos que N é o número de nós que precisamos; por exemplo, se num PVI temos y(0) e queremos y(1), com h = 0.1, então N = 10.

É natural questionarmos: *i*) Sob que condições temos garantia que $\{y_{n+1}^{(k)}\}$ converge para y_{n+1}? *ii*) Quantas iterações do corretor serão necessárias para atingir a convergência na precisão ε desejada?

A experiência responde o item (*ii*) dizendo que, se o par previsor-corretor é da mesma ordem, apenas uma ou duas iterações do corretor serão necessárias para atingirmos a convergência, desde que h seja convenientemente escolhido.

A resposta à questão (*i*) se encontra no teorema abaixo, cuja demonstração pode ser encontrada no Capítulo 8 da referência [5].

TEOREMA 1

Se f(x, y) e ∂f/∂y são contínuas em x e y em todo o intervalo [a, b], as iterações do método corretor vão convergir, desde que h seja escolhido de tal forma que, para $x = x_n$ e todo y com $|y - y_{n+1}| \leq |y_{n+1}^{(0)} - y_{n+1}|$, $h|\frac{\partial f}{\partial y}| < 2$.

Exemplo 7

Seja o PVI:

$$\begin{cases} y' = -y^2 \Rightarrow f(x,y) = -y^2. \text{ Seja ainda } \varepsilon = 10^{-4} \\ y(1) = 1 \end{cases}$$

Sabendo que a solução é $y(x) = 1/x$ vamos usá-la para calcular y_1, y_2, y_3 para usar o previsor-corretor do algoritmo.

Observe que $\dfrac{\partial f}{\partial y} = -2y$. Então, segundo o Teorema 1, qualquer h tal que $2|y|h < 2$, ou seja, $h < \dfrac{1}{|y|}$, garante a convergência.

Tomemos $h = 0.1$.

Assim,

$y_0 = 1$, $y_1 = \dfrac{1}{1.1} = 0.9090909$, $y_2 = \dfrac{1}{1.2} = 0.8333333$, $y_3 = \dfrac{1}{1.3} = 0.7692307$.

Agora, $f(x, y) = -y^2$. Chamando $f_k = f(x_k, y_k)$,

$y_0 = 1 \Rightarrow f_0 = -1$
$y_1 = 0.9090909 \Rightarrow f_1 = -0.8264462$
$y_2 = 0.8333333 \Rightarrow f_2 = -0.6944443$
$y_3 = 0.7692307 \Rightarrow f_3 = -0.5917158$.

Então, temos

$$y_4^{(0)} = y_3 + \frac{h}{24}(55f_3 - 59f_2 + 37f_1 - 9f_0)$$

$$= 0.7692307 + \frac{0.1}{24}[55(-0.5917158) - 59(-0.6944443) +$$

$$+ 37(-0.8264462) - 9(-1)]$$

$$= 0.7144362$$

$$\Rightarrow f_4^{(0)} = f(x_4, y_4^{(0)}) = -(y_4^{(0)})^2 = -0.510419.$$

Com estes dados usamos o corretor para obter

$$y_4^{(1)} = y_3 + \frac{h}{24}[9f_4^{(0)} + 19f_3 - 5f_2 + f_1] = 0.7692307 +$$

$$+ \frac{0.1}{24}[9(-0.510419) + 19(-0.5917158) - 5(-0.6944443) - 0.8264462]$$

$$\Rightarrow y_4^{(1)} = 0.7142698 \Rightarrow f_4^{(1)} = f(x_4, y_4^{(1)}) = -(y_4^{(1)})^2 = -0.5101814.$$

Assim,

$$y_4^{(2)} = y_3 + \frac{0.1}{24}[9f_4^{(1)} + 19f_3 - 5f_2 + f_1] = \ldots = 0.7142787.$$

Temos que:

$$|y_4^{(2)} - y_4^{(1)}| / |y_4^{(2)}| = 1.2591374 \times 10^{-5} < \varepsilon$$

$$\Rightarrow y_4 = y_4^{(2)} = 0.7142787.$$

Para continuar o processo, calculamos $f(x_4, y_4)$ e voltamos ao uso do previsor para $y_5^{(0)}$, etc.

Os resultados computacionais obtidos para $h = 0.1$ e $\varepsilon = 10^{-4}$ são os seguintes:

Usando o método de Runge-Kutta de 4ª ordem, obtivemos:

$y(1.1) \sim y_1 = 0.9090912$
$y(1.2) \sim y_2 = 0.8333338$
$y(1.3) \sim y_3 = 0.7692312$.

Em seguida, aplicando o previsor-corretor de Adams-Moulton:

valor previsto para y(1.4): 0.7144367 e, após duas iterações do corretor:

y(1.4) ~ 0.7142793.

E, para x = 1.5 os resultados são:

valor previsto : 0.6667548

valor corrigido, após duas iterações: 0.6666568.

Os valores que obtivemos para y, neste exemplo, são todos menores que 1. Agora, de acordo com o Teorema 1 teremos de ter $h < \frac{1}{|y|}$. Como $|y| < 1.0$, então $\frac{1}{|y|} > 1.0$ e, portanto, h = 0.1 satisfaz realmente esta exigência, ou seja, a convergência está garantida.

8.3 EQUAÇÕES DE ORDEM SUPERIOR

É comum encontrarmos equações diferenciais de ordem m escritas na forma:

$u^{(m)} = f(x, u, u', u'', ..., u^{(m-1)})$, como por exemplo:

$u''' = f(x, y, y', y'') = x^2 + y^2 \text{sen}(x+y) - (x+1)y'' - \cos(xy') + (x^2-1)y$.

É fácil transformar uma equação de ordem m deste tipo num sistema de m equações de ordem 1, assim:

$$\begin{cases} z_1 = u \\ z_1' = u' = z_2 \\ z_2' = u'' = z_3 \\ z_3' = u''' = z_4 \\ \vdots \\ z_{m-1}' = u^{(m-1)} = z_m \\ z_m' = u^{(m)} = f(x, u, u', ..., u^{(m-1)}) \end{cases}$$

Cap. 8   Soluções numéricas de equações diferenciais ordinárias:...

No exemplo anterior, fazemos

$$\begin{cases} y' = z \\ z' = w(=y'') \\ w' = f(x, y, y', y'') \end{cases}$$

Para esta equação já vimos que:

$y(0) = 1.1, \ y'(0) = z(0) = 2.2, \ y''(0) = w(0) = 3.3.$

Equações de ordem m, deste tipo, podem pois ser vistas como uma equação vetorial de ordem 1. No exemplo anterior, chamando:

$$Y = \begin{pmatrix} y \\ z \\ w \end{pmatrix}, \text{ a equação transformada é: } \dot{Y} = \begin{pmatrix} z \\ w \\ f(x, y, y', y'') \end{pmatrix} = \begin{pmatrix} z \\ w \\ f(x, y, z, w) \end{pmatrix}$$

com $Y(0) = \begin{pmatrix} y(0) \\ z(0) \\ w(0) \end{pmatrix} = \begin{pmatrix} 1.1 \\ 2.2 \\ 3.3 \end{pmatrix}$, ou seja, temos de resolver a equação vetorial:

$$\begin{cases} \dot{Y} = F(x, Y) = \begin{pmatrix} z \\ w \\ x^2 + y^2 \operatorname{sen}(x+y) - (x+1)w - \cos(xz) + (x^2 - 1)y \end{pmatrix} \\ Y(0) = \begin{pmatrix} 1.1 \\ 2.2 \\ 3.3 \end{pmatrix} \end{cases}$$

Vamos aplicar o método de Euler Aperfeiçoado, visto na Seção 8.2.1, para uma equação diferencial de 2ª ordem, como:

$$\begin{cases} y'' = f(x, y, y') \\ y(0) = y_0 \\ y'(0) = y'_0 \end{cases}$$

Inicialmente transformamos esta equação num sistema de duas equações de 1ª ordem. Assim, fazendo:

$$\begin{cases} y' = z \Rightarrow \\ y'' = z' = f(x, y, y') = f(x, y, z), \quad e \end{cases}$$

chamando $Y = \begin{pmatrix} y \\ z \end{pmatrix}$, então o PVI inicial se transforma em

$$\begin{cases} \dot{Y} = \begin{pmatrix} y' \\ z' \end{pmatrix} = \begin{pmatrix} z \\ f(x, y, z) \end{pmatrix} = F(x, Y) = F\left(x, \begin{pmatrix} y \\ z \end{pmatrix}\right) \\ \\ Y(0) = \begin{pmatrix} y(0) \\ z(0) \end{pmatrix} = \begin{pmatrix} y_0 \\ y'_0 \end{pmatrix} = Y_0 \end{cases}$$

O método de Euler Aperfeiçoado, para uma equação é

$$y_{n+1} = y_n + \frac{h}{2}[f(x_n, y_n) + f(x_n + h, y_n + hy'_n)].$$

Assim, no nosso caso:

$$Y_{n+1} = Y_n + \frac{h}{2}[F(x_n, Y_n) + F(x_n + h, Y_n + hY'_n)].$$

Agora,

$$F(x_n, Y_n) = \begin{pmatrix} z_n \\ f(x_n, y_n, z_n) \end{pmatrix} \quad e$$

$$F(x_n + h, Y_n + hY'_n) = F\left[x_n + h, \begin{pmatrix} y_n \\ z_n \end{pmatrix} + h\begin{pmatrix} z_n \\ f(x_n, y_n, z_n) \end{pmatrix}\right] =$$

$$= F\left[(x_n + h), \begin{pmatrix} y_n + hz_n \\ z_n + hf(x_n, y_n, z_n) \end{pmatrix}\right] = \begin{pmatrix} z_n + hf(x_n, y_n, z_n) \\ f(x_n + h, y_n + hz_n, z_n + hf(x_n, y_n, z_n)) \end{pmatrix}.$$

Temos, pois,

$$Y_{n+1} = \begin{pmatrix} y_n \\ z_n \end{pmatrix} + \frac{h}{2}\left[\begin{pmatrix} z_n \\ f(x_n, y_n, z_n) \end{pmatrix} + \begin{pmatrix} z_n + hf(x_n, y_n, z_n) \\ f(x_n + h, y_n + hz_n, z_n + hf(x_n, y_n, z_n)) \end{pmatrix}\right]$$

$$= \begin{pmatrix} y_n + \dfrac{h}{2}[2z_n + hf(x_n, y_n, z_n)] \\ z_n + \dfrac{h}{2}f(x_n, y_n, z_n) + f(x_n + h, y_n + hz_n, z_n + hf(x_n, y_n, z_n)) \end{pmatrix}.$$

Então

$$Y_{n+1} = \begin{pmatrix} y_n + hz_n + \dfrac{h^2}{2}f(x_n, y_n, z_n) \\ z_n + \dfrac{h}{2}f(x_n, y_n, z_n) + \dfrac{h}{2}f(x_n + h, y_n + hz_n, z_n + hf(x_n, y_n, z_n)) \end{pmatrix}.$$

Chamando

$$\begin{cases} k_1 = hf(x_n, y_n, z_n) \\ k_2 = hf(x_n + h, y_n + hz_n, z_n + k_1), \end{cases} \quad Y_{n+1} = \begin{pmatrix} y_n + hz_n + \dfrac{h}{2}k_1 \\ z_n + \dfrac{1}{2}(k_1 + k_2) \end{pmatrix}.$$

Assim, dado o PVI:

$$\begin{cases} y'' = 4y' - 3y - x \\ y(0) = 4/9 \\ y'(0) = 7/3 \end{cases}$$

e, tomando h = 0.25, teremos:

$$\begin{cases} y' = z \\ z' = f(x, y, z) = 4z - 3y - x \end{cases}$$

$$Y = \begin{pmatrix} y \\ z \end{pmatrix}, F(x, Y) = \begin{pmatrix} z \\ 4z - 3y - x \end{pmatrix} \text{ e } Y_0 = \begin{pmatrix} 4/9 \\ 7/3 \end{pmatrix}.$$

O método de Euler Aperfeiçoado aplicado a este PVI fornecerá para $y_1 \approx y(0.25)$:

$$k_1 = hf(x_0, y_0, z_0) = h(4z_0 - 3y_0 - x_0) = 0.25(4 \times \frac{7}{3} - 3 \times \frac{4}{9} - 0)$$

$$= 0.25 \times \frac{24}{3} = 0.25 \times 8 = 2.0$$

$$k_2 = hf(x_0 + h, y_0 + hz_0, z_0 + k_1) = hf(0.25, \frac{4}{9} + 0.25 \times \frac{7}{3}, \frac{7}{3} + 2)$$

$$= 0.25 f(0.25, 1.028, 4.333) = 0.25(4 \times 4.333 - 3 \times 1.028 - 0.25)$$

$$= 0.25 \times 13.998 = 3.4995.$$

Assim:

$$Y_1 = \begin{pmatrix} y_0 + hz_0 + \frac{h}{2} k_1 \\ z_0 + \frac{1}{2}(k_1 + k_2) \end{pmatrix} = \begin{pmatrix} \frac{4}{9} + 0.25 \times \frac{7}{3} + \frac{0.25}{2} \times 2 \\ \frac{7}{3} + \frac{1}{2}(2 + 3.4995) \end{pmatrix}$$

$$\approx \begin{pmatrix} 1.278 \\ 5.083 \end{pmatrix}.$$

Temos pois

$$\begin{cases} y(0.25) \approx 1.278 \\ y'(0.25) \approx 5.083 \end{cases}.$$

8.4 PROBLEMAS DE VALOR DE CONTORNO – O MÉTODO DAS DIFERENÇAS FINITAS

A forma mais geral dos problemas de contorno aos quais nos referiremos é:

$$\begin{cases} y'' = f(x, y, y') \\ a_1 y(a) + b_1 y'(a) = \gamma_1 \\ a_2 y(b) + b_2 y'(b) = \gamma_2 \end{cases}$$

onde a_1, a_2, b_1, b_2, γ_1 e γ_2 são constantes reais conhecidas, tais que nem a_1 e b_1, nem a_2 e b_2 sejam nulas ao mesmo tempo.

Se $f(x, y, y') \equiv 0$, $\gamma_1 = \gamma_2 = 0$ o problema acima é dito problema homogêneo e é óbvio que $y(x) \equiv 0$ é solução, neste caso.

Para as aproximações desta seção, precisamos do conceito a seguir:

Definição: Dizemos que $g(h)$ é $0(h^p)$, se existe uma constante $C > 0$ tal que $|g(h)| \leq C|h^p|$.

A idéia básica do método das diferenças finitas é transformar o problema de resolver uma equação diferencial num problema de resolver um sistema de equações algébricas, usando para isto aproximações das derivadas que aparecem na equação, por diferenças finitas.

Faremos $x_0 = a$, $x_n = b$ e dividiremos o intervalo $[a, b]$ em n partes iguais de comprimento $h = \dfrac{b-a}{n}$, cada.

Assim,

$x_k = x_0 + kh$, $k = 0, 1, ..., (n-1)$ e $y_k \simeq y(x_k) = y(x_0 + kh)$, $k = 0, 1, 2, ..., n$.

Se $f(x, y, y')$ for linear (em y e y') o sistema a ser resolvido será linear e poderemos utilizar os métodos do Capítulo 3 para resolvê-lo. Se $f(x, y, y')$ for não linear, teremos um sistema não linear de equações algébricas e, para resolvê-lo, podemos utilizar os métodos vistos no Capítulo 4.

As aproximações mais usadas para a primeira derivada no ponto x_i são:

a) $\quad y'(x_i) \simeq \dfrac{y_{i+1} - y_i}{h} \equiv$ diferença avançada

b) $\quad y'(x_i) \simeq \dfrac{y_i - y_{i-1}}{h} \equiv$ diferença atrasada

c) $\quad y'(x_i) \simeq \dfrac{y_{i+1} - y_{i-1}}{2h} \equiv$ diferença centrada

A figura a seguir mostra estas aproximações, do ponto de vista geométrico:

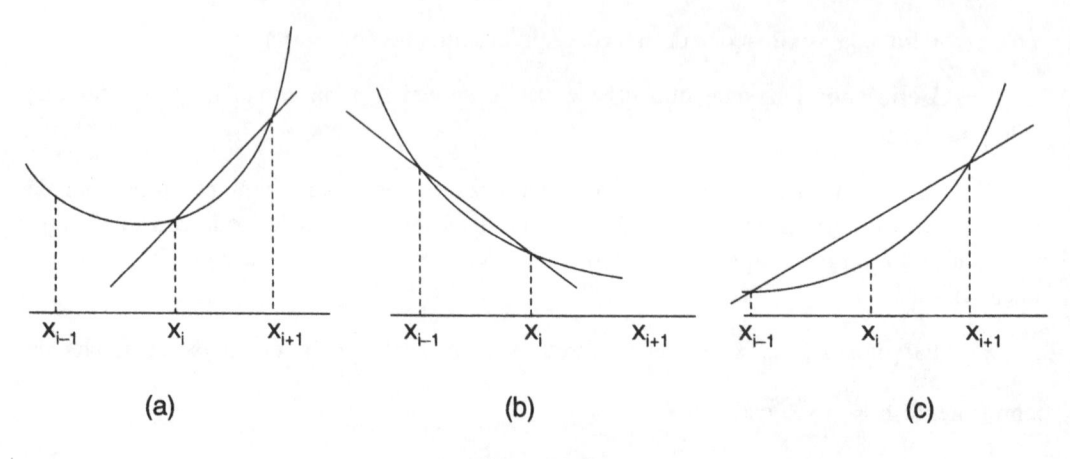

(a)   (b)   (c)

Figura 8.5

Obviamente estaremos cometendo um erro quando usarmos (*a*), (*b*) ou (*c*) para aproximar $y'(x_i)$. Supondo $y(x)$ com tantas derivadas quanto necessárias, a fórmula de Taylor de $y(x)$ em torno de x_i é o ferramental matemático que utilizamos para medir o erro local cometido.

Sabemos que existe ξ_x entre x e x_i tal que

$$y(x) = y(x_i) + y'(x_i)(x - x_i) + \frac{y''(x_i)}{2}(x - x_i)^2 + \ldots +$$

$$+ \frac{y^{(k)}(x_i)}{k!}(x - x_i)^k + \frac{y^{(k+1)}(\xi_x)}{(k+1)!}(x - x_i)^{k+1}. \qquad (1)$$

Assim, para $k = 1$,

$$y(x) = y(x_i) + y'(x_i)(x - x_i) + \frac{y''(\xi_x)}{2}(x - x_i)^2$$

e, no ponto $x = x_{i+1} = x_i + h$,

$$y(x_{i+1}) = y(x_i) + y'(x_i)(x_{i+1} - x_i) + \frac{y''(\xi_{i+1})}{2}(x_{i+1} - x_i)^2.$$

Assim,

$$y(x_{i+1}) - y(x_i) = y'(x_i)h + \frac{h^2}{2}y''(\xi_{i+1}).$$

Então

$$y'(x_i) = \frac{y(x_{i+1}) - y(x_i)}{h} + \frac{h}{2}y''(\xi_{i+1}).$$

Aproximando os valores exatos $y(x_{i+1})$ e $y(x_i)$ por estimativas y_{i+1} e y_i, a serem obtidas, temos:

$$y'(x_i) \simeq \frac{y_{i+1} - y_i}{h}.$$

Se $y''(x)$ for limitada em [a, b], ou seja, se existe $M > 0$ tal que $|y''(x)| \le M$ para todo x em [a, b], então a expressão anterior para aproximar $y'(x_i)$ é $0(h)$ pois

$$|g(h)| = \left| y'(x_i) - \frac{y_{i+1} - y_i}{h} \right| = \left| \frac{y''(\xi_{i+1})}{2} h \right| \le \frac{M}{2} |h|.$$

Tomando agora $k = 2$, a expressão (1) fica:

$$y(x) = y(x_i) + y'(x_i)(x - x_i) + \frac{y''(x_i)}{2}(x - x_i)^2 + \frac{y'''(\xi_x)}{3!}(x - x_i)^3.$$

Se $x = x_{i+1}$,

$$y(x_{i+1}) = y(x_i) + y'(x_i)h + \frac{y''(x_i)}{2}h^2 + \frac{y'''(\xi_{i+1})}{6}h^3. \qquad (2)$$

Se $x = x_{i-1}$,

$$y(x_{i-1}) = y(x_i) - y'(x_i)h + \frac{y''(x_i)}{2}h^2 - \frac{y'''(\xi_{i-1})}{6}h^3. \qquad (3)$$

Fazendo (2) − (3), teremos:

$$y(x_{i+1}) - y(x_{i-1}) = 2y'(x_i)h + \frac{h^3}{6}[y'''(\xi_{i+1}) + y'''(\xi_{i-1})] \text{ e então,}$$

$$y'(x_i) = \frac{y(x_{i+1}) - y(x_{i-1})}{2h} - \frac{h^2}{12}\left[y'''(\xi_{i+1}) + y'''(\xi_{i-1}) \right]$$

donde $y'(x_i) \simeq \dfrac{y_{i+1} - y_{i-1}}{2h}$ e esta aproximação é $O(h^2)$, supondo $y'''(x)$ limitada em $[a, b]$.

De maneira análoga se prova que a fórmula (b) é $O(h)$, o que é deixado como exercício.

Desta análise concluímos que o erro na fórmula centrada é da ordem de h^2 e, como $h < 1$, esta fórmula é mais precisa que as outras duas. Por esta razão ela é mais empregada.

Utilizando novamente a série de Taylor, deduziremos a aproximação mais típica para a derivada segunda, bem como a expressão do erro para ela. Para tal, usaremos (1) com $k = 3$ nos pontos x_{i+1} e x_{i-1}, respectivamente:

$$y(x_{i+1}) = y(x_i) + hy'(x_i) + \frac{h^2}{2!} y''(x_i) + \frac{h^3}{3!} y'''(x_i) + \frac{h^4}{4!} y^{(iv)}(\xi_{i+1}) \tag{4}$$

$$y(x_{i-1}) = y(x_i) - hy'(x_i) + \frac{h^2}{2!} y''(x_i) - \frac{h^3}{3!} y'''(x_i) + \frac{h^4}{4!} y^{(iv)}(\xi_{i-1}). \tag{5}$$

E, agora, (4) + (5) nos fornece:

$$y(x_{i+1}) + y(x_{i-1}) = 2y(x_i) + y''(x_i)h^2 + \frac{h^4}{24}\left[y^{(iv)}(\xi_{i+1}) + y^{(iv)}(\xi_{i-1}) \right].$$

Assim temos a expressão (d), ou seja, $y''(x_i) \simeq \dfrac{y_{i+1} - 2y_i + y_{i-1}}{h^2}$ com erro da ordem de h^2, se $y^{(iv)}(x)$ for limitada em $[a, b]$.

Uma outra forma de encontrar a expressão acima para aproximar $y''(x_i)$ é encontrar a parábola $p_2(x)$ que interpola $y(x)$ em x_{i-1}, x_i e x_{i+1} e então aproximar $y''(x_i)$ por $p_2''(x_i)$. O leitor interessado deve verificar os cálculos.

Mostraremos o método das diferenças finitas através de exemplos numéricos:

Exemplo 8 (PVC linear)

$$\begin{cases} y''(x) + 2y'(x) + y(x) = x \\ y(0) = 0 \\ y(1) = -1 \end{cases}$$

Fixado n, o espaçamento h será $\dfrac{1}{n}$ e o intervalo [a, b] será dividido em $x_0 = 0$, $x_1 = h$, ..., $x_j = jh$, ..., $x_{n-1} = (n-1)h$ e $x_n = 1$. Como conhecemos $y(0) = y(x_0)$ e $y(n) = y(x_n)$, teremos como incógnitas y_1, y_2, ..., y_{n-1} e assim, para cada $i = 1$, ..., $(n-1)$ usaremos as aproximações:

$$y''(x_i) \simeq (y_{i+1} - 2y_i + y_{i-1})/h^2 \quad \text{e} \quad y'(x_i) \simeq (y_{i+1} - y_{i-1})/2h,$$

pois ambas são aproximações de $0(h^2)$.

Para cada i, a equação discretizada fica:

$$\frac{y_{i+1} - 2y_i + y_{i-1}}{h^2} + \frac{y_{i+1} - y_{i-1}}{h} + y_i = x_i, \text{ ou seja:}$$

$$y_{i+1} - 2y_i + y_{i-1} + hy_{i+1} - hy_{i-1} + h^2 y_i = h^2 x_i \text{ e como } x_i = ih,$$

$$(1 - h)y_{i-1} + (h^2 - 2)y_i + (1 + h)y_{i+1} = ih^3.$$

Agora, para $i = 1$, usando a condição inicial $x_0 = 0$ e $y(x_0) = 0$, a primeira equação é:

$$(h^2 - 2)y_1 + (1 + h)y_2 = h^3.$$

Analogamente para i = n − 1, a última equação é:

$$(1 - h)y_{n-2} + (h^2 - 2)y_{n-1} = (n-1)h^3 + (h+1).$$

Assim, para determinar $y_1, y_2, ..., y_{n-1}$, teremos de resolver o sistema de equações algébricas lineares:

$$\begin{cases} (h^2 - 2)y_1 + (1 + h)y_2 & = h^3 \\ (1 - h)y_{i-1} + (h^2 - 2)y_i + (1 + h)y_{i+1} & = ih^3, \quad 2 \leq i \leq (n-2) \\ (1 - h)y_{n-2} + (h^2 - 2)y_{n-1} & = (n-1)h^3 + h + 1 \end{cases} \quad (6)$$

que é um sistema de ordem (n − 1) com matriz A tridiagonal, dada por:

$$A = \begin{bmatrix} d_1 & c_1 & & & & \\ a_2 & d_2 & c_2 & & & \\ & a_3 & d_3 & c_3 & & \\ & & \ddots & \ddots & \ddots & \\ & & & a_{n-2} & d_{n-2} & c_{n-2} \\ & & & & a_{n-1} & d_{n-1} \end{bmatrix}$$

onde

$$d_i = (h^2 - 2), \quad 1 \leq i \leq (n-1)$$
$$c_i = (1 + h), \quad 1 \leq i \leq (n-2)$$
$$a_i = (1 - h), \quad 2 \leq i \leq (n-1).$$

A Tabela 8.1 a seguir mostra os resultados obtidos quando resolvemos o sistema anterior com h = 0.05 e h = 0.1.

Os valores na coluna **sol** mostram a solução exata, $2e^{-x}(1 - x) + x - 2$, tabelada nos mesmos pontos. A última coluna, **erro**, mostra o valor absoluto da diferença entre a solução exata e a que encontramos, componente a componente. Conforme podemos observar, o erro cometido é menor que h^2 em todos os casos.

Tabela 8.1

h = 0.05

x	y	sol.	erro
0.0500	−0.1428	−0.1427	0.0001
0.1000	−0.2715	−0.2713	0.0002
0.1500	−0.3870	−0.3868	0.0002
0.2000	−0.4903	−0.4900	0.0003
0.2500	−0.5821	−0.5818	0.0003
0.3000	−0.6632	−0.6629	0.0003
0.3500	−0.7342	−0.7339	0.0003
0.4000	−0.7959	−0.7956	0.0003
0.4500	−0.8489	−0.8486	0.0003
0.5000	−0.8938	−0.8935	0.0003
0.5500	−0.9310	−0.9307	0.0003
0.6000	−0.9612	−0.9610	0.0003
0.6500	−0.9848	−0.9846	0.0002
0.7000	−1.0023	−1.0020	0.0002
0.7500	−1.0140	−1.0138	0.0002
0.8000	−1.0204	−1.0203	0.0001
0.8500	−1.0219	−1.0218	0.0001
0.9000	−1.0188	−1.0187	0.0001
0.9500	−1.0114	−1.0113	0.0000

h = 0.1

x	y	sol.	erro
0.1000	−0.2720	−0.2713	0.0007
0.2000	−0.4911	−0.4900	0.0011
0.3000	−0.6641	−0.6629	0.0013
0.4000	−0.7969	−0.7956	0.0013
0.5000	−0.8947	−0.8935	0.0012
0.6000	−0.9620	−0.9610	0.0010
0.7000	−1.0029	−1.0020	0.0008
0.8000	−1.0208	−1.0203	0.0006
0.9000	−1.0190	−1.0187	0.0003

Exemplo 9 (PVC não linear)

$$\begin{cases} y'' = y \operatorname{sen} y + xy \\ y(0) = 1 \\ y(1) = 5 \end{cases}$$

Neste exemplo, as incógnitas são: $y_1, y_2, \ldots, y_{n-1}$ e usaremos

$$y''(x_i) \sim \frac{y_{i+1} - 2y_i + y_{i-1}}{h^2}, \text{ para } 1 \leq i \leq (n-1).$$

Assim, para cada i a equação discretizada fica:

$$\frac{y_{i+1} - 2y_i + y_{i-1}}{h^2} = y_i \operatorname{sen}(y_i) + x_i y_i \text{ e, usando o fato que } x_i = ih, \text{ teremos:}$$

$$y_{i-1} - y_i [2 + h^2 (\operatorname{sen}(y_i) + ih)] + y_{i+1} = 0.$$

O sistema $(n-1) \times (n-1)$ de equações não lineares a ser resolvido será:

$$\begin{cases} 1 - y_1[2 + h^2(\operatorname{sen}(y_1) + h)] + y_2 = 0 \\ y_{i-1} + y_i[2 + h^2(\operatorname{sen}(y_i) + ih)] + y_{i+1} = 0, \quad 2 \leq i \leq (n-2) \\ y_{n-2} - y_{n-1}[2 + h^2(\operatorname{sen}(y_{n-1}) + (n-1)h)] + 5 = 0 \end{cases}.$$

Os resultados obtidos para $h = 0.1$ e $h = 0.05$ estão na Tabela 8.2 a seguir:

Tabela 8.2

Para h = 0.1

$y_{(i)}$	Resultado
y_1	1.3186
y_2	1.6513
y_3	2.0037
y_4	2.3803
y_5	2.7829
y_6	3.2091
y_7	3.6525
y_8	4.1035
y_9	4.5538

Para h = 0.05

$y_{(i)}$	Resultado
y_1	1.1581
y_2	1.3190
y_3	1.4834
y_4	1.6521
y_5	1.8257
y_6	2.0049
y_7	2.1901
y_8	2.3817
y_9	2.5798
y_{10}	2.7842
y_{11}	2.9945
y_{12}	3.2101
y_{13}	3.4299
y_{14}	3.6528
y_{15}	3.8777
y_{16}	4.1034
y_{17}	4.3288
y_{18}	4.5534
y_{19}	4.7770

As condições de contorno poderiam ter sido dadas de forma diferente da que fizemos nos Exemplos 8 e 9. No Exemplo 8, se em vez de $y(0) = 0$ tivéssemos $y(0) + y'(0) + 3 = e$, então teríamos como incógnitas $y_0, y_1, ..., y_{n-1}$, n incógnitas, portanto.

Uma idéia para resolver este problema é usar a aproximação por diferença avançada para $y'(x_0)$, ou seja, $y'(x_0) \simeq \dfrac{y_1 - y_0}{h}$ e assim a condição inicial dada fica $y_0 + \dfrac{y_1 - y_0}{h} + 3 = e$, donde

$$(h-1)y_0 + y_1 = h(e-3) \quad \text{e} \quad y_0 = \dfrac{h(e-3) - y_1}{h-1}.$$

Substituindo este valor na primeira equação, continuamos com o sistema $(n-1) \times (n-1)$ anterior, só que com a seguinte equação como primeira equação:

$$(h^2 - 1)y_1 + (1 + h)y_2 = h(e - 3) + h^3. \tag{7}$$

Neste caso fizemos uma opção por uma fórmula que é $0(h)$ para aproximar $y'(x_0)$, o que faz com que a precisão da solução seja também $0(h)$.

Podemos obter uma aproximação da ordem de h^2, se usarmos diferença centrada também em $y'(x_0)$, o que exige que incluamos mais um ponto (x_{-1}, y_{-1}) na nossa tabela. Com isto $y(0) + y'(0) + 3 = e$ nos fornece a condição para determinar as n incógnitas: $y_0, y_1, ..., y_{n-1}$: $y_0 + \dfrac{y_1 - y_{-1}}{2h} + 3 = e$, donde

$$y_{-1} = 2hy_0 + y_1 - 2h(e-3). \tag{7}$$

Assim, usando $i = 0$ como ponto de discretização para o problema do Exemplo 8, teremos a equação adicional:

$$(1-h)y_{-1} + (h^2 - 2)y_0 + (1+h)y_1 = h^2 x_{-1} = -h^3 \quad \text{donde, por (7),}$$

$$(1-h)[2hy_0 + y_1 - 2h(e-3)] + (h^2 - 2)y_0 + (1+h)y_1 = -h^3, \quad \text{ou seja:}$$

$$(-h^2 + 2h - 2)y_0 + 2y_1 = 2h(1-h)(e-3) - h^3.$$

Então o sistema de equações lineares a ser resolvido é o sistema n × n:

$$\begin{cases} (-h^2 + 2h - 1)y_0 + y_1 = 2h(1 - h)(e - 3) - h^3 \\ (1 - h)y_{i-1} + (h^2 - 2)y_i + (1 + h)y_{i+1} = ih^3, \quad 1 \leq i \leq (n-2) \\ (1 - h)y_{n-2} + (h^2 - 2)y_{n-1} = (n - 1)h^3 + h + 1 \end{cases}$$

EXERCÍCIOS

1. O método de Euler Modificado é deduzido a partir da figura abaixo:

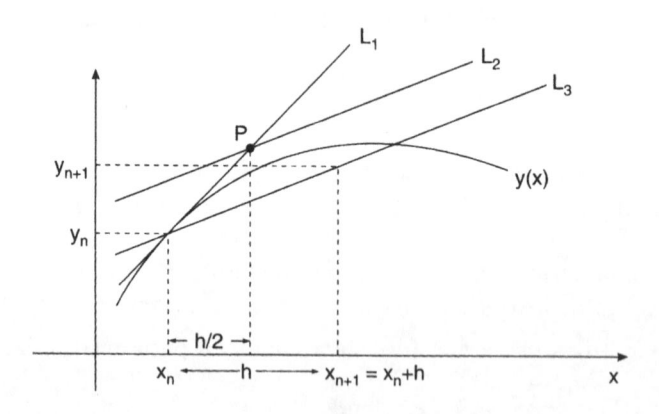

y(x): solução exata da equação diferencial $y' = f(x, y)$.

L_1: $z_1(x)$; reta que passa por (x_n, y_n) e é tangente a y(x) em (x_n, y_n).

L_2: $z_2(x)$; reta que tem inclinação f(P).

L_3: z(x); reta que passa por (x_n, y_n) e é paralela a L_2.

$y_{n+1} = z(x_n + h)$.

Deduza a expressão de y_{n+1}.

2. O problema de valor inicial:

$$\begin{cases} y' = -20y \\ y(0) = 1, \text{ tem por única solução exata } y(x) = e^{-20x}. \end{cases}$$

   a) Verifique a afirmação acima.

   b) Verifique que qualquer método de Runge-Kutta de 2ª ordem, quando aplicado a este problema, nos fornece

   $y_{n+1} = (1 - 20h + 200h^2)^{n+1}$, $n = 0, 1, 2, \ldots$.

3. Dado o PVI abaixo, considere h = 0.5, 0.25, 0.125 e 0.1.

$$\begin{cases} y' = 4 - 2x \\ y(0) = 2. \end{cases}$$

   a) Encontre uma aproximação para y(5) usando o método de Euler Aperfeiçoado, para cada h.

   b) Compare seus resultados com a solução exata dada por $y(x) = -x^2 + 4x + 2$. Justifique.

   c) Você espera o mesmo resultado do item (*b*) usando o método de Euler? Justifique.

4. *a*) Verifique que fazendo m = 1 e p = 1, nos métodos (3) do texto, obtemos o método $y_{n+1} = y_{n-1} + 2hf_n$ com erro $\dfrac{h^3}{3} y'''(\xi)$.

   b) Em termos de esforço computacional, como você o compara com o método de Euler?

   c) E quanto à precisão?

5. Considere os métodos (3) do texto. Faça m = 3 e p = 3 e deduza o método bem como a expressão do erro.

6. *a)* Deduza o método implícito para resolver o PVI:

$$\begin{cases} y' = f(x, y) \\ y(x_0) = y_0, \text{ do tipo } y_{n+1} = y_n + \int_{x_n}^{x_{n+1}} f(x, y(x))\, dx \quad \text{onde} \end{cases}$$

usamos a regra dos Trapézios para calcular a integral acima.

b) Encontre a expressão do erro cometido.

c) Compare com o método de Euler, em termos de erros.

7. *a)* Considerando o seguinte PVI:

$$\begin{cases} y' = 0.04y \\ y(0) = 1000 \end{cases}$$

e supondo conhecidos y_1 e y_2, verifique que o método (2) do texto nos fornece y_{n+1} explicitamente para $n \geq 2$.

b) Como você explica o resultado acima sendo (2) um método implícito?

8. Use vários métodos e vários valores de h para encontrar y(2) sendo dado o PVI:

$$\begin{cases} y' = \cos x + 1 \\ y(0) = -1 \end{cases}.$$

9. Dado o PVI $y' = -\dfrac{x}{y}$, $y(0) = 20$, deseja-se encontrar aproximação para y(16). Resolva por

a) Runge-Kutta de 2ª ordem, h = 2.

b) Runge-Kutta de 4ª ordem, h = 4.

c) O par previsor-corretor do texto.

d) Comente seus resultados.

10. Substitua y'(x) no PVI abaixo por $|y(x+h) - y(x)|/h$ e obtenha uma equação de diferenças para aproximar a solução da equação diferencial.

    Faça $h = 0.2$ e $h = 0.1$ e encontre, em cada caso, uma aproximação para y(1.6). Analise os resultados.

    $$\begin{cases} y' = \dfrac{1}{x}(2y + x + 1) \\ y(1) = 0.5 \,. \end{cases}$$

    Solução exata: $y(x) = 2x^2 - x - 1/2$.

    (O método de diferenças finitas descrito aqui é uma outra maneira de aproximarmos soluções de problemas de valor inicial.)

11. Use a aproximação do Exercício 10 para o problema do Exercício 3. Analise os resultados.

12. a) Reduza $y''' + g_1(x, y)y'' + g_2(x, y)y' = g_3(x, y)$ a um sistema de três equações de 1ª ordem.

    b) Como fica o método de Euler para esta equação?

13. Reescreva as seguintes equações como um sistema de equações diferenciais ordinárias de 1ª ordem:

    a) $\begin{cases} y^{(4)} + \cos(x)y''' + e^{-x} y'' - (x^2 + 1)y' + xy = 2x \operatorname{sen}(xy) \\ y(0) = 0, \ y'(0) = 1, \ y''(0) = 2, \ y'''(0) = 3 \end{cases}$

    b) $\begin{cases} y''' + (xy'')^2/(1 + y')^2 + \log(1 + y) = 0 \\ y(0) = y'(0) = 0, \ y''(0) = 1. \end{cases}$

14. Resolva o PVI do Exercício 10 por outros métodos e vários valores de h.

15. Calcule y(1) para $y' = y - x$; $y(0) = 2$, utilizando Euler e Runge-Kutta de 4ª ordem com h = 0.2. Comparar seus resultados com os valores exatos de y(x) nos pontos x_i, sabendo que $y(x) = \exp(x) + x + 1$.

16. Considere o PVI

$$\begin{cases} y' = (y^2 - 1)/(x^2 + 1) \\ y(0) = 1. \end{cases}$$

   a) Calcule aproximações para y(1), usando o método de Euler com h = 0.2 e h = 0.25;

   b) Repita o item (a), usando agora o método de Euler Aperfeiçoado.

17. Considere o PVI

$$\begin{cases} y' = yx^2 - y \\ y(0) = 1. \end{cases}$$

   a) Encontre a solução aproximada usando o método de Euler com h = 0.5 e h = 0.25, considerando $x \in [0, 2]$;

   b) idem, usando Euler Aperfeiçoado;

   c) idem, usando Runge-Kutta de 4ª ordem;

   d) sabendo que a solução analítica do problema é $y = \exp(-x + x^3/3)$, coloque num mesmo gráfico a solução analítica e as soluções numéricas encontradas nos itens anteriores. Compare seus resultados.

18. Determine y(1) para $y'' - 3y' + 2y = 0$, $y(0) = -1$, $y'(0) = 0$ utilizando o método de Euler com h = 0.1.

19. Considere o problema:

$$\begin{cases} y'' + 7y = 0 \\ y(0) = 2 \\ y'(0) = 0 \end{cases}$$

com $x \in [0, 1]$.

a) reescreva os métodos de Euler e Euler Aperfeiçoado para resolver este problema como um sistema de equações de 1ª ordem;

b) resolva o problema usando Euler Aperfeiçoado e $h = 0.25$.

20. Escreva a equação de 2ª ordem:

$$\begin{cases} y''(x) = 2(\exp(2x) - y^2)^{1/2} \\ y(0) = 0 \\ y'(0) = 1 \end{cases}$$

como um sistema de equações de 1ª ordem e resolva-o, para $x \in [0, 0.6]$, usando $h = 0.2$:

a) pelo método de Euler;

b) pelo método de Euler Aperfeiçoado.

21. Considere o PVI

$$\begin{cases} y' = y \\ y(0) = 1 \end{cases}$$

a) Mostre que o método de Euler Aperfeiçoado, quando aplicado a esta equação, fornece:

$$y_{k+1} = (1 + h + h^2/2)^{k+1}.$$

b) Comparando com a solução exata do problema, você esperaria que o erro tivesse sempre o mesmo sinal? Justifique!

22. a) apresente a fórmula de iteração para o método de Taylor de ordem 2 aplicado ao PVI abaixo:

$$\begin{cases} y' + y = x \\ y(0) = 0, \end{cases}$$

sendo $h = 0.1$;

b) verifique que $y(x) = \exp(-x) + x - 1$ é solução do PVI;

c) calcule um limitante superior para o erro do método obtido em (a).

23. Considere a equação diferencial $y' = y \operatorname{sen} y + x$ com a condição inicial $y(0) = 1$. Calcule $y'(0)$, $y''(0)$ e $y'''(0)$. Utilizando esta informação, calcule aproximadamente $y(0.2)$.

24. Resolva pelo método de diferenças finitas, o PVC:

$$\begin{cases} y'' + 2y' + y = x \\ y(0) = 2 \\ y(1) = 0, \end{cases}$$

usando $h = 0.25$.

25. Formule, por diferenças finitas, sistemas de equações cuja solução aproxime a solução dos seguintes problemas de contorno:

a) $\begin{cases} y'' = y \operatorname{sen}(y) + ty \\ y(0) = 1 \\ y(1) = 5 \end{cases}$

b) $\begin{cases} y'' = 2y + y^3 - t \\ y(0) = 4 \\ y(6) = 2 \end{cases}$

26. Mostre que a aproximação (b) é O(h).

27. Deduza a aproximação (2) para $y''(x_i)$ usando a aproximação de $y(x)$ por $p_2(x)$, conforme sugerido no texto.

28. Resolva o Exemplo 8 com os mesmos valores de h mas com condição inicial $y(0) + y'(0) + 3 = e$, das duas maneiras propostas no texto.

APÊNDICE

RESPOSTAS DE EXERCÍCIOS

CAPÍTULO 1

1. $x = (37)_{10} = (100101)_2$

   $y = (2345)_{10} = (100100101001)_2$

   $z = (0.1217)_{10} = (0.000111110010...)_2$

2. $x = (101101)_2 = (45)_{10}$

   $y = (110101011)_2 = (427)_{10}$

   $z = (0.1101)_2 = (0.8125)_{10}$

   $w = (0.111111101)_2 = (0.994140625)_{10}$

3. a) $x + y + z = 0.7240 \times 10^4$ $|ER_{x+y+z}| < 10^{-3}$

   b) $x - y - z = 0.7234 \times 10^4$ $|ER_{x-y-z}| < 1.0002 \times 10^{-3}$

   c) $x/y = 0.3374 \times 10^8$ $|ER_{x/y}| < \frac{1}{2} \times 10^{-3}$

   d) $(xy)/z = 0.6004$ $|ER_{(xy)/z}| < 10^{-3}$

   e) $x(y/z) = 0.6005$ $|ER_{x(y/z)}| < 10^{-3}$

4. $|ER_u| < 10^{-t+1}$ e $|ER_w| < 10^{-t+1}$

5. $|ER_u| < 10^{-t+1}$ e $|ER_w| < \frac{4}{3} \times 10^{-t+1}$

6. $|ER_u| < 2 \times 10^{-t+1}$ e $|ER_w| < \frac{7}{3} \times 10^{-t+1}$

9. a) $m = 0.1000 \times 10^{-5} = 10^{-6}$
    $M = 0.9999 \times 10^5 = 99990$

    b) no arredondamento: 0.7376×10^2
    no truncamento: 0.7375×10^2

    c) $a + b = 0.4245 \times 10^5 + 0.00003 \times 10^5 = 0.42453 \times 10^5$.

    Mas o resultado será armazenado com 4 dígitos na mantissa, portanto:
    $a + b = 0.4245 \times 10^5$

    d) $S = 0.4245 \times 10^5$

    e) $S = 0.4248 \times 10^5$

    f) Observar que a opção (wz)/t conduz a um overflow nesta máquina.

CAPÍTULO 2

1. a) $4\cos(x) - e^{2x} = 0$

    Uma raiz positiva no intervalo [0, 1].
    Infinitas raízes negativas k nos intervalos $[k(-\pi), (k-1)(-\pi)]$,
    $k = 1, 2, \dots$.

    b) $\frac{x}{2} - tg(x) = 0$

    $\xi = 0$ é uma raiz.
    As outras raízes estão nos intervalos:

    $(k\pi, k\pi + \frac{\pi}{2})$ para $k = 1, 2, 3, \dots$ e $(k\pi - \frac{\pi}{2}, k\pi)$ para $k = -1, -2, -3, \dots$

c) $1 - x\ln(x) = 0$
   $\xi \in [1, 2]$.

d) $2^x - 3x = 0$
   $\xi \in [0, 1]$.

e) $x^3 + x - 1000 = 0$
   $\xi \in [9, 10]$.

3. a) $k > \dfrac{\log(b_0 - a_0) - \log(\varepsilon)}{\log(2)} - 1$.

4. Não. Verifique que neste exemplo o método da posição falsa vai manter o extremo inferior do intervalo fixo e a seqüência gerada não oscila em torno da raiz. Assim, a única possibilidade seria testar se $(b - a) < 10^{-5}$, o que não é viável neste caso. Redija agora uma resposta explicando os detalhes.

5. Observe que a seqüência está oscilando e convergindo para a raiz exata. Neste caso, obtenha o menor intervalo que contém a raiz.

6. a) Observe que $1/a$ é a solução da equação $ax = 1$ que é o mesmo que $f(x) = a - 1/x = 0$.

   Aplicando o método de Newton, conclua que $1/a$ pode ser obtido iterativamente por $x_{k+1} = 2x_k - ax_k^2$ e esta expressão não requer nenhuma divisão. Complete a resolução do exercício.

   b) 0.230769219 com $\varepsilon < 6.7 \times 10^{-7}$.

   (*Observação:* A aproximação inicial para o método de Newton tem de ser cuidadosamente escolhida.)

7. b) Para qualquer $x_0 \neq 0$, ela será oscilante.

   c) Não. Analise outros exemplos.

8. Pelo Teorema do Valor Médio temos que $x_{k+1} - \xi = \varphi'(c_k)(x_k - \xi)$ com c_k entre x_k e ξ. Analise os sinais de $x_j - \xi$, $j = 0, 1, \ldots$.

9. a) Observe que $|\xi - x_k| = |\xi - x_{k+1} - x_k + x_{k+1}|$, que $\xi = \varphi(\xi)$ e que $x_{j+1} = \varphi(x_j)$ para todo j.

    b) M < 1/2.

10. $\varphi(x) = \dfrac{1}{x} + \dfrac{1}{x^2}$

    $x_0 = 1$

    $x_1 = 2$

    $x_2 = 0.75$

    $x_3 = 3.111\ldots$

    $x_4 = 0.424744898$

    $x_5 = 7.897338779$

    $x_6 = 0.142658807$

    $x_7 = 56.14607424$

    Calcule $\varphi'(x)$ e verifique que $|\varphi'(x)| > 1$ para $|x| < 1$.

11. a) $\bar{x} = 4.2747827467$

    b) $\bar{x} = 0.9047940617$

    c) $\bar{x} = 1.4309690826$

12. Obtém a raiz aproximada $\bar{x} = -2.00000007$ após 9 iterações. Para justificar, observe que $f(x_0) = 3.939$ e $f'(x_0) = 0.23$.

14. a) O ponto x_{k+1} será a intersecção, com o eixo $\vec{ox}$, da reta que passa por $(x_k, f(x_k))$ e é paralela à reta tangente à curva f(x) no ponto $(x_0, f(x_0))$.

15. a) MPF obtém $\bar{x} = 0.714753186$ após 8 iterações.

    b) O método de Newton obtém $\bar{x} = 0.71481186$ após 3 iterações.

16. a) $\bar{x} = 3.1415926533$ com $f(\bar{x}) \cong 2.9 \times 10^{-10}$ em 2 iterações.

    b) $\bar{x} = 3.14131672164$ com $f(\bar{x}) \cong 3.8 \times 10^{-8}$ em 9 iterações.

    Encontre uma explicação teórica para estas respostas.

17. a) $0.128373 < k < 1$

    b) $0.070913 < k < 0.128373$

18. Esta função tem apenas um ponto crítico. Justifique isto.

    Usando o método de Newton com $x_0 = 0.5$, $\bar{x} = 0.567138988$ com $\varepsilon = 10^{-4}$.

19. $x_1 = -0.906179$

    $x_2 = -0.538452$

    $x_3 = 0$

    $x_4 = 0.538452$

    $x_5 = 0.906179$

20. $\xi = e \in [2, 3]$,

    $\varepsilon = 10^{-5}$

	Bissecção	Posição falsa	MPF $\varphi(x) = x/\ln(x)$	Newton	Secante
Dados iniciais	[2, 3]	[2, 3]	$x_0 = 2.5$	$x_0 = 2.5$	$x_0 = 2$ $x_1 = 3$
$\bar{x}$	2.718276	2.718277	2.718283	2.718282	2.718283
f(x)	0.4850915×10^{-5}	0.4796514×10^{-5}	$-0.6421441 \times 10^{-10}$	$-0.64214411 \times 10^{-10}$	0.6621836×10^{-8}
erro em x	$0.15258789 \times 10^{-4}$	0.2818186	0.1868436×10^{-4}	0.1868436×10^{-4}	$-0.17101306 \times 10^{-4}$
nº iteração	16	4	3	3	5

21. *a)* $f(x) = xe^{-x} - e^{-3}$ é contínua em $[0, 1]$, $f(0) < 0$ e $f(1) > 0$.

b) $|f(x_{13})| \cong 4.037 \times 10^{-3}$; $x_0 = 0.9$ está próximo de um zero de $f'(x)$; verifique isto.

23. $v = 2 \begin{cases} v - p = 0 \text{ ou} \\ v - p = 2 \end{cases}$, então $\begin{cases} p = 2 \text{ ou} \\ p = 0 \end{cases}$

portanto, pela regra de sinal de Descartes, esta equação ou tem 2 raízes ou não tem raiz no intervalo $[0, 1]$.

24. Usando o teorema de Sturm com $\alpha = 0$ e $\beta = 1$ verifica-se que $p(x) = 3x^5 - x^4 - x^3 + x + 1 = 0$ não tem raiz no intervalo $[0, 1]$.

25. Para $x_0 = 1.5$, $\bar{x} = 3.00072$ e $f(\bar{x}) = 0.5256642 \times 10^{-5}$.

CAPÍTULO 3

2. O número de operações é da ordem de n^2.

4. *c)* $x^* = (0.8 \quad 0.6 \quad 0.4 \quad 0.2)^T$

5. $x^* = (1 \quad 2 \quad 1 \quad 0)^T$

6. *a)* Infinitas soluções.

   b) Não admite solução.

7. Na fase da eliminação pode-se efetuar sobre a matriz dos coeficientes as operações (*i*), (*ii*) e (*iii*) enunciadas no Teorema 1. Das propriedades de determinantes temos que:

   i) trocar duas linhas resulta numa troca do sinal do determinante.

   ii) multiplicar uma linha da matriz por uma constante não nula resulta que o determinante fica multiplicado por esta constante;

iii) adicionar um múltiplo de uma linha a uma outra linha não altera o valor do determinante.

Destas propriedades e do fato que o determinante de uma matriz triangular é o produto dos elementos da diagonal, sai facilmente o método pedido pelo exercício.

9. *f)* $x^* = (1 \quad 1 \quad 1 \quad 1)^T$

10. $L = \begin{pmatrix} 1 & 0 & 0 \\ 2 & 1 & 0 \\ 3 & -1 & 1 \end{pmatrix}$ e $U = \begin{pmatrix} 1 & 1 & 1 \\ 0 & -1 & -3 \\ 0 & 0 & 0 \end{pmatrix}$.

    Observar que a matriz A é singular.

11. *b)* Constate que a matriz A^{-1} pode ser obtida através da resolução de n sistemas lineares:

    $Ax = e_i \qquad i = 1, ..., n$

    onde e_i é a coluna i da matriz identidade de ordem n.

    c) A fatoração LU é o método mais indicado (justifique por quê!).

    d) $A^{-1} = \begin{pmatrix} 0.2948 & 0.0932 & 0.0282 & 0.0861 & 0.0497 & 0.0195 \\ 0.0932 & 0.3230 & 0.0932 & 0.0497 & 0.1056 & 0.0497 \\ 0.0282 & 0.0932 & 0.2948 & 0.0195 & 0.0497 & 0.0861 \\ 0.0861 & 0.0497 & 0.0195 & 0.2948 & 0.0932 & 0.0282 \\ 0.0497 & 0.1056 & 0.0497 & 0.0932 & 0.3230 & 0.0932 \\ 0.0195 & 0.0497 & 0.0861 & 0.0282 & 0.0932 & 0.2948 \end{pmatrix}$.

13. Se A = LDU, o vetor x será obtido resolvendo:
    Ly = b, Dz = y e Ux = z.

16. $A^{-1} = \begin{pmatrix} -0.848 & -0.156 & 0.720 \\ 0.136 & -0.008 & -0.040 \\ 0.072 & 0.084 & -0.080 \end{pmatrix}$.

17. $\bar{x} = (1 \quad 0.94)^T$ usando o arredondamento.

    $\bar{x} = (0.93 \quad 1.1)^T$ usando o truncamento.

18. a) $\bar{x} = (-0.02127 \quad 0.2206)^T$.

  b) Não tem solução.

21. Demonstre que $x^T C x > 0$, $x \in \mathbb{R}^n$, $x \neq 0$, e observe a necessidade da matriz A ter posto completo.

22. $\beta = \max_{1 \leq i \leq 3} \beta_i = 0.2 < 1$ e $x* = (1 \quad 1 \quad 1)^T$;

  $\beta = \max_{1 \leq i \leq 4} \beta_i = 0.3281 < 1$ e

  $x* = (0.36364 \quad 0.45455 \quad 0.45455 \quad 0.36364)^T$.

23. a) $|k| > 4$.

  b) $k = 5$ e, usando $x^{(0)} = (0 \quad 0 \quad 0)^T$, obtemos $x^{(2)} = (0.04857 \quad 0.25 \quad 0.20734)^T$.

25. a) As seqüências geradas por Gauss-Jacobi e Gauss-Seidel não convergem para a solução.

  b) Permutando as equações, os métodos geram seqüências convergentes para $x* = (1 \quad -1)^T$.

28. a) Calculando o vetor $r^{(k)} = Ax^{(k)} - b$ e verificando se

  $\max_{1 \leq i \leq n} |r_i| < \varepsilon$ onde $\varepsilon \approx 0$ ($\varepsilon = 10^{-4}$, por exemplo).

29. A solução $x* = (1 \quad 1 \quad 1 \quad 1 \quad 1)^T$ pode ser obtida facilmente, bastando observar que as equações 2, 3 e 5 envolvem apenas uma variável.

31. a) infinitas soluções.

  b) solução única.

  c) infinitas soluções.

  d) infinitas soluções.

e) infinitas soluções.

f) solução única.

g) infinitas soluções.

h) infinitas soluções.

i) não tem solução.

j) não tem solução.

k) solução única.

33. a) $x^* = (1\ \ 1\ \ 1\ \ 1)^T$.

b) $x^* = (0\ \ 1\ \ 1)^T$.

34. a) $G = \begin{pmatrix} \sqrt{5} & 0 \\ 7/\sqrt{5} & 4/\sqrt{5} \end{pmatrix}$.

b) Observar que sobre a matriz R não é imposta a condição da diagonal ser positiva; desta forma, uma das três possibilidades é:

$R = \begin{pmatrix} -\sqrt{5} & 0 \\ 7/\sqrt{5} & 4/\sqrt{5} \end{pmatrix}$.

CAPÍTULO 4

2. a) $x^* = (1\ \ \ 1)^T$.

b) $x^* = (1.93177\ \ -0.51822)^T$.

c) $x^* = (-0.17425\ \ -0.71794)^T$.

d) $x^* = (1\ \ 1)^T$.

e) $x^* = (-0.57072\ \ -0.68181\ \ -0.70221\ \ -0.70551\ \ -0.70491\ \ -0.7015$
$-0.69189\ \ -0.66580\ \ -0.59604\ \ -0.41642)^T$.

f) $x^* = (1\ \ 1\ \ 1\ \ 1\ \ 1\ \ 1\ \ 1\ \ 1\ \ 1)^T$.

CAPÍTULO 5

1. *a)* Escolhendo os pontos $x_0 = 2.8$, $x_1 = 3.0$ e $x_2 = 3.2$, obteremos: $f(3.1) \approx 22.20375$.

   b) $|E(3.1)| \leq 1.23 \times 10^{-2}$.

2. *Sugestão*: Verifique que o máximo da função $g(x) = |(x - x_0)(x - x_1)|$ ocorre para $\bar{x} = (x_1 + x_0)/2$ e obtenha $g(\bar{x})$.

3. Escolhendo $x_0 = 25$, $x_1 = 30$ e $x_2 = 35$ obtemos $f(32.5) \approx 0.99820$ e $f(x) = 0.99837$ para $x \approx 27.88$.

4. Usando o processo de interpolação inversa para $f(x)$, sobre os pontos: $y_0 = 0.67$, $y_1 = 0.549$ e $y_2 = 0.449$ obtemos: $f(0.5101) \approx 0.6$ e aplicando o processo de interpolação inversa para $g(x)$ sobre os pontos $y_0 = 0.32$, $y_1 = 0.48$ e $y_2 = 0.56$ obtemos $g(1.4972) \approx 0.5101$, portanto, para $x \approx 1.4972$: $f(g(1.4972)) \approx f(0.5101) \approx 0.6$.

5. A função $\cos(x)$ deverá ser tabelada em, no mínimo, 260 pontos.

7. Usando um processo de interpolação inversa e escolhendo $y_0 = f(0) = -1$, $y_1 = f(0.5) = -0.1065$ e $y_2 = f(1) = 0.6321$ obtemos $f(0.5673) \approx 0$. E, usando a tabela de diferenças divididas e os pontos $y(0), y(0.5), y(1)$ e $y(1.5)$ a estimativa do erro será: $|E(0)| \approx 0.17851 \times 10^{-4}$.

8. $|E(115)| \leq 1.631 \times 10^{-3}$.

9. Polinômio de grau 3 porque as diferenças divididas de grau 3 são aproximadamente constantes. Escolhendo $x_0 = 0.5$, $x_1 = 1.0$, $x_2 = 1.5$ e $x_3 = 2.0$ obtemos $f(1.23) \approx -1.247$ com $|E(1.23)| \approx 2.327 \times 10^{-5}$.

10. Processo 1: construindo $p_2(x)$ que interpola $f(x)$ em $x_0 = 0.25$, $x_1 = 0.30$, $x_2 = 0.35$ e calculando x tal que $p_2(x) = 0.23$ obtemos $x \approx 0.3166667$.

Processo 2: interpolação inversa, escolhendo $y_0 = 0.19$, $y_1 = 0.22$ e $y_2 = 0.25$ obtemos: $p_2(0.23) = 0.3166667$, e portanto, $f(0.3166667) \approx 0.23$. Neste caso, é possível estimar o erro cometido $|E(0.23)| \approx 1.666 \times 10^{-3}$.

11. $\cos(1.07) \approx 0.4801242$

   $|E(1.07)| \approx 1.202 \times 10^{-6}$.

12. $d = 3a - 8b + 6c$.

17. Usando o processo de interpolação inversa e os pontos: $y_0 = 1.5735$, $y_1 = 2.0333$ e $y_2 = 2.6965$ obtemos $f(0.623) \approx 2.3$.

18. Usando o processo de interpolação inversa e escolhendo os pontos: $y_0 = 0$, $y_1 = 1.5$ e $y_2 = 5.3$ obtemos: $f(1.5037) \approx 2$.

CAPÍTULO 6

2. *a)* $0.21667x + 0.175$.

   b) $0.01548x^2 + 0.07738x + 0.40714$.

   A comparação pode ser feita através do cálculo de $\sum_{k=1}^{8} d_k^2$: para a reta, $\sum_{k=1}^{8} d_k^2 = 0.08833$ e, para a parábola, $\sum_{k=1}^{8} d_k^2 = 0.04809$.

   Como o menor valor para a soma dos quadrados dos desvios foi para a parábola, o melhor ajuste para os dados, entre as duas possibilidades, é a parábola.

3. Curva de ajuste escolhida: $\varphi(x) = \alpha_1 \ln(x) + \alpha_2$. Obteve-se:

   $\varphi(x) = 5.47411 \ln(x) + 0.98935$.

4. *b)* $52.7570x - 20.0780$, trabalhando com as alturas em metros.

c) peso de um funcionário com 1.75 m de altura $\simeq$ 72.2467 kg; altura de um funcionário com 80 kg $\sim$ 1.897 m.

d) 0.0159x + 0.6029.

e) peso de um funcionário com 1.75 m de altura $\simeq$ 72.14 kg; altura de um funcionário com 80 kg $\sim$ 1.871 m.

5. a) Mudamos a escala dos anos por $t = \dfrac{\text{ano} - 1800}{10}$ e a seguir fizemos o ajuste por $\varphi(x) = \alpha_1 e^{\alpha_2 x}$ cuja solução foi $\varphi(x) = 1.8245 e^{0.2289x}$, donde pop (2000) $\simeq \varphi(20) = 177.56$.

b) Em 1974.

6. a) $y \sim \dfrac{1}{0.1958 + 0.0185x}$.

b) $y \sim 5.5199(0.8597)^x$.

7. b) $\varphi(x) = ab^x$, onde $a = 32.14685$
$b = 1.42696$.

$\varphi(x) = ax^b$, onde $a = 38.83871$
$b = 0.9630$.

Observação: neste último caso, para se efetuar o ajuste desprezamos o primeiro dado: 0.32 para que fosse possível a linearização $\ln(y) \sim \ln(a) + b \ln(x)$.

9. a) $\varphi(x) = ae^{bx}$.

b) $a = 95.9474$.
$b = -0.0249$.

O resíduo que foi minimizado foi de 1/y como função de x.

10. $g(x) = 1 + 0.9871 e^{1.0036x}$.

11. $y(t) = ab^t$. Além do teste de alinhamento ser razoável para esta função, a outra possibilidade apresenta problemas. Verifique.

13. Para $j = 0$, $\quad a_0 = \dfrac{1}{2\pi} \displaystyle\int_0^{2\pi} f(x)\,dx$.

Para $j \geq 1$, $\quad a_j = \dfrac{1}{\pi} \displaystyle\int_0^{2\pi} f(x) \cos(jx)\,dx$.

Para $j \geq 1$, $\quad b_j = \dfrac{1}{\pi} \displaystyle\int_0^{2\pi} f(x) \mathrm{sen}(jx)\,dx$.

CAPÍTULO 7

1. *a)*

n	4	6
Trapézios	4.6950759	4.6815792
Simpson	4.670873	4.6707894

b)

n	4	6
Trapézios	4.6550925	4.6614884
Simpson	4.6662207	4.6665612

c)

n	4	6
Trapézios	4.7683868	4.7077771
Simpson	4.6763744	4.6614894

2. a)

n	(a)	(b)	(c)
Trapézios	249	238	1382
Simpson	10	20	80

3. $\varepsilon \leq 5 \times 10^{-4}$.

   a) 0.4700171.

   b) 0.4702288.

5. Erro por Simpson: Zero

   $I_s = 172$

   Por Trapézios, com 5 pontos, $I_{TR} = 184$ ($|E_{TR}| \leq 24$)

6. h < 0.580819.

7. $I_s = 44.0833...$ com erro zero.

10. m ≥ 8.

11. b) $I_{TR} = 2.086$.

12. $w_0 = w_2 = 4/3$

    $w_1 = -2/3$.

13. 4.227527 (Trapézios no primeiro intervalo e o restante por 1/3 Simpson).

14. a) Trapézios: 6.203.

       Simpson: 6.208.

    b) Trapézios: 0.55509.

       Simpson: 0.55515.

15. $I_s = 0.69315$.

    $\ln(2) = 0.693147$.

16. $I_s = 0.785392$.

    $\pi/4 \simeq 0.785398$.

17. a) $Is = 0.746855$

    b) $I_{QG} = 0.746594$

    c2) $m = 27$ (se usarmos $M_2 \leq 2$)

CAPÍTULO 8

1. $y_{n+1} = y_n + hf(x_n + \frac{h}{2}, y_n + \frac{h}{2} y'_n)$

3. a) e c)

h	Euler Aperfeiçoado	Euler
0.5	−3	−5
0.25	−3	−1.75
0.125	−3	−2.375
0.1	−2.999995	−2.499994

6. $y_{n+1} = y_n + \frac{h}{2}(f_n + f_{n+1})$.

8.

h	Euler	Euler Aperfeiçoado	R. Kutta 4ª ordem
0.2	2.047879	1.906264	1.909298
0.1	1.979347	1.90854	1.909297
0.05	1.944512	1.909108	1.909298
0.025	1.926953	1.909251	1.909298

9. a) (Euler Aperfeiçoado) h = 2 ⇒ y(16) ≈ 12.00999.

    b) h = 4 ⇒ y(16) ≈ 11.998.

    c) $\begin{cases} h = 2 \Rightarrow y(16) \approx 11.99199. \\ h = 4 \Rightarrow y(16) \approx 11.94514. \end{cases}$

10. h = 0.2   y(1.6) ≈ 2.7.

    h = 0.1   y(1.6) ≈ 2.8242597.

11. h = 0.1,   y(5) = –2.5

    h = 0.125,   y(5) = –2.3750

    h = 0.25,   y(5) = –1.75

    h = 0.5,   y(5) = –0.5

14.

h	Euler	Euler Aperfeiçoado	R. Kutta 4ª ordem
0.2	2.7	2.971514	3.019671
0.1	2.85455	3.006242	3.019977
0.05	2.928572	3.016337	3.019999
0.025	2.973171	3.019055	3.020001

15. Euler: y(1) ≃ 4.488320.

    Runge-Kutta de 4ª ordem: y(1) ≃ 4.718251.

    y(1) = 4.718282.

16. a) e b)   y(0.2) = y(0.25) = ... = 1.00

17. *a)* e *b)* e *c)*

h = 0.25

x	Euler	Euler Aperfeiçoado	Runge-Kutta	Valor Exato
0.25	0.75000	0.78711	0.78287	0.78287
0.5	0.57422	0.63838	0.63234	0.63234
0.75	0.46655	0.55016	0.54369	0.54369
1.00	0.41552	0.52007	0.51342	0.51342
1.25	0.41552	0.55664	0.54938	0.54938
1.50	0.47396	0.69499	0.68728	0.68729
1.75	0.62207	1.03875	1.03700	1.03713
2.00	0.94282	1.89693	1.94632	1.94773

h = 0.5

x	Euler	Euler Aperfeiçoado	Runge-Kutta	Valor Exato
0.5	0.50000	0.65625	0.63234	0.63234
1.0	0.31250	0.53320	0.51335	0.51342
1.5	0.31250	0.69983	0.68700	0.68729
2.0	0.50781	1.77144	1.93321	1.94773

18. $y(1) \simeq 0.87997$.

$y'(1) \simeq 6.47989$.

19. b)

x	y(x)	y'(x)
0.25	1.56250	−3.50000
0.5	0.34570	−5.46875
0.75	−1.09711	−4.87744
1.00	−2.07648	−1.89056

20. a) e b)

	Euler		Euler Aperfeiçoado	
x	y(x)	y'(x)	y(x)	y'(x)
0.2	0.20000	1.39192	0.24000	1.44098
0.4	0.47838	1.84145	0.57610	1.95954
0.6	0.84667	1.33276	1.02305	2.54350

22. c) $|\text{erro}| \leq \dfrac{|x|^3}{6}$, $x > 0$

$|\text{erro}| \leq \dfrac{e^{-x}|x|^3}{6}$, $x < 0$

23. $y'(0) = 0.841471$

$y''(0) = 2.162722$

$y'''(0) = 1.748426$

$y(0.2) \simeq 1.213880.$

24. $y(0.25) \simeq 1.107487$

$y(0.5) \simeq 0.529106$

$y(0.75) \simeq 0.180622.$

28. Para h = 0.1

Diferenças Avançadas	Diferenças Centradas
2.8354	2.7050
2.5800	2.4739
2.3467	2.2614
2.1327	2.0652
1.9354	1.8831
1.7528	1.7134
1.5829	1.5544
1.4241	1.4047
1.2748	1.2632
1.1338	1.1286

Para h = 0.05

Diferenças Avançadas	Diferenças Centradas
2.7743618	2.7150249
2.6497296	2.5961115
2.5305392	2.4822230
2.4164371	2.3730328
2.3070913	2.2682345
2.2021902	2.1675402
2.1014410	2.0706798
2.0045693	1.9773998
1.9113174	1.8874621

1.8214434	1.8006436
1.7347207	1.7167348
1.6509366	1.6355394
1.5698915	1.5568732
1.4913986	1.4805637
1.4152827	1.4064489
1.3413795	1.3343774
1.2695352	1.2642070
1.1996058	1.1958047
1.1314563	1.1290459
1.0649604	1.0638141

REFERÊNCIAS BIBLIOGRÁFICAS E BIBLIOGRAFIA COMPLEMENTAR

[1] ACTON, F. S. *Numerical Methods That (Usually) Work*. Harper & Row, 1970.

[2] BOLDRINI, J. L.; COSTA, S. I. R.; RIBEIRO, V. L. F. & WETZLER, H.G., *Álgebra Linear*. Harbra, 1980.

[3] CARNAHAN, B.; LUTHER, H. A. & WILKES, J. O. *Applied Numerical Methods*. Wiley, 1969.

[4] CHURCHILL, R. V. *Complex Variables and Applications*. McGraw-Hill Book Company, 1960.

[5] CONTE, S. D. & de BOOR, C. *Elementary Numerical Analysis, an Algorithmic Approach*, third edition. McGraw-Hill, 1981.

[6] DAHLQUIST, G. , BJORK, Ä. *Numerical Methods*. Prentice Hall, Inc., 1974.

[7] DEMIDOVICH, B. P. , MARON, I. A. *Computational Mathematics*. Mir Publishers, Moscou, 1973.

[8] DENNIS, J. & SCHNABEL, R. B. *Numerical Methods for Unconstrained Optimization and Nonlinear Equations*. SIAM Classics in Applied Mathematics, 16, 1996.

[9] DORN, W. S. & McCRACKEN, D. D. *Cálculo Numérico com Estudos de Casos em FORTRAN IV*. Editora Campus, 1978.

[10] FATOU, P. *Sur les Équations Fonctionelles*. Bull. Soc. Math. Fr., *47*, 161-271, 1919 e 48, 33-94, 208-314, 1920.

[11] FIGUEIREDO, D. G. *Análise I*. Editora Guanabara,1996.

[12] FORSYTHE, G. E.; MALCOLM, M. A. & MOLER, C. B. *Computer Methods for Mathematics Computations*. Prentice Hall, Inc.,1977.

[13] FORSYTHE, G. E. & MOLER, C. B. *Computer Solution of Linear Algebraic Systems*. Prentice Hall, Inc.,1967.

[14] GOLUB, G. H. & VAN LOAN, C. F. *Matrix Computations*, second edition. The Johns Hopkins University Press, 1989.

[15] GOMES-RUGGIERO, M. A. *Métodos Quase Newton Para Resolução de Sistemas Não Lineares de Grande Porte*. Tese de Doutorado, Faculdade de Engenharia Elétrica, UNICAMP, 1990.

[16] GUIDORIZZI, H. L. *Um Curso de Cálculo*, vol. I. Livros Técnicos e Científicos Editora, S. A., 1986.

[17] ISAACSON, E. & KELLER,H. B. *Analysis of Numerical Methods*. Wiley, 1966.

[18] JENNINGS, A. *Matrix Computations for Enginneers and Scientists*. John Wiley & Sons,1978.

[19] JULIA, G. *Sur l'Iteration des Fonctions Rationnelles*. Journal de Math. Pure et Appl., 8, 47-245, 1918.

[20] LEITHOLD, L. *O Cálculo com Geometria Analítica*, 3ª. edição. Harbra,1994.

[21] MANDELBROT, B.B. *The Fractal Geometry of Nature*. W. H. Freeman and Co., New York,1982.

[22] MARTÍNEZ, J. M. & SANTOS, S. A. *Métodos Computacionais de Otimização*. IMPA, 20º Colóquio Brasileiro de Matemática, 1995.

[23] MATHEWS, J. H. *Numerical Methods for Mathematics, Science and Engineering*, second edition. Prentice Hall International, INC., 1992.

[24] MORÉ, J. J.; GARBOW, B. S. & HILLSTROM, K. E. *Testing Unconstrained Optimization Software*. ACM Transactions on Mathematical Software, Vol. 7, No. 1, 17-41, 1981.

[25] NOBLE, B. *Applied Linear Algebra*. Prentice Hall,1969.

[26] OVERTON, M. L. & PAIGE, C. *Notes on Numerical Computing*. Computer Science Department of New York University and McGill University, USA, 1995.

[27] RICE, J. R. *Numerical Methods, Software and Analysis*. IMSL Reference Edition, McGraw-Hill, 1983.

[28] SANTOS, L. T. *Sistemas Não Lineares e Fractais*. Matemática Universitária, 15, 102-116, 1993.

[29] TOINT, P. L. *Numerical Solution of Large Sets of Algebraic Nonlinear Equations*. Math. of Computation, 16, 175-189, 1986.

[30] YOUNG, D. M. & GREGORY, R. T. *A Survey of Numerical Mathematics,* Vols. I and II. Addison-Wesley, 1972.

[31] WILKINSON, J. H. *Rounding Errors in Algebraic Processes*. Prentice Hall, Inc., 1963.

ÍNDICE ANALÍTICO

A

Adams-Bashforth (método de), 340-347
Adams-Moulton (método de), 348-352
Ajuste de curvas, 268-287
Aritmética de ponto flutuante, 10-12

B

Binário (sistema), 4-10
Bissecção (método da), 41-47
   algoritmo, 43
   convergência, 44
   número de iterações (estimativa do), 46

C

Cancelamento subtrativo, 21
Chebyshev, 256
   polinômios de, 242
   nós de, 243
Cholesky (fatoração de), 147-153
   algoritmo, 153
   cálculo do fator de, 150-152
   teorema, 149
Conversão de números nos sistemas binário e decimal, 4-10
   de números fracionários, 6-10
   de números inteiros, 4-6
Critério das linhas, 160, 176
Critério de Sassenfeld, 173
Critérios de parada para zeros de funções, 38-40

D

Descartes (regra de sinal de), 83-85
Desvio, 271
Diagrama de dispersão, 269
Diferenças divididas (operador), 220-223
Diferenças finitas (método das), 357-368
Diferenças ordinárias (operador), 261-263

E

Eliminação de Gauss (método da), 119-131
  algoritmo, 126
  estratégias de pivoteamento, 127-131
    completo, 129
    parcial, 127
  multiplicadores, 122
  pivô, 122
Equação diferencial
  ordem de uma, 318
  ordinária, 317
    linear, 318
    não linear, 318
  parcial, 317
Equações diferenciais (solução numérica de), 316-375
  Problemas de Valor de Contorno (PVC), 357-368
    método das Diferenças Finitas, 357-368
  Problemas de Valor Inicial (PVI), 319-357
    equações de ordem superior, 352-357
    equações diferenciais ordinárias, 317
    método de Euler, 320, 324, 326
    método de Euler Aperfeiçoado, 326-329
    método de Euler Modificado, 368
    método de Heun, 326
    métodos de passo múltiplo, 320, 340-347
      métodos explícitos, 340-342
      métodos implícitos, 343-344
    métodos de passo simples, 320-339
    métodos de previsão-correção, 347-352
    métodos de Runge-Kutta de ordens superiores, 331-332
    métodos de Runge-Kutta de 1ª ordem, 326
    métodos de Runge-Kutta de 2ª ordem, 326-330
    métodos de série de Taylor, 321-325
Equações normais, 274

Erros
  absoluto, 12
  de arredondamento, 14
  de truncamento, 14
  em interpolação, 228-237
  na adição, 17
  na divisão, 18
  na integração numérica, 307
  na multiplicação, 18
  na subtração, 18
  relativo, 13
Estratégias de pivoteamento, 127-131
  parcial, 127
  completo, 129
Euler (método de), 320, 324, 326
  Aperfeiçoamento, 327-329
  Modificado, 368

F

Fatoração LU, 131-147
Fatoração de Cholesky, 147-153
Fractais, 207-210
Função de iteração, 53

G

Gauss (método de eliminação de), 119-131
Gaussiana (quadratura), 308-311
Gauss-Jacobi (método iterativo de), 155-161
  convergência, 159-161
    critério das linhas, 160
Gauss-Seidel (método iterativo de), 161-177
  convergência, 170-177
    critério das linhas, 176
    critério de Sassenfeld, 173
  interpretação geométrica, 166-170
Gradiente (vetor), 195

I

Integração numérica, 295-315
  fórmulas de Newton-Cotes, 296-307
  quadratura Gaussiana, 308-311
  regra dos trapézios, 296-302
    repetida, 299-302
  regra 1/3 de Simpson, 302-306
    repetida, 303-306
  teorema geral do erro, 307
Interpolação, 211-267
  escolha do grau do polinômio, 240-241
  estudo do erro, 228-237
    estimativa do erro, 235-237
    limitante, 233-235
    teorema, 229
  existência e unicidade do polinômio
      interpolador, 213-214
  fenômeno de Runge, 242-243, 266
  formas de se obter o polinômio
      interpolador, 215-228
    de Langrange, 216-219
    de Newton, 220-228
    de Newton-Gregory, 261-266
    resolução do sistema linear, 215-216
  funções spline em, 243-255
  linear, 218
  inversa, 237-240
  polinomial, 213
Isolamento de raízes, 29-37
Iteração, 37

J

Jacobiana (matriz), 195

L

Lagrange (polinômio interpolador na forma
  de), 216-219

Localização de raízes, 29-37
LDU (fatoração), 184
LU (fatoração), 131-147
  algoritmo, 145-147
  cálculo dos fatores, 132
  com estratégia de pivoteamento parcial,
      141
  redução de Doolittle, 182
  teorema, 137

M

Matriz
  definida positiva, 147
  de Hilbert, 191
  de permutação, 141
  esparsidade, 177-178
  inversão de, 183
  Jacobiana, 195
  número de condição, 190
Mantissa (de um número em ponto flutuante), 10
Método iterativo, 37
Multiplicadores na Eliminação de Gauss,
    122

N

Newton (método de, para sistemas não
    lineares), 197-200
  algoritmo, 198
Newton (polinômio interpolador na forma
    de), 220-228
Newton-Cotes (fórmulas de integração de),
    296-307
  fórmulas abertas de, 296
  fórmulas fechadas de, 296
Newton-Gregory (polinômio interpolador na
    forma de), 261-266

Newton-Raphson (método de), 66-74
   algoritmo, 71
   convergência, 69
   intepretação geométrica, 67
   Modificado, 98
   ordem de convergência, 72

O

Operações elementares sobre matrizes, 121
Ordem de convergência, 65
   definição, 65
   linear, 65
   quadrática, 72
Overflow (em aritmética de ponto flutuante), 11

P

Parênteses encaixados, 227-228
Passo múltiplo (métodos de), 341-348
Pivô, 122
Pivoteamento (estratégias de), 127-131
Polinomiais (estudo especial de equações), 82-95
   localização de raízes, 83-90
   método de Newton, 93-95
Polinomial (interpolação), 213
Polinômio interpolador
   existência e unicidade, 213-214
   estudo do erro, 228-237
   forma de Lagrange, 216-219
   forma de Newton, 220-228
   forma de Newton-Gregory, 261-266
Polinômio
   de Gram, 276
   de Legendre, 280
   ortogonais, 275

   valor numérico de, 90
   zeros de, 82-85
Ponto Fixo (método do), 53-66
   algoritmo, 64
   convergência, 56
   critérios de parada, 62
   função de iteração, 53
   interpretação geométrica, 54-55
   ordem de convergência, 65
Posição Falsa (método da), 47-52
   algoritmo, 50
   interpolação geométrica, 48-49
   convergência, 51
Precisão da máquina, 24
Precisão dupla, 11
Previsão-Correção (método de), 347-352
Problema de Valor de Contorno (PVC), 357-368
Problema de Valor Inicial (PVI), 319-357
Produto escalar
   entre funções, 280
   entre vetores, 274
Propagação de erros
   em operações aritméticas, 16

Q

Quadrados mínimos (método dos), 268-294
   caso contínuo, 271, 277-282
   caso discreto, 269-271, 272-277
   caso não linear, 282-287
   teste de alinhamento, 286-287
Quadratura Gaussiana, 308-311
Quase-Newton (métodos), 202-204

R

Raiz
   aproximada, 39
   múltipla, 101

Raízes reais
  localização de, 29-37, 83
  de funções reais, 27
  de polinômios, 82-95
Redução de Doolittle, 182
Refinamento iterativo, 188
Regra de trapézios, 296-302
  repetida, 299-302
Regra 1/3 de Simpson, 302-306
  repetida, 303-306
Representação de números, 2-12
Runge (fenômeno de), 242-243, 266
Runge-Kutta (métodos de), 326-339

S

Sassenfeld (critério de), 173
Secante
  equação, 203
  método da, 74-77
    algoritmo, 76
    convergência, 77
    interpretação geométrica, 74-75
    ordem de convergência, 77
Simpson (regra 1/3 de), 302-306
  repetida, 303-306
Sistemas lineares
  compatíveis determinados,
    114, 118
  compatíveis indeterminados, 115
  equivalentes, 119, 121
  incompatíveis, 115, 118
  infinitas soluções, 118
  mal condicionados, 190
  notação matricial, 108
  refinamento iterativo, 188
  resolução de
    métodos diretos, 118-153
      fatoração LDU, 184
      fatoração LU, 131-147

fatoração de Cholesky, 147-153
método da Eliminação de Gauss,
  119-131
métodos iterativos, 118, 154-177
  de Gauss-Jacobi, 155-161
  de Gauss-Seidel, 161-177
  testes de parada, 154-155
sobredeterminados, 291-294
triangulares, 119-120
Sistemas não lineares, 192-210
  critérios de parada, 196-197
  fractais, 207-210
  método de Broyden, 204
  método de Newton, 197-200
  método de Newton-Discreto,
    206-207
  método de Newton Modificado,
    200-202
  métodos quase-Newton, 202-204
  métodos secantes, 203
Spline (em interpolação), 243-255
  definição, 245
  cúbica interpolante, 248-255
  linear interpolante, 246-247
Sturm
  seqüências de, 86
  teorema de, 87

T

Taylor (métodos de série de), 321-325
Teste de alinhamento, 286-287
Trapézios (regra dos), 296-302
  repetida, 299-302

U

Underflow (em aritmética de ponto
  flutuante), 11

Z

Zero em ponto flutuante, 12
Zeros
  de funções reais, 27-82
    critérios de parada, 38-40
    isolamento de raízes, 29-37
    método da Bissecção, 41-47
    método de Newton-Raphson, 66-74
    método do Ponto Fixo, 53-66
    método da Posição Falsa, 47-52
    método da Secante, 74-77
  de polinômios, 82-95
    determinação das raízes, 90-95
      método de Newton, 93-95
    localização de raízes, 83-90
    regra de sinal de Descartes, 83-85
    seqüências de Sturm, 86
    teorema de Sturm, 87